普.通.高.等.学.校
计算机教育"十二五"规划教材

MYSQL DATABASE COURSE
(video guide edition)

MySQL
数据库教程

必知必会+快速进阶+实战应用

视频指导版

郑阿奇 | 主编

人民邮电出版社
北京

图书在版编目（CIP）数据

MySQL数据库教程：必知必会　快速进阶　实战应用：视频指导版 / 郑阿奇主编. -- 北京：人民邮电出版社，2017.6（2020.8重印）
ISBN 978-7-115-45413-3

Ⅰ. ①M… Ⅱ. ①郑… Ⅲ. ①SQL语言—教材 Ⅳ. ①TP311.132.3

中国版本图书馆CIP数据核字(2017)第071633号

内 容 提 要

本书以当前较流行的 MySQL 5.7 为平台，系统介绍 MySQL 数据库原理及其应用。具体内容涉及 MySQL 初步、MySQL 数据库和表、MySQL 查询和视图、MySQL 索引与完整性约束、MySQL 语言、MySQL 过程式数据库对象、MySQL 数据库备份与恢复、MySQL 用户权限与维护和 MySQL 事务管理。另外，本书还通过实验对命令进行操作练习，保证实验内容和教程同步，教程实例和实验实例分别自成系统，简单方便。在介绍 MySQL 的基础上，本书提供综合应用实习，包含目前较流行的 PHP、Java EE、C#平台操作数据库的基本方法。附录中包含客户端 MySQL 操作软件和 Web 方式 MySQL 操作软件的安装与使用说明。

本书每章包含二维码视频，把主要内容联系起来，回答读者关心的问题。人邮教育社区（www.ryjiaoyu.com）同时提供教学课件和书中全部应用实例代码。通过学习本书，读者模仿综合应用实习就能够开发一个小规模的 MySQL 数据库应用系统。

本书可作为大学本科、高职高专有关课程教材，也可供广大数据库应用开发人员使用或参考。

◆ 主　编　郑阿奇
　责任编辑　曾　斌
　执行编辑　刘　尉
　责任印制　杨林杰

◆ 人民邮电出版社出版发行　北京市丰台区成寿寺路 11 号
邮编　100164　电子邮件　315@ptpress.com.cn
网址　http://www.ptpress.com.cn
涿州市京南印刷厂印刷

◆ 开本：787×1092　1/16
印张：18.5　　2017 年 6 月第 1 版
字数：484 千字　2020 年 8 月河北第 8 次印刷

定价：49.80 元

读者服务热线：(010)81055256　印装质量热线：(010)81055316
反盗版热线：(010)81055315
广告经营许可证：京东市监广登字 20170147 号

前言

　　MySQL 是当前较流行的数据库管理系统，它相对简单、方便、功能完善，并且开放源代码，在中小规模的数据库系统中广泛应用。

　　本书结合当前数据库教学和应用开发实践，在 MySQL 5.7 版本的基础上编写而成，共分成 3 篇，主要包括以下几个方面。

　　（1）第 1 篇的内容为 MySQL 数据库教程，介绍数据库基本知识和 MySQL 环境构建方法，然后分类介绍数据库和表、查询和视图、索引与完整性约束、MySQL 语言、过程式数据库对象、备份与恢复、用户权限与维护、事务管理等。

　　（2）第 2 篇的内容为 MySQL 实验，针对第 1 篇的教程内容设计对应的实验开发案例。

　　（3）第 3 篇的内容为 MySQL 综合应用实习，基于 PHP、Java EE 和 C#分别设计开发学生成绩管理系统，让读者通过系统地实战熟悉 MySQL 的开发要领。

　　本书特点如下。

　　（1）简化基础教程的内容，达到易学易会的效果。

　　（2）在介绍 MySQL 理论的基础上，注重实战，进行实验案例指导与综合应用实习，其中包含目前较流行的 PHP、Java EE、C#平台操作数据库的基本方法。每个实习操作的数据库和实现功能相同，学会一个，其他就很容易熟悉。

　　（3）本书每章包含二维码视频，把主要内容联系起来讲解，回答读者关心的问题。同时提供教学课件和全部应用实例代码，需要者请到人邮教育社区（http://www.ryjiaoyu.com）进行免费下载。

　　本书由郑阿奇（南京师范大学）主编，参加本书编写的还有刘启芬、丁有和、徐斌、王志瑞、孙德荣、周怡明、刘博宇、郑进、刘毅、周何骏、陶卫冬、严大牛、邓拼博、俞琰、周怡君、吴明祥、于金彬、陈瀚等。

　　由于我们的水平有限，错误在所难免，敬请广大读者批评指正。

　　意见建议邮箱：easybooks@163.com。

编　者
2017 年 3 月

目 录

第1篇　MySQL 数据库教程

第1章　MySQL 初步 2
1.1　数据库基本概念 2
1.2　MySQL 数据库 4
1.2.1　概述 4
1.2.2　安装运行 4
1.2.3　命令初步 12
1.3　MySQL 常用界面工具 15
习题 16

第2章　MySQL 数据库和表 17
2.1　MySQL 数据库 17
2.1.1　创建数据库 17
2.1.2　修改数据库 18
2.1.3　删除数据库 18
2.2　MySQL 表 18
2.2.1　创建表 18
2.2.2　修改表 21
2.2.3　删除表 22
2.3　表记录的操作 22
2.3.1　插入记录 22
2.3.2　修改记录 24
2.3.3　删除记录 26
习题 28

第3章　MySQL 查询和视图 29
3.1　MySQL 数据库查询 29
3.1.1　选择输出列 29
3.1.2　数据来源：FROM 子句 36
3.1.3　查询条件：WHERE 子句 40
3.1.4　分组：GROUP BY 子句 51
3.1.5　分组条件：HAVING 子句 53
3.1.6　排序：ORDER BY 子句 54
3.1.7　输出行限制：LIMIT 子句 56
3.1.8　联合查询：UNION 语句 57
3.1.9　行浏览查询：HANDLER 语句 58
3.2　MySQL 视图 59
3.2.1　视图的概念 59
3.2.2　创建视图 60
3.2.3　查询视图 61
3.2.4　更新视图 61
3.2.5　修改视图 63
3.2.6　删除视图 64
习题 64

第4章　MySQL 索引与完整性约束 65
4.1　MySQL 索引 65
4.2　MySQL 索引创建 66
4.3　MySQL 数据完整性约束 69
4.3.1　主键约束 69
4.3.2　替代键约束 70
4.3.3　参照完整性约束 70
4.3.4　CHECK 完整性约束 73
4.3.5　命名完整性约束 74
4.3.6　删除完整性约束 75
习题 75

第5章　MySQL 语言 76
5.1　MySQL 语言简介 76
5.2　常量和变量 77
5.2.1　常量 77
5.2.2　变量 80
5.3　运算符与表达式 84
5.3.1　算术运算符 84
5.3.2　比较运算符 86
5.3.3　逻辑运算符 87
5.3.4　位运算符 89
5.3.5　运算符优先级 90
5.3.6　表达式 90
5.4　系统内置函数 91

5.4.1 数学函数	91	
5.4.2 聚合函数	94	
5.4.3 字符串函数	94	
5.4.4 日期和时间函数	98	
5.4.5 加密函数	101	
5.4.6 控制流函数	102	
5.4.7 格式化函数	103	
5.4.8 类型转换函数	105	
5.4.9 系统信息函数	106	
习题	107	

第6章 MySQL 过程式数据库对象 … 108

- 6.1 存储过程 … 108
  - 6.1.1 创建存储过程 … 108
  - 6.1.2 存储过程体 … 110
  - 6.1.3 游标及其应用 … 116
  - 6.1.4 存储过程的调用、删除和修改 … 118
- 6.2 存储函数 … 122
  - 6.2.1 创建存储函数 … 122
  - 6.2.2 存储函数的调用、删除和修改 … 123
- 6.3 触发器 … 124
- 6.4 事件 … 128
  - 6.4.1 创建事件 … 128
  - 6.4.2 修改和删除事件 … 130
- 习题 … 130

第7章 MySQL 数据库备份与恢复 … 131

- 7.1 常用的备份恢复方法 … 131
  - 7.1.1 使用 SQL 语句：导出或导入表数据 … 131
  - 7.1.2 使用客户端工具：备份数据库 … 134
  - 7.1.3 直接复制 … 136
- 7.2 日志文件 … 137
  - 7.2.1 启用日志 … 137
  - 7.2.2 用 mysqlbinlog 处理日志 … 138
- 习题 … 138

第8章 MySQL 用户权限与维护 … 139

- 8.1 用户管理 … 139
  - 8.1.1 添加、删除用户 … 139
  - 8.1.2 修改用户名、密码 … 141
- 8.2 权限控制 … 141
  - 8.2.1 授予权限 … 141
  - 8.2.2 权限转移和限制 … 145
  - 8.2.3 权限回收 … 146
- 8.3 表维护语句 … 147
  - 8.3.1 索引列可压缩性语句：ANALYZE TABLE … 147
  - 8.3.2 检查表是否有错语句：CHECK TABLE … 147
  - 8.3.3 获得表校验和语句：CHECKSUM TABLE … 148
  - 8.3.4 优化表语句：OPTIMIZE TABLE … 149
  - 8.3.5 修复表语句：REPAIR TABLE … 149
- 习题 … 149

第9章 MySQL 事务管理 … 150

- 9.1 事务属性 … 150
- 9.2 事务处理 … 151
- 9.3 事务隔离级 … 153
- 习题 … 154

第2篇 MySQL 实验

- 实验1 MySQL 的使用 … 156
- 实验2 创建数据库和表 … 159
- 实验3 表数据插入、修改和删除 … 162
- 实验4 数据库的查询和视图 … 166
  - 实验4.1 查询 … 166
  - 实验4.2 视图 … 174
- 实验5 索引和数据完整性 … 177
- 实验6 MySQL 语言 … 180
- 实验7 存储过程函数触发器事件 … 185
- 实验8 数据库备份与恢复 … 190
- 实验9 用户权限维护 … 192

第 3 篇　MySQL 综合应用实习

实习 0　创建实习数据库 196
实习 0.1　创建数据库及其对象 196
实习 0.2　功能和界面 201

实习 1　PHP 5/MySQL 5.7 学生成绩管理系统 203
实习 1.1　PHP 开发平台搭建 203
实习 1.1.1　创建 PHP 环境 203
实习 1.1.2　Eclipse 安装与配置 206
实习 1.2　PHP 开发入门 208
实习 1.2.1　PHP 项目的建立 208
实习 1.2.2　PHP 项目的运行 209
实习 1.2.3　PHP 连接 MySQL 5.7 210
实习 1.3　系统主页设计 210
实习 1.3.1　主界面 210
实习 1.3.2　功能导航 211
实习 1.4　学生管理 213
实习 1.4.1　界面设计 213
实习 1.4.2　功能实现 216
实习 1.5　成绩管理 218
实习 1.5.1　界面设计 218
实习 1.5.2　功能实现 221

实习 2　Java EE 7/MySQL 5.7 学生成绩管理系统 223
实习 2.1　Java EE 开发平台搭建 223
实习 2.1.1　安装软件 223
实习 2.1.2　环境整合 226
实习 2.2　创建 Struts 2 项目 228
实习 2.2.1　创建 Java EE 项目 228
实习 2.2.2　加载 Struts 2 包 229
实习 2.2.3　连接 MySQL 5.7 230
实习 2.3　系统主页设计 233
实习 2.3.1　主界面 233
实习 2.3.2　功能导航 234
实习 2.4　学生管理 237
实习 2.4.1　界面设计 237
实习 2.4.2　功能实现 240
实习 2.5　成绩管理 246
实习 2.5.1　界面设计 246
实习 2.5.2　功能实现 248

实习 3　Visual C# 2015/MySQL 5.7 学生成绩管理系统 253
实习 3.1　ADO.NET 架构原理 253
实习 3.2　创建 Visual C# 2015 项目 255
实习 3.2.1　Visual C# 2015 项目的建立 255
实习 3.2.2　安装 MySQL 5.7 的 .NET 驱动 255
实习 3.3　系统界面设计 257
实习 3.3.1　主界面 257
实习 3.3.2　功能界面 258
实习 3.4　系统代码架构 259
实习 3.5　学生管理 261
实习 3.6　成绩管理 265

附录 A　学生成绩数据库（xscj）表结构样本数据 268

附录 B　Navicat 基本操作 271
B.1　Navicat 安装 271
B.2　创建数据库和表 272
B.3　查询和视图 274
B.4　索引和存储过程 276
B.5　备份与还原 277
B.6　用户与权限操作 278

附录 C　phpMyAdmin 基本操作 279
C.1　安装 phpMyAdmin 环境 279
C.2　创建数据库 280
C.3　操作数据库 284

第 1 篇　MySQL 数据库教程

第 1 章　MySQL 初步
第 2 章　MySQL 数据库和表
第 3 章　MySQL 查询和视图
第 4 章　MySQL 索引与完整性约束
第 5 章　MySQL 语言
第 6 章　MySQL 过程式数据库对象
第 7 章　MySQL 数据库备份与恢复
第 8 章　MySQL 用户权限与维护
第 9 章　MySQL 事务管理

第1章 MySQL 初步

1.1 数据库基本概念

本节先来介绍数据库相关的概念。

1. 数据库

数据库（DB）是存放数据的仓库，而且这些数据存在一定的关联，并按一定的格式存放在计算机的存储介质上。例如，把一个学校的学生基本信息、课程信息、学生成绩信息等数据有序地组织并存放在计算机内，就可以构成一个学生成绩管理数据库。

2. 数据模型

数据库按照数据模型对数据进行存储和管理，而数据模型主要有层次模型、网状模型和关系模型，其中关系模型使用更为流行。

关系模型以记录组或二维数据表的形式组织数据。例如，学生成绩管理数据库所涉及的"学生""课程"和"成绩"三个表：

"学生"表涉及的主要信息有学号、姓名、性别、出生时间、专业、总学分和备注；

"课程"表涉及的主要信息有课程号、课程名、开课学期、学时和学分；

"成绩"表涉及的主要信息有学号、课程号和成绩。

表 1.1、表 1.2 和表 1.3 所示分别描述了学生成绩管理数据库中"学生""课程"和"成绩"三个表的部分数据。

表 1.1 "学生"表

学 号	姓 名	性 别	出生时间	专 业	总学分	备 注
081101	王林	男	1990-02-10	计算机	50	
081103	王燕	女	1989-10-06	计算机	50	
081108	林一帆	男	1989-08-05	计算机	52	已提前修完一门课
081202	王林	男	1989-01-29	通信工程	40	有一门课不及格，待补考
081204	马琳琳	女	1989-02-10	通信工程	42	

表 1.2　　　　　　　　　　　　　　　"课程"表

课程号	课程名	开课学期	学时	学分
0101	计算机基础	1	80	5
0102	程序设计与语言	2	68	4
0206	离散数学	4	68	4

表 1.3　　　　　　　　　　　　　　　"成绩"表

学号	课程号	成绩	学号	课程号	成绩
081101	101	80	081108	101	85
081101	102	78	081108	102	64
081101	206	76	081108	206	87
081103	101	62	081202	101	65
081103	102	70	081204	101	91

表格中的一行称为一个记录，一列称为一个字段，每列的标题称为字段名。如果给每个关系表取一个名字，则有 n 个字段的关系表的结构可表示为：

关系表名（字段名 1，…，字段名 n）

通常把关系表的结构称为关系模式。

在关系表中，如果一个字段或几个字段组合的值可唯一标识其对应记录，则称该字段或字段组合为码。例如，"学号"可唯一标识每一个学生，"课程号"可唯一标识每一门课。"学号"和"课程号"可唯一标识每一个学生一门课程的成绩，它们就是相应表的码。有时一个表可能有多个码，例如在学生表中，只要姓名不重名，则"学号""姓名"均是学生信息表码，但可指定一个码为"主码"，在关系模式中，一般用下划线标出主码。

学生关系模式可表示为：XSB（<u>学号</u>，姓名，性别，出生时间，专业，总学分，备注）。
课程关系模式可表示为：KCB（<u>课程号</u>，课程名，开课学期，学时，学分）。
成绩关系模式表示为：CJB（<u>学号</u>，<u>课程号</u>，成绩，学分）。

3. 数据库管理系统

数据库管理系统（DBMS）是管理数据库的系统，它按一定的数据模型组织数据。

DBMS 应提供如下功能：定义数据库中的对象、对数据库包含对象进行操作、保证输入的数据满足相应的约束条件、保证只有具有权限的用户才能访问数据库中的数据、使多个应用程序可在同一时刻访问数据库的数据、数据库备份和恢复功能、能够在网络环境下访问数据库的功能和数据库信息的接口和工具。

数据库系统管理员（DBA）通过 DBMS 提供的工具对数据库进行管理。数据库应用程序通过 DBMS 的数据库的接口编写操作数据库。

目前，流行的关系型 DBMS 有：SQL Server、Oracle、MySQL、Access 等。其中，MySQL 是目前较流行的开放源码的小型数据库管理系统，它被广泛应用在 Internet 上众多中小型网站中，本书介绍的是较新的 MySQL 5.7 版。

4. 关系型数据库语言

SQL（Structured Query Language，结构化查询语言）是用于关系数据库查询的结构化语言。SQL 的功能包括数据查询、数据操纵、数据定义和数据控制 4 部分。

DBA 可通过 DBMS 发送 SQL 命令，命令执行结果在 DBMS 界面上显示。

用户通过应用程序界面表达如何操作数据库，应用程序把其转换为 SQL 命令发送给 DBMS，再将操作结果在应用程序界面上显示出来。

5. 数据库系统

数据、数据库、数据库管理系统与操作数据库的应用程序，加上支撑它们的硬件平台、软件平台和与数据库有关的人员一起构成了一个完整的数据库系统。图 1.1 所示描述了数据库系统的构成。

（数据库系统）

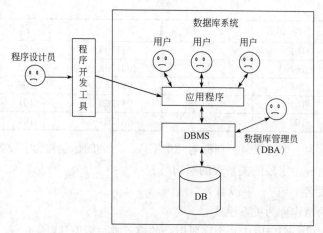

图 1.1　数据库系统的构成

1.2　MySQL 数据库

本节介绍 MySQL 数据库的概述、安装运行和命令初步。

1.2.1　概述

MySQL 是一个小型关系数据库管理系统，开发者为瑞典 MySQL AB 公司。由于其体积小、速度快、总体拥有成本低，尤其是开放源码这一特点，被广泛地应用在 Internet 上的中小型网站中。

目前在 Internet 上流行的网站构架方式是 LAMP（Linux+Apache+MySQL+PHP），即使用 Linux 作为操作系统，Apache 作为 Web 服务器，MySQL 作为数据库 DBMS，PHP 作为服务器端脚本解释器。因这 4 款软件都遵循 GPL 开放源码授权，故使用这种组合的解决方案不用花一分钱就可以建立起一个稳定、免费的网站系统。

由于 MySQL 被 SUN 公司收购，SUN 又被 Oracle 收购，MySQL 成为了 Oracle 公司的另一个数据库项目。MySQL 功能越来越完善，版本不断升级，在 Windows 平台上的使用越来越多，已经成为目前较为流行的 DBMS。

本书的操作平台是 MySQL 5.7.17.0。MySQL 支持 SQL 标准，但也进行了相应的扩展。

1.2.2　安装运行

MySQL 的安装包可从 http://dev.mysql.com/downloads/上免费下载，下载得到的安装包名为 mysql-installer-community-5.7.17.0.msi。在安装 MySQL 前，请确保系统中安装了 Microsoft .NET

Framework 4.0。

1. MySQL 下载安装

(1)双击安装包会弹出欢迎窗口,单击"Install MySQL Products"文字链接,会弹出"License Agreement"窗口,该窗口列出用户使用本产品相应接受的项目(即用户许可协议)。选中"I accept the license terms"复选框,然后单击【Next】按钮。

(2)进入安装类型(Choosing a Setup Type)选择界面,如图 1.2 所示。

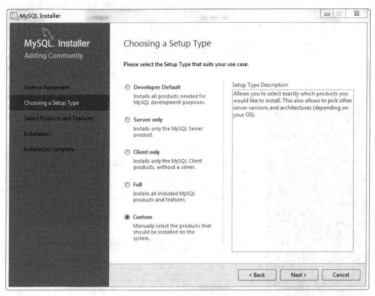

图 1.2　安装类型设置窗口

这里选择【Custom】(常规)单选按钮,然后单击【Next】按钮。

(3)系统进入"Select Products and Features"(选择安装项目)窗口,如图 1.3 所示。

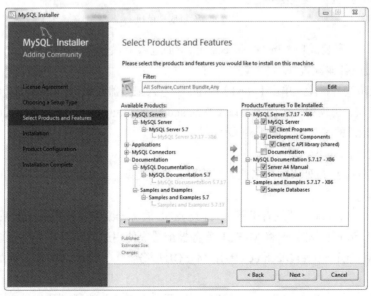

图 1.3　选择安装项目

其中"Available Products"中列出可安装的项目,"Products/Features To Be Installtioned"中列出当前系统默认的安装项目。其中 MySQL Server 是 MySQL 提供服务的程序,MySQL Document(文档)为使用者提供使用说明,Samples and Examples 中的实例可提供使用 MySQL 的参考模板。

用户可以选择"Available Products"中其他项目然后向右移动添加安装,也可以从"Products/Features To Be Installationed"中选择放弃安装。对于初学者可选择安装默认项目,单击【Next】按钮进入下一个窗口。

(4)"Installation"窗口列出用户在上一个窗口选择的安装项目,选择【Back】按钮可返回上一个窗口重新选择,单击【Next】按钮进入下一个窗口。

(5)系统开始安装程序,之前安装向导过程中所做的设置将在安装完成之后生效,并会弹出图 1.4 所示的窗口。

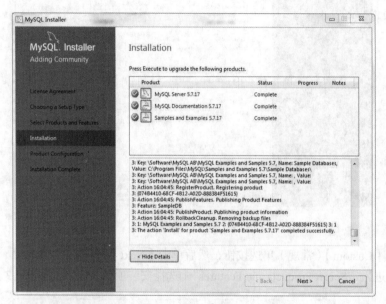

图 1.4　安装成功窗口

至此,MySQL 安装成功(Install success)!下面进入配置过程。

2. MySQL 服务器配置

(1)在安装成功界面上,单击【Next】按钮,就进入服务器配置窗口(Product Configuration),单击【Next】按钮,出现第一个配置窗口(Type and Networking-Server Configuration Type),配置 MySQL 服务器运行的参数,如图 1.5 所示。

其中需要说明的如下。

① Config Type 下拉列表项用来配置当前服务器的类型,可以选择如下所示的 3 种服务器类型。

Development Machine(开发者机器):将 MySQL 服务器配置成使用最少的系统资源。

Server Machine(服务器):将 MySQL 服务器配置成使用适当比例的系统资源。

Dedicated MySQL Server Machine(专用 MySQL 服务器):将 MySQL 服务器配置成使用所有可用系统资源。

作为初学者,选择"Development Machine"(开发者机器)就可以了。

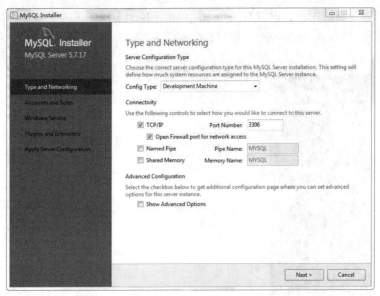

图 1.5　配置 MySQL 服务器

② Connectivity 下包含连接 MySQL 的参数。

默认情况启用 TCP/IP 网络；默认端口为 3306（该端口号必须没有被占用）；打开通过网络存取数据库防火墙功能。

同时不选命名管道和共享内存功能。

③ 高级配置。选择"Show Advanced Options"可打开选项。

对于初学者默认配置即可。单击【Next】按钮进入下一个窗口。

（2）系统显示"Accounts and Roles"窗口，配置 root 账户和角色，如图 1.6 所示。

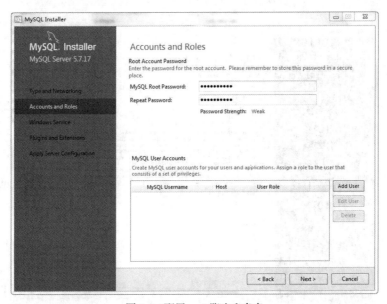

图 1.6　配置 root 账户和角色

设置 root 用户的密码，在"MySQL Root Password"（输入新密码）和"Repeat Password"（确认密码）两个编辑框内输入期望的密码。这里我们设置密码：njnu123456。也可以单击下面的【Add

User】按钮另行创建新的用户，设置有关角色。单击【Next】按钮进入下一个窗口。

（3）系统显示"Windows Service"窗口，配置作为 Windows 程序运行参数，如图 1.7 所示。

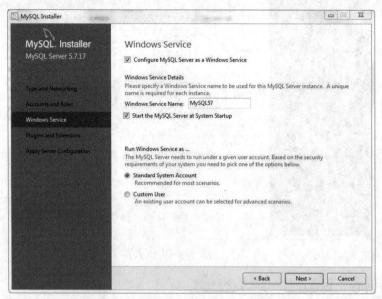

图 1.7　配置 Windows 程序运行参数

系统默认 Windows 启动时自动启动 MySQL 程序，进程名为 MySQL57。Windows 启动时采用标准账户。保留默认值即可。单击【Next】按钮，进入下一个窗口。

（4）系统显示"Plugins and Extensions"窗口，配置插件连接 MySQL 数据库参数：包含协议、文档、端口号和是否打开防火墙，如图 1.8 所示，保留默认值即可。单击【Next】按钮，进入下一个窗口。

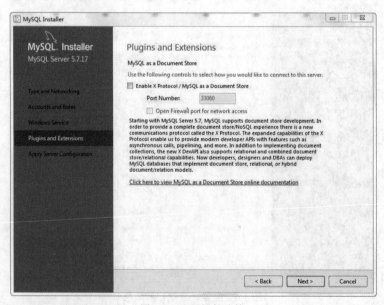

图 1.8　配置插件连接

（5）系统显示"Apply Server Confogtion"应用服务配置过程窗口，如图 1.9 所示。

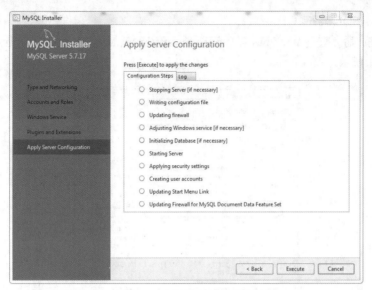

图 1.9　应用服务配置过程

用户选择"Execute",根据列出的应用服务顺序进行配置,直到项目前全部打勾表示完成。选择【finish】按钮,进入下一个窗口。

(6)系统显示"Product Configuration"窗口,其中显示"MySQL Server"配置已经完成,单击【Next】按钮,系统开始配置"Samples and Exmples"。完成后进入下一个窗口。

(7)系统显示"Connect To Server"连接到 MySQL 服务器窗口,如图 1.10 所示。

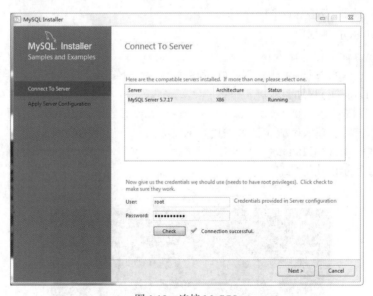

图 1.10　连接 MySQL

用户输入"root"和前面设置的对应 root 用户密码(njnu123456),单击【Check】按钮,系统显示"Connection successful"表示连接 MySQL 成功。

3. MySQL 数据库试运行

为了验证上述的安装和配置是否成功,先来运行 MySQL 数据库。

(安装运行)

（1）启动 MySQL 服务

安装配置完成后，打开 Windows 任务管理器，可以看到 MySQL 服务进程 mysqld.exe 已经启动了，如图 1.11 所示。

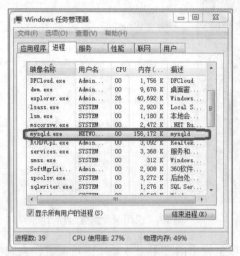

图 1.11　MySQL 服务进程

使用 MySQL 之前，必须确保进程 mysqld.exe 已经启动。但用户关机后重新开机进入系统时，如果图 1.7 中的 MySQL 服务器没有配置成自动启动，就要在 Windows 管理器中启动，或者进入 MySQL 安装目录 C:\Program Files (x86)\MySQL\MySQL Server 5.7\bin（读者请进入自己安装 MySQL 的 bin 目录），双击 mysqld.exe 即可。

（2）登录 MySQL 数据库

进入 Windows 命令行，输入：

`C:\...>cd C:\Program Files (x86)\MySQL\MySQL Server 5.7\bin`

进入 MySQL 可执行程序目录，再输入：

`C:\Program Files\MySQL\MySQL Server 5.7\bin> mysql -u root -p`

按"Enter"键后，输入密码（读者请用之前安装时自己设置的密码）：

`Enter password: njnu123456`

显示图 1.12 所示的欢迎信息。

图 1.12　MySQL 成功登录

图 1.12 显示进入的其实就是 MySQL 的命令行模式，在命令行提示符"mysql>"后输入"quit"，可退出命令行。

（3）设置 MySQL 字符集

为了让 MySQL 数据库能够支持中文，必须设置系统字符集编码。

输入命令：

```
show variables like 'char%';
```

可查看当前连接系统的参数，如图 1.13 所示。

（设置 MySQL 字符集）

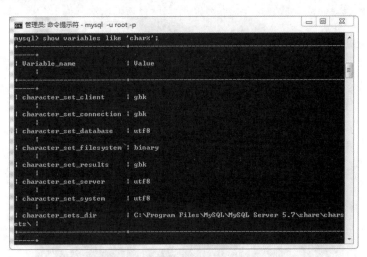

图 1.13　查看当前连接系统的参数

然后输入：

```
set character_set_database= 'gbk';
set character_set_server= 'gbk';
```

将数据库和服务器的字符集均设为 gbk（中文）。

最后输入命令：

```
status;
```

结果如图 1.14 所示。

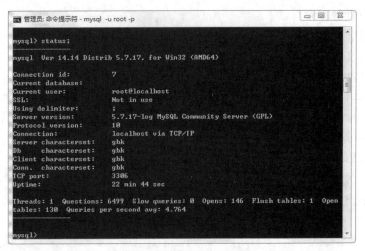

图 1.14　查看当前系统字符集

从图 1.14 中框出的部分可见，系统的 Server（服务器）、Db（数据库）、Client（客户端）及 Conn.（连接）的字符集都改为了"gbk"。这样，整个 MySQL 系统就能彻底地支持中文汉字字符了！

（4）作为初学者，为了在操作 MySQL 时防止由于不同操作系统默认的权限差异不能使用有些功能，建议设置操作权限。

输入命令：

（定义初学者）

```
use mysql;
grant all privileges on *.* to 'root'@'%'  identified by 'njnu123456' with grant option;
flush privileges;
```

结果如图 1.15 所示。

图 1.15　设置权限

1.2.3　命令初步

下面先简单介绍几个 MySQL 命令行的入门操作，更详细的内容请读者学习本书的后续章节。为了方便阅读，命令关键字一般用大写表示，参数用小写表示。实际输入命令一般习惯都用小写。

1. 查看、创建数据库

（1）查看系统数据库

查看 MySQL 系统中已有的数据库，输入命令：

（查看系统数据库）

```
SHOW DATABASES;
```

系统会列出已有的数据库。MySQL 系统使用的数据库有 3 个：information_schema、mysql 和 performance_schema，它们都是 MySQL 安装时系统自动创建的，MySQL 把有关 DBMS 自身的管理信息都保存在这几个数据库中，如果删除了它们，MySQL 将不能正常工作，故请读者操作时千万留神！如果安装时选择安装实例数据库，则系统还有另外 2 个实例数据库 sakila 和 world。

（2）创建用户数据库

为了创建用户自己使用的数据库，在 mysql>提示符后输入"CREATE DATABASE"（大小写不限）语句，此语句要指定数据库名：

```
CREATE DATABASE mytest;
```

（创建用户数据库）

这里创建了一个用于测试的数据库 mytest，使用 SHOW DATABASES 语句查看一下，执行结果列表中多了一项 mytest，就是用户刚刚创建的数据库，如图 1.16 所示。

图 1.16　多了创建的用户数据库

数据库创建后，在安装 MySQL 时确定的数据库数据文件制定路径下就会产生以数据库名作为目录名的目录，如图 1.17 所示。在该目录下生成了一个"db.opt"文件，在该文件中记录了数据库的特征信息。

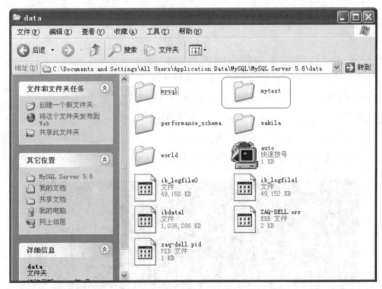

图 1.17　数据库目录

2．在数据库中创建表

（1）切换当前数据库

接下来，我们要在 mytest 数据库中创建表，但 mytest 并不是系统默认的当前数据库，为了使它成为当前数据库，发布 USE 语句即可：

```
USE mytest
```

USE 为少数几个不需要终结符（;）的语句之一，当然，加上终结符也不会出错。

（2）创建表

使用 CREATE TABLE 语句可创建表。例如，创建一个名为 user 的表，留待后用：

```
CREATE TABLE user
(
    id          int auto_increment not null primary key,
    username    varchar(10) not null,
```

```
    password    varchar(10) not null
);
```

其中，user 表包含 id、username 和 password 列。id 列标志字段，整型（int），字段数据系统增一（auto_increment），并将其设置为主键（primary key）；username 和 password 列分别存放不超过 10 个字符（varchar（10））的用户名和密码，记录中这三个字段不允许为空（not null）。

数据库中创建了一个表，在该数据库目录下就会生成主文件名为表名的 2 个文件，如图 1.18 所示。

图 1.18　数据库目录中文件

（3）查看表信息

现在来检验一下 mytest 数据库中是否创建了 user 表。

在命令行输入：

```
SHOW TABLES;
```

系统显示数据库中已经有了一个 user 表，如图 1.19 所示，进一步输入：

```
DESCRIBE USER;
```

还可详细查看 user 表的结构、字段类型等信息。

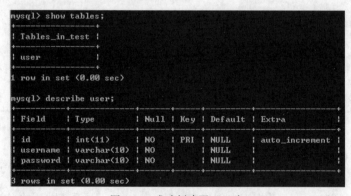

图 1.19　成功创建了 user 表

SHOW 和 DESCRIBE 命令还有很多选项，对应显示很多功能。

3．向表中加入记录

通常，用 INSERT 语句向表中插入记录。例如：

```
INSERT INTO user VALUES(1, 'Tom', '19941216');
INSERT INTO user VALUES(2, '周何骏', '19960925');
```

VALUES 表必须包含表中每一列的值，并且按表中列的存放次序给出。在 MySQL 中，字符串串值需要用单引号或双引号括起来。完成后输入下列命令：

```
SELECT * FROM user;
```

查询表 user 中的所有记录，如图 1.20 所示。

图 1.20　查看 user 表的内容

请读者按照上述指导，熟悉 MySQL 命令行的操作。上机实践过后，可使用 DROP DATABASE 命令删除用户自己创建的数据库，使 MySQL 系统恢复原样：

```
DROP DATABASE mytest;
```

4．MySQL 命令说明

（1）在描述命令格式时，用[ ]表示可选项。

（2）MySQL 命令不区分大小写，但本书为了读者阅读方便，在本书描述命令格式和命令实例时，命令关键字用大写表示，其他用小写表示。但在实际对 MySQL 操作时为了避免大小写频繁切换，一般都用小写。

（3）命令关键字可以只写前面 4 个字符。

```
DESCRIBE user;
```

与

```
DESCR user;
```

效果是一样的。

（4）修改命令结束符号。

在 MySQL 中，服务器处理语句的时候是以分号为结束标志的。使用 DELIMITER 命令将 MySQL 语句的结束标志修改为其他符号。

例如，将 MySQL 结束符修改为两个斜杠"/"符号。

```
DELIMITER //
```

执行完这条命令后，程序结束的标志就换为双斜杠符号"//"了。

要想恢复使用分号";"作为结束符，运行下面命令即可：

```
OPDELIMITER ;
```

1.3　MySQL 常用界面工具

MySQL 除了可以通过命令操作数据库外，市场上还有许多图形化的工具操作 MySQL，这样操作数据库就更加简单方便。MySQL 的界面工具可分为两大类：图形化客户端和基于 Web 的管理工具。

1. 图形化客户端

图形化客户端这类工具采用 C/S 架构，用户通过安装在桌面计算机上的客户端软件连接并操作后台 MySQL 数据库，原理如图 1.21 所示，客户端是图形化用户界面（GUI）。

（图形化客户端）

图 1.21　图形化客户端

除了 MySQL 官方提供的管理工具 MySQL Administrator 和 MySQL Workbench，还有很多第三方开发的优秀工具，比较著名的有：Navicat、Sequel Pro、HeidiSQL、SQL Maestro MySQL Tools Family、SQLWave、dbForge Studio、DBTools Manager、MyDB Studio、Aqua Data Studio、SQLyog、MYSQL Front 和 SQL Buddy 等。

2. 基于 Web 的管理工具

基于 Web 的管理工具采用 B/S 架构，用户计算机上无需再安装客户端，管理工具运行于 Web 服务器上，如图 1.22 所示。用户机器只要带有浏览器，就能以访问 Web 页的方式操作 MySQL 数据库里的数据。

（基于 Web 的管理工具）

图 1.22　基于 Web 的管理工具

基于 Web 的管理工具有：phpMyAdmin、phpMyBackupPro 和 MySQL Sidu 等。

习　题

1. 什么是数据模型？简述关系模型的特点。
2. 说明数据库、数据库管理系统、数据库系统、数据库应用系统、数据库管理员的关系。
3. 说明关系模型中的表、记录、码、主码的关系。
4. 说明数据库管理系统的功能。
5. 说明 SQL 语言的功能。
6. 说明 MySQL 系统、数据库默认的安装路径是什么？如何修改默认的安装路径为用户希望的目录？
7. 为什么数据库是一个容器？
8. 什么是 MySQL 界面工具，分哪两大类？
9. 练习数据库命令。

（1）创建 test 数据库，查看数据库存放的目录和文件。

（2）在 test 数据库中创建 b1 表，一个数据类型至少包含一个字段。

（3）用不同方法向 b1 表中输入几条记录，然后查询所有记录。

第 2 章 MySQL 数据库和表

数据库，可以看成是一个存储数据对象的容器，这些对象包括了表、视图、触发器、存储过程等。其中，表是最基本的数据对象，是存放数据的实体。实际应用中，必须首先创建数据库，然后才能建立表及其他的数据对象。

2.1 MySQL 数据库

2.1.1 创建数据库

使用 CREATE DATABASE 或 CREATE SCHEMA 命令可以创建数据库。
创建数据库的语法格式如下：

```
CREATE [IF NOT EXISTS] 数据库名
    [DEFAULT] CHARACTER SET 字符集
    | [DEFAULT] COLLATE 校对规则名
```

- IF NOT EXISTS：在创建数据库前判断是否存在，存在则不创建，不存在则执行 CREATE DATABASE 创建数据库。用此选项可以避免出现数据库已经存在而再新建的错误。
- CHARACTER SET：指定数据库字符采用的默认字符集。
- COLLATE：指定字符集的校对规则。

另外，CREATE TEMPORARY TABLE …命令可新建临时表。临时表的生命周期较短，而且只能对创建它的用户可见，当断开与该数据库的连接时，MySQL 会自动删除它。

【例 2.1】创建学生成绩数据库，数据库名称 xscj。

```
mysql>create database xscj
```

如果已经创建了数据库（例如 mytest），重复创建时系统会提示数据库已经存在，系统显示错误信息。使用 IF NOT EXISTS 选项从句可不显示错误信息，如图 2.1 所示。

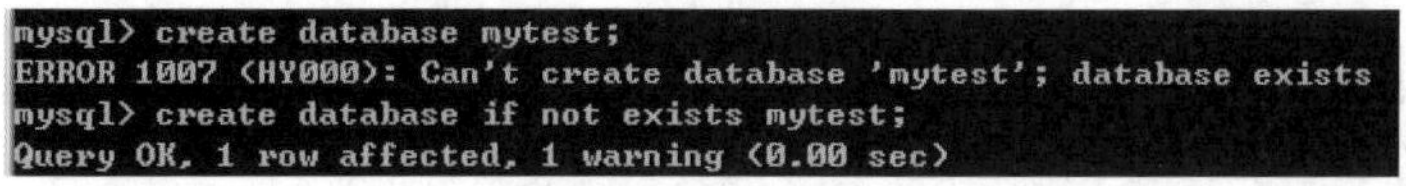

```
mysql> create database mytest;
ERROR 1007 (HY000): Can't create database 'mytest'; database exists
mysql> create database if not exists mytest;
Query OK, 1 row affected, 1 warning (0.00 sec)
```

图 2.1 错误信息处理

创建了数据库之后使用 USE 命令可指定当前数据库。

USE 命令的语法格式如下：

```
USE 数据库名；
```

例如：指定当前数据库为学生成绩数据库（xscj）。

```
mysql>use xscj
```

这个语句也可以用来从一个数据库"跳转"到另一个数据库，在用 CREATE DATABASE 语句创建了数据库之后，该数据库不会自动成为当前数据库，需要用这条 USE 语句来指定。

在 MySQL 中，每一条 SQL 语句都以";"作为结束标志。

2.1.2 修改数据库

数据库创建后，如果需要修改数据库的参数，可以使用 ALTER DATABASE 命令，其他格式与 CREATE DATABASE 相同。

【例 2.2】修改学生成绩数据库（xscj）默认字符集和校对规则。语句及结果如图 2.2 所示。

```
mysql> alter database xscj
    -> default character set gb2312
    -> default collate gb2312_chinese_ci;
Query OK, 1 row affected (0.00 sec)
```

图 2.2　修改结果

2.1.3 删除数据库

用户已经创建的数据库需要删除，可以使用 DROP DATABASE 命令。

删除数据库的语法格式：

```
DROP DATABASE [IF EXISTS] 数据库名
```

这里，还可以使用 IF EXISTS 子句，避免删除不存在的数据库时出现 MySQL 错误信息。

DROP DATABASE 命令必须小心使用，因为它将删除指定的整个数据库，该数据库的所有表（包括其中的数据）也将被永久删除。

2.2　MySQL 表

在数据库创建后，就应该创建表，因为表是数据库存放数据的对象实体。没有表，数据库中其他的数据对象就都没有意义。要查看数据库中有哪些表可以使用 SHOW TABLES 命令。

2.2.1 创建表

1. 全新创建

从头创建一个全新的表，使用 CREATE TABLE 命令。

创建表的语法格式如下:

```
CREATE TABLE [IF NOT EXISTS] 表名
(    [列定义] ...
   | [表索引定义]
)
[表选项] [select 语句];
```

- 列定义:包括列名、数据类型,可能还有一个空值声明和一个完整性约束。
- 表索引项定义:主要定义表的索引、主键、外键等,具体定义将在第 4 章中讨论。
- select 语句:用于在一个已有表的基础上创建表。

【例 2.3】在学生成绩数据库(xscj)中也创建一个学生情况表,表名 xs。

(例 2.3)

(1)输入以下命令:

```
USE xscj
CREATE TABLE xs
(
    学号        char(6)       not null  primary key,
    姓名        char(8)       not null,
    专业名      char(10)      null,
    性别        tinyint(1)    not null  default 1,
    出生日期    date          not null,
    总学分      tinyint(1)    null,
    照片        blob          null,
    备注        text          null
);
```

- "学号"列:字符型,长度 6,不能为空,为本表主键(主码)。
- "姓名"列:字符型,长度 8,不能为空。
- "专业名"列:字符型,长度 10,可空。
- "性别"列:短整型,1 字节,不能为空,默认值为 1。
- "出生日期"列:日期型,不能为空。
- "总学分"列:短整型,1 字节,可空。
- "照片"列:二进制型,可空。
- "备注"列:文本型,可空。

(2)用 show tables 命令显示 xscj 数据库中产生的学生(xs)表,用 describe xs 命令可以显示 xs 表的结构,如图 2.3 所示。

2. 复制现成的表

如果创建的表与已有表相似,用户也可直接复制数据库中已有表的结构和数据,然后对表进行修改。

复制表的语法格式如下:

```
CREATE TABLE [IF NOT EXISTS] 表名
    [ LIKE 已有表名 ]
    | [AS (复制表记录) ];
```

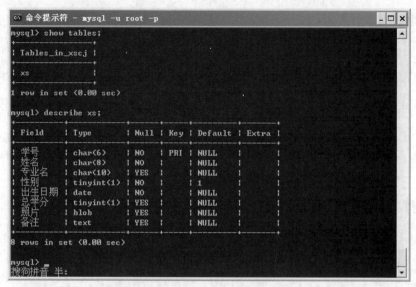

图 2.3 学生（xs）表结构

- LIKE 关键字后面表名应该已经存在。
- AS 后为可以复制表的内容。例如，可以是一条 SELECT 语句，SELECT 语句为查询表记录。注意，索引和完整性约束是不会复制的。

【例 2.4】在 mytest 数据库中，用复制的方式创建一个名为 user_copy1 的表，表结构直接取自 user 表；另再创建一个名为 user_copy2 的表，其结构和内容（数据）都取自 user 表。

```
USE mytest
CREATE TABLE user_copy1 LIKE user;

CREATE TABLE user_copy2 AS (select * from user);
```

执行过程及结果，如图 2.4 所示。

图 2.4 用复制的方式创建 user 表

查询 user_copy1 表中没有记录，而 user_copy2 表中包含 user 表中所有记录，如图 2.5 所示。

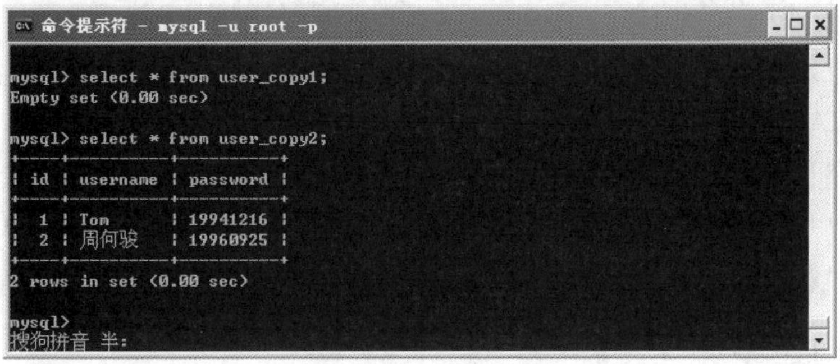

图 2.5 查询表记录

2.2.2 修改表

1. 修改表结构

ALTER TABLE 用于更改原有表的结构。例如，可以增加（删减）列、创建（取消）索引、更改原有列的类型、重新命名列或表，还可以更改表的评注和表的类型。

修改表的语法格式如下：

```
ALTER TABLE 表名
    ADD 列定义[FIRST | AFTER 列名]
  | MODIFY 列定义
  | ALTER 列名 {SET DEFAULT 值 | DROP DEFAULT }
  | CHANGE 列名 原列名
  | DROP 列名
  | RENAME [TO] 新表名
```

- ADD 子句：向表中增加新列。通过 FIRST|AFTER 列名指定增加列的位置，否则加在最后一列。

  例如，在表 user 中增加新的一列"班级号"：

  ```
  user mytest
  alter table user add column 班级号 tinyint(1) null;
  ```

- MODIFY 子句：修改指定列的数据类型。

  例如，要把一个列的数据类型改为 bigint：

  ```
  alter table user modify 班级号 bigint not null;
  ```

若表中该列所存数据的数据类型与将要修改的列的类型冲突，则发生错误。例如，原来 char 类型的列要修改成 int 类型，而原来列值中有字符型数据，则无法修改。

- ALTER 子句：修改表中指定列的默认值，或者删除列默认值。
- CHANGE 子句：修改列的名称。
- DROP 子句：删除列或约束。

【例 2.5】在 xscj 数据库的 xs 表中，增加"奖学金等级"一列，并将表中的"姓名"列删除。

```
user xscj
alter table xs
    add 奖学金等级 tinyint null,
    drop column 班级号;
```

2. 更改表名

除了上面的 ALTER TABLE 命令，还可以直接用 RENAME TABLE 语句来更改表的名字。
RENAME TABLE 的语法格式如下：

```
RENAME TABLE 老表名 TO 新表名 ...
```

【例 2.6】将 mytest 数据库 user_copy1 表重命名为 user1，user_copy2 表重命名为 user2。

```
rename table user_copy1 to user1,user_copy2 to user2;
alter table user2 rename to userb;
```

2.2.3 删除表

需要删除一个表时可以使用 DROP TABLE 语句。
删除表的语法格式如下：

```
DROP TABLE [IF EXISTS] 表名 ...
```

这个命令将表的描述、表的完整性约束、索引及和表相关的权限等一并删除。

【例 2.7】删除表 uesrb。

```
drop table if exists userb;
```

2.3 表记录的操作

创建数据库和表后，需要对表中的数据（记录）进行操作，包括插入、修改和删除操作，可以用 MySQL 界面工具来操作，但通过 SQL 语句操作更为灵活，功能更强大。

2.3.1 插入记录

一旦创建了数据库和表，下一步就是向表里插入数据记录。通过 INSERT 或 REPLACE 语句可以向表中插入一行或多行记录。

1. 插入新记录

使用 INSERT 语句可以向表中插入一行记录，也可以插入多行记录，插入的行可以给出每列的值，也可只给出部分列的值，还可以向表中插入其他表的数据。

插入记录的语法格式如下：

```
INSERT [INTO] 表名
    [(列名,...)] VALUES ({expr | DEFAULT} ,...)
    | SET 列名={expr | DEFAULT}, ...
```

- 列名：需要插入数据的列名。如果要给全部列插入数据，列名可以省略。
- VALUES 子句：包含各列需要插入的数据清单，数据的顺序要与列的顺序相对应。若没有给出列名，则要在 VALUES 子句中给出每一列的值。如果列值为空，则值必须置为 NULL，否则会出错。VALUES 子句中的值有如下两个。

（1）expr：可以是一个常量、变量或一个表达式，也可以是空值 NULL，其值的数据类型要与列的数据类型一致。当数据为字符型时要用单引号括起来。

（2）DEFAULT：指定为该列的默认值。前提是该列原先已经指定了默认值。如果列清单和 VALUES 清单都为空，则 INSERT 会创建一行，每个列都设置成默认值。

- SET 子句：SET 子句用于给列指定值。要插入数据的列名在 SET 子句中指定，等号后面为指定数据。未指定的列，列值为默认值。

【例 2.8】向学生成绩数据库（xscj）的表 xs（表中列包括学号、姓名、专业名、性别、出生日期、总学分、照片、备注）中插入如下一行：

```
081101，王林，计算机，1，1994-02-10，50，NULL，NULL
```

使用下列语句：

```
use xscj
insert into xs
    values('081101', '王林', '计算机', 1, '1994-02-10', 50, null, null);
```

若表 xs 中专业的默认值为“计算机”，照片、备注默认值为 NULL，插入例中那行数据也可以使用如下命令：

```
insert into xs (学号, 姓名, 性别, 出生日期, 总学分)
    values('081101', '王林', 1, '1994-02-10', 50);
```

与下面这个命令的效果相同：

```
insert into xs
    values('081101', '王林', default, 1, '1994-02-10', 50, null, null);
```

当然，也可以使用 SET 子句来实现：

```
insert into xs
    set 学号='081101', 姓名='王林', 专业=default, 性别=1, 出生日期='1994-02-10', 总学分
=50;
```

执行结果如图 2.6 所示。

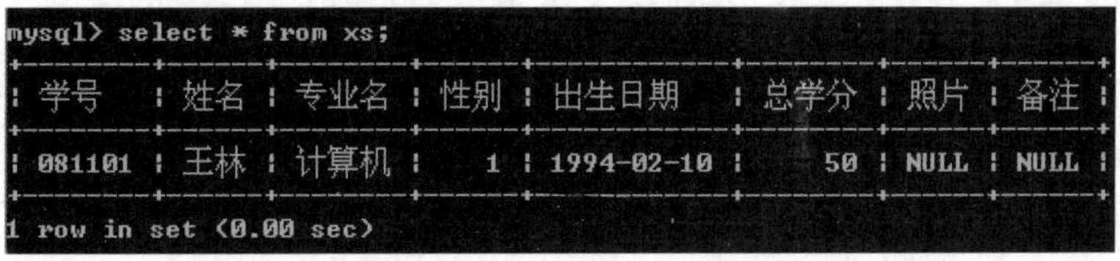

```
mysql> select * from xs;
```

学号	姓名	专业名	性别	出生日期	总学分	照片	备注
081101	王林	计算机	1	1994-02-10	50	NULL	NULL

```
1 row in set (0.00 sec)
```

图 2.6　修改后的 xs 表记录

注意

若原有行中存在 PRIMARY KEY 或 UNIQUE KEY，而插入的数据行中含有与原有行中 PRIMARY KEY 或 UNIQUE KEY 相同的列值，则 INSERT 语句无法插入此行。要修改已有的数据记录需要使用 REPLACE 语句。

2. 从已有表中插入新记录

使用 INSERT INTO…SELECT…语句可以快速地从一个或多个已有的表记录向表中插入多个行，其语法格式如下：

```
INSERT [INTO] 表名 [(列名,...)]
    SELECT 语句
```

说明

SELECT 语句中返回的是一个查询到的结果集，INSERT 语句将这个结果集插入到指定表中，但结果集中每行数据的字段数、字段的数据类型要与被操作的表完全一致。有关 SELECT 语句会在第 3 章具体介绍。

【例 2.9】 将 mytest 数据库 user 表记录插入到 user1 表中。

```
user mytest
insert into user1 select * from user;
```

命令执行前后的效果如图 2.7 所示。

（a）插入前 user1 表　　　　　　（b）插入后 user1 表

图 2.7　插入前后 user1 表记录

3. 插入图片

MySQL 还支持图片的插入，图片一般可以以路径的形式来存储，即可以采用插入图片的存储路径的方式来操作。当然也可以直接插入图片本身，只要用 LOAD_FILE 函数即可。

【例 2.10】 向 xs 表中插入一行记录：

```
081102, 程明, 计算机, 1, 1995-02-01, 50, picture.jpg, NULL
```

其中，照片路径为 D:\IMAGE\picture.jpg，可使用如下语句：

```
insert into xs
    values('081102', '程明', '计算机', 1, '1995-02-01', 50, ' D:\IMAGE\ picture.jpg', null);
```

也可使用这个语句直接存储图片本身：

```
insert into xs
    values('081102', '程明', '计算机', 1, '1995-02-01', 50, load_file(' D:\IMAGE\picture.jpg'), null);
```

执行结果如图 2.8 所示。

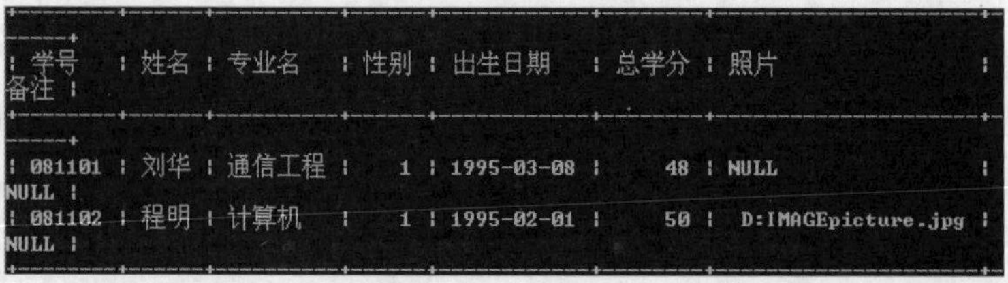

图 2.8　插入图片

2.3.2　修改记录

1. 替换旧记录

REPLACE 语句可以在插入数据之前将与新记录冲突的旧记录删除，从而使新记录能够替换旧记录，正常插入。REPLACE 语句格式与 INSERT 相同。

【例 2.11】若上例中的记录行已经插入，其中学号为主键（PRIMARY KEY），现在想再插入下列一行记录：

```
081101，刘华，通信工程，1，1995-03-08，48，NULL，NULL
```

若直接使用 INSERT 语句，会产生图 2.9 所示错误。

```
mysql> insert into xs
    ->     values('081101', '刘华', '通信工程', 1, '1995-03-08', 48, null, null)
;
ERROR 1062 (23000): Duplicate entry '081101' for key 'PRIMARY'
```

图 2.9 错误信息

使用 REPLACE 语句，则可以成功插入，如图 2.10 所示。

```
mysql> replace into xs
    ->     values('081101', '刘华', '通信工程', 1, '1995-03-08', 48, null, null)
;
Query OK, 2 rows affected (0.03 sec)
```

图 2.10 成功插入记录

要修改表中的一行记录，使用 UPDATE 语句，UPDATE 可用来修改一个表，也可以修改多个表。

2. 修改单个表

修改单个表的语法格式如下：

```
UPDATE [LOW_PRIORITY] [IGNORE] 表名
    SET 列名 1=expr1 [, 列名 2=expr2 ...]
    [WHERE 条件]
```

说明

- 若语句中不设定 WHERE 子句，则更新所有行。列名 1、列名 2…为要修改列，列值为 expr，expr 可以是常量、变量、列名或表达式。可以同时修改所在数据行的多个列值，中间用逗号隔开。
- WHERE 子句：指定的删除记录条件。如果省略 WHERE 子句则删除该表的所有行。

【例 2.12】将学生成绩数据库（xscj）的学生（xs）表中的所有学生的总学分都增加 10。将姓名为“刘华”的同学的备注填写为“辅修计算机专业”，学号改为“081250”。

```
update xs
    set 总学分 = 总学分 + 10;
update xs
    set 学号 = '081250' , 备注 = '辅修计算机专业'
    where 姓名 = '刘华';
select 学号, 姓名, 总学分, 备注 from xs;
```

执行结果如图 2.11 所示。

```
+--------+------+--------+----------------+
| 学号   | 姓名 | 总学分 | 备注           |
+--------+------+--------+----------------+
| 081102 | 程明 |     60 | NULL           |
| 081250 | 刘华 |     58 | 辅修计算机专业 |
+--------+------+--------+----------------+
```

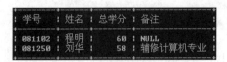

图 2.11 修改后的 xs 表

这样，可以发现表中所有学生的总学分已经都增加了 10，姓名为"刘华"的同学的备注填写为"辅修计算机专业"，学号也改成了"081250"。

3. 修改多个表

修改多个表的语法格式如下：

```
UPDATE 表名,表名...
    SET 列名1=expr1 [, 列名2=expr2 ...]
    [WHERE 条件]
```

【例 2.13】mytest 数据库表 user 和表 user2 中都有两个字段 id int(11)、password varchar(10)，其中 id 为主键。当表 user 中 id 值与 user2 中 id 值相同时，将表 user 中对应的 password 值修改为"11111111"，将表 user2 中对应的 password 值改为"22222222"。

```
user mytest
update user, user2
    set user.password = '11111111' , user2.password = '22222222'
    where user.id = user2.id;
```

修改后的结果如图 2.12 所示。

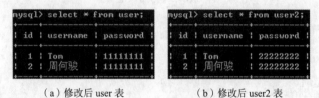

（a）修改后 user 表　　　　（b）修改后 user2 表

图 2.12　同时修改两个表

2.3.3　删除记录

DELETE 语句或 TRANCATE TABLE 语句可以用于删除表中的一行或多行记录。

1. 删除满足条件的行

使用 DELETE 语句删除表中满足条件的记录行。

从单个表中删除的语法格式如下：

```
DELETE FROM 表名 [WHERE 条件]
```

- FROM 子句：用于说明从何处删除数据，表名为要删除数据的表名。
- WHERE 子句：指定的删除记录条件。如果省略 WHERE 子句则删除该表的所有行。

【例 2.14】删除 mytest 数据库中 user2 表的"周何骏"的记录。

```
use mytest
delete from person
    where username = '周何骏';
```

或者

```
delete from xs
    where id=2;
```

2. 从多个表中删除行

删除操作若要在多个表中进行，其语法格式如下：

```
DELETE [LOW_PRIORITY] [QUICK] [IGNORE] 表名[.*] [, 表名[.*] ...]
    FROM  table_references
    [WHERE where_definition]
```
或:
```
DELETE [LOW_PRIORITY] [QUICK] [IGNORE]
    FROM  表名[.*] [, 表名[.*] ...]
    USING table_references
    [WHERE where_definition]
```

对于第一种语法，只删除列于 FROM 子句之前的表中对应的行；对于第二种语法，只删除列于 FROM 子句之中（在 USING 子句之前）的表中对应的行。作用是可以同时删除多个表中的行，并使用其他的表进行搜索。

【例 2.15】删除 user1 中 id 值等于 user 的 id 值的所有行和 user2 中 id 值等于 user 的 id 值的所有行，使用如下语句：

```
DELETE  user1, user2
    FROM  user1, user2, user
    WHERE  user1.id=user.id AND user2.id=user.id;
```

命令执行结果如图 2.13 所示。

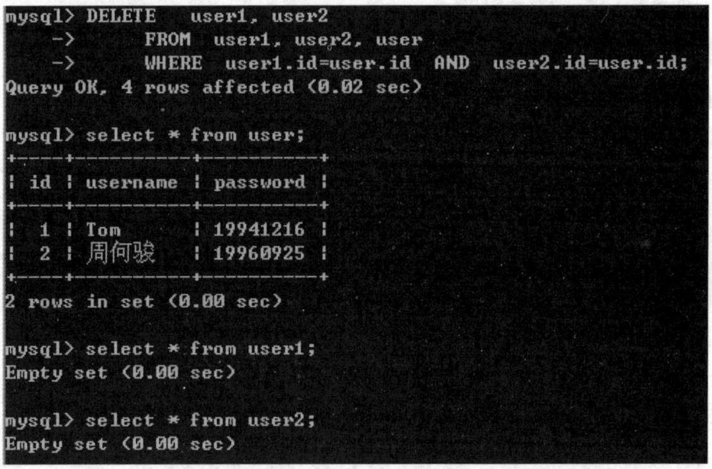

图 2.13　删除行执行结果

3. 清除表数据

使用 TRUNCATE TABLE 语句将删除指定表中的所有数据，因此也称其为清除表数据语句，其语法格式如下：

```
TRUNCATE TABLE 表名
```

由于 TRUNCATE TABLE 语句将删除表中的所有数据，且无法恢复，因此使用时必须十分小心！

TRUNCATE 与 DELETE 删除所有记录功能相同，但 TRUNCATE 比 DELETE 速度快，且使用的系统和事务日志资源少。

习 题

1. 为什么需要系统数据库？用户是否可以删除系统数据库？
2. 指出用户数据库文件存放的位置。
3. 分析数据类型选择方法
（1）数值型数据用字符型字段存放。
（2）字符型数据用数值型字段存放。
（3）日期型数据用字符型字段存放。
（4）逻辑数据用字符型字段存放。
（5）逻辑数据用数值型字段存放。
（6）固定字符型用可变字符型字段存放。
4. 表结构设计
（1）字段定义 NOT NULL 和 NULL 是什么意思？
（2）数值型字段为 NULL 是否为 0。
（3）字符型字段为 NULL 是否为' '。
（4）主键和关系模型中主码的关系。
（5）什么时候需要多列组成主键。
5. 写出创建产品销售数据库 cpxs 及其中表的语句，库中所包含的表如下。

产品表：产品编号，产品名称，价格，库存量。
销售商表：客户编号，客户名称，地区，负责人，电话。
产品销售表：销售日期，产品编号，客户编号，数量，销售额。
要求：全部使用本章所讲的命令行方式创建，不要借助界面工具。

6. 简要说明空值的概念及其作用。
7. 写出命令行语句，对 cpxs 数据库的产品表进行如下操作。
（1）插入如下记录：

0001	空调	3000	200
0203	冰箱	2500	100
0301	彩电	2800	50
0421	微波炉	1500	50

（2）将产品表中每种产品的价格打 8 折。
（3）将产品表中价格打 8 折后小于 50 元的产品记录删除。

第 3 章
MySQL 查询和视图

应用数据库数据是建立数据库的出发点和立足点,查询数据库数据是应用数据库数据的基本操作。在 MySQL 中,对数据库的查询使用 SELECT 语句,功能非常强大、使用较为灵活。

可以把经常查询的操作定义为视图,它相当于一个逻辑表,可以用操作表的方式操作视图。本章介绍查询和视图。

3.1 MySQL 数据库查询

在第 2 章学生成绩数据库(xscj)已经创建了学生表(xs)并且输入了若干条记录,用户可以采用命令或者图形界面工具创建课程表(kc)和学生成绩表(xs_kc),并且输入若干条记录。表结构如附录 A 所示。

SELECT 语句可以从一个或多个表中选取符合某种条件的特定的行和列,结果通常是生成一个临时表。下面介绍 SELECT 语句,它是 SQL 的核心。

SELECT 语句的语法格式如下:

```
SELECT
    [ALL | DISTINCT | DISTINCTROW ]
    列...
    [FROM 表 ... ]
    [WHERE 条件]
    [GROUP BY {列名| 表达式 | position} [ASC | DESC], ... ]
    [HAVING 条件]
    [ORDER BY {列名 | 表达式 | position} [ASC | DESC] , ... ]
    [PROCEDURE 存储过程名(参数...)]
    [INTO OUTFILE '文件名' [CHARACTER SET 字符集]
     export_options | INTO DUMPFILE '文件名' | INTO 变量名 ... ]
    [FOR UPDATE | LOCK IN SHARE MODE]]
```

下面具体介绍一下 SELECT 语句中包含的几个常用的子句。

3.1.1 选择输出列

SELECT 语句中需要指定查询的列。

1. 选择指定的列

使用 SELECT 语句选择一个表中的某些列，各列名之间要以逗号分隔，所有列用"*"表示，其语法格式为如下：

```
SELECT *| 列名,列名,... from 表名
```

【例 3.1】查询 xscj 数据库的 xs 表中各个同学的姓名、专业名和总学分。

```
use xscj
select 姓名,专业名,总学分
    from xs;
```

执行结果是 xs 表中全部学生的姓名、专业名和总学分列上的信息。

2. 定义列别名

当希望查询结果中的列显示时使用自己选择的列标题，可以在列名之后使用 AS 子句，语法格式如下：

```
SELECT ... 列名 [AS 列别名]
```

【例 3.2】查询 xs 表中计算机专业同学的学号、姓名和总学分，结果中各列的标题分别指定为 number、name 和 mark，语法格式如下：

```
select 学号 as number, 姓名 as name, 总学分 as mark
    from xs
    where 专业名= '计算机';
```

执行结果如图 3.1 所示。

图 3.1 查询 xs 表结果

当自定义的列标题中含有空格时，必须使用引号将标题括起来。例如：

```
select 学号 as 'student number', 姓名 as 'student name', 总学分 as mark
    from xs
    where 专业名= '计算机';
```

不允许在 WHERE 子句中使用列别名。这是因为执行 WHERE 代码时，可能尚未确定列值。例如，这个查询是非法的：

```
select 性别 as sex
    from xs
    where sex = 0;
```

3. 替换查询结果中的数据

要替换查询结果中的数据，则要使用查询中的 CASE 表达式，语法格式如下：

```
CASE
    WHEN 条件1 THEN 表达式1
    WHEN 条件2 THEN 表达式2
    ...
    ELSE 表达式n
END
```

【例 3.3】查询 xs 表中计算机专业各同学的学号、姓名和总学分，对总学分按如下规则进行替换：

若总学分为空值，替换为"尚未选课"；

若总学分小于 50，替换为"不及格"；

若总学分在 50～52 之间，替换为"合格"；

若总学分大于 52，替换为"优秀"；

总学分列的标题更改为"等级"。

替换操作代码如下：

```
select 学号, 姓名,
    case
        when 总学分 is null then '尚未选课'
        when 总学分 < 50 then '不及格'
        when 总学分 >=50 and 总学分<=52 then '合格'
        else '优秀'
    end    as 等级
    from xs
    where 专业名 = '计算机';
```

执行结果如图 3.2 所示。

图 3.2　替换结果

4. 计算列值

SELECT 的输出列可使用表达式，格式如下：

```
SELECT 表达式 ...
```

【例 3.4】按 120 分制重新计算成绩，显示 xs_kc 表中学号为 081101 的学生成绩信息，代码如下：

```
select 学号,课程号,成绩*1.20  as 成绩120
    from xs_kc
    where 学号= '081101';
```
执行结果如图 3.3 所示。

图 3.3 重新计算结果

5. 消除结果集中的重复行

对表只选择其某些列时,输出的结果可能会出现重复行。可以使用 DISTINCT 或 DISTINCTROW 关键字消除结果集中的重复行,格式如下:

```
SELECT DISTINCT | DISTINCTROW 列名 ...
```

【例 3.5】对 xscj 数据库的 xs 表只选择专业名和总学分,消除结果集中的重复行,代码如下:

```
select distinct 专业名,总学分
    from xs;
```
执行结果如图 3.4 所示。

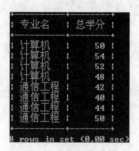

图 3.4 消除重复行

6. 聚合函数

SELECT 的输出列还可以包含所谓的聚合函数。

聚合函数常常用于对一组值进行计算,然后返回单个值。除 COUNT 函数外,聚合函数都会忽略空值。表 3.1 列出了一些常用的聚合函数。

表 3.1 常用聚合函数

函 数 名	说 明
COUNT	求组中项数,返回 int 类型整数
MAX	求最大值
MIN	求最小值
SUM	返回表达式中所有值的和
AVG	求组中值的平均值
STD 或 STDDEV	返回给定表达式中所有值的标准差
VARIANCE	返回给定表达式中所有值的方差

函 数 名	说　　明
GROUP_CONCAT	返回由属于一组的列值连接组合而成的结果
BIT_AND	逻辑或
BIT_OR	逻辑与
BIT_XOR	逻辑异或

（1）COUNT()函数

COUNT()函数用于统计组中满足条件的行数或总行数，返回 SELECT 语句检索到的行中非 NULL 值的数目，若找不到匹配的行，则返回 0。

COUNT()函数的语法格式：

```
COUNT ( { [ ALL | DISTINCT ] 表达式 } | * )
```

其中，表达式的数据类型可以是除 BLOB 或 TEXT 之外的任何类型。ALL 表示对所有值进行运算，DISTINCT 表示去除重复值，默认为 ALL。使用 COUNT(*)时将返回检索行的总数目，不论其是否包含 NULL 值。

【例 3.6】求学生的总人数。

```
select count(*) as '学生总数'
    from xs;
```

执行结果如图 3.5 所示。

图 3.5　执行结果

【例 3.7】统计备注不为空的学生数目。

```
select count(备注) as '备注不为空的学生数目'
    from xs;
```

执行结果如图 3.6 所示。

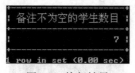

图 3.6　执行结果

这里 COUNT（备注）计算时备注为 NULL 的行被忽略，所以这里是 7 而不是 22。

【例 3.8】统计总学分在 50 分以上的人数。

```
select count(总学分) as '总学分 50 分以上的人数'
    from xs
    where 总学分>50;
```

执行结果如图 3.7 所示。

图 3.7　执行结果

（2）MAX()函数和 MIN()函数

MAX()函数和 MIN()函数分别用于求表达式中所有值项的最大值与最小值，语法格式为：

```
MAX / MIN ( [ ALL | DISTINCT ] 表达式 )
```

【例 3.9】求选修 101 课程的学生的最高分和最低分。

```
select max(成绩), min(成绩)
    from xs_kc
    where 课程号 = '101';
```

执行结果如图 3.8 所示。

图 3.8　执行结果

　当给定列上只有空值或检索出的中间结果为空时，MAX 和 MIN 函数的值也为空。

（3）SUM()函数和 AVG()函数

SUM()函数和 AVG()函数分别用于求表达式中所有值项的总和与平均值，语法格式为：

```
SUM / AVG ( [ ALL | DISTINCT ] 表达式 )
```

【例 3.10】求学号 081101 的学生所学课程的总成绩。

```
select sum(成绩) as '课程总成绩'
    from xs_kc
    where 学号 = '081101';
```

执行结果如图 3.9 所示。

图 3.9　执行结果

【例 3.11】求选修 101 课程的学生的平均成绩。

```
select avg(成绩) as '课程101平均成绩'
    from xs_kc
    where 课程号 = '101';
```

执行结果如图 3.10 所示。

图 3.10　执行结果

（4）VARIANCE()函数和 STDDEV()函数

VARIANCE()函数和 STDDEV()函数分别用于计算特定的表达式中的所有值的方差和标准差。语法格式：

```
VARIANCE / STDDEV ( [ ALL | DISTINCT ] 表达式)
```

【例 3.12】求选修 101 课程的成绩的方差。

```
select variance(成绩)
    from xs_kc
    where 课程号= '101';
```

执行结果如图 3.11 所示。

图 3.11　执行结果

方差的计算按以下几个步骤进行：
- 计算相关列的平均值；
- 求列中的每一个值和平均值的差；
- 计算差值的平方的总和；
- 用总和除以（列中的）值的个数得到结果。

STDDEV()函数用于计算标准差。标准差等于方差的平均根。所以 STDDEV(…)和 SQRT(VARIANCE(…))这两个表达式是相等的。

【例 3.13】求选修 101 课程的成绩的标准差。

```
select stddev(成绩)
    from xs_kc
    where 课程号= '101';
```

执行结果如图 3.12 所示。

图 3.12　执行结果

其中，stddev 可以缩写为 std，这对结果没有影响。

（5）GROUP_CONCAT()函数

MySQL 支持一个特殊的聚合函数 GROUP_CONCAT。该函数返回来自一个组指定列的所有非 NULL 值，这些值一个接着一个放置，中间用逗号隔开，并表示为一个长长的字符串。这个字符串的长度是有限制的，标准值是 1024。

语法格式：

GROUP_CONCAT ({ [ALL | DISTINCT] 表达式} | *)

【例 3.14】求选修了 206 课程的学生的学号。

```
select group_concat(学号)
    from xs_kc
    where 课程号='206';
```

执行结果如图 3.13 所示。

图 3.13　执行结果

（6）BIT_AND()函数、BIT_OR()函数和 BIT_XOR()函数。

与二进制运算符|（或）、&（与）和^（异或）相对应的聚合函数也存在，分别是 BIT_OR、BIT_AND、BIT_XOR。

语法格式：

BIT_AND | BIT_OR | BIT_XOR({ [ALL | DISTINCT] 表达式} | *)

【例 3.15】有一个表 bits，其中有一列 bin_value 上有 3 个 INTEGER 值：1、3、7，获取在该列上执行 BIT_OR 的结果，使用如下语句：

```
select bin(bit_or(bin_value))
    from bits;
```

MySQL 在后台执行表达式：（001|011）|111，结果为 111。其中，bin 函数用于将结果转换为二进制位。

3.1.2　数据来源：FROM 子句

FROM 子句可以制定 SELECT 查询的对象。

1．引用一个表

用户可以用如下两种方式引用表。

第一种方式是使用 USE 语句让一个数据库成为当前数据库，FROM 子句中指定表名应该属于当前数据库。

第二种方式是指定表名前带上表所属数据库的名字。

例如，假设当前数据库是 db1，现在要显示数据库 db2 里的表 tb 的内容，使用如下语句：

SELECT * FROM db2.tb;

当然，在 SELECT 指定列名也可以在列名前带上所属数据库和表的名字，但是一般来说，如果选择的字段在各表中是唯一的，就没有必要去特别指定。

2．多表连接

如果要在不同表中查询数据，则必须在 FROM 子句中指定多个表，这时就要用到连接。将不同列的数据组合到一个表中叫作表的连接。

连接的方式有以下两种。

（1）全连接

将各个表用逗号分隔，就指定了一个全连接。FROM 子句产生的中间结果是一个新表，新表是每个表的每行都与其他表中的每行交叉以产生所有可能的组合。这种连接方式会潜在地产生数量非常大的行，因为可能得到的行数为每个表行数之积！

使用 WHERE 子句设定条件将结果集减少为易于管理的大小，这样的连接即为等值连接。

【例 3.16】查找 xscj 数据库中所有学生选过的课程名和课程号。使用如下语句：

```
select distinct kc.课程名, xs_kc.课程号
    from kc, xs_kc
    where kc.课程号=xs_kc.课程号;
```

执行结果如图 3.14 所示。

图 3.14　执行结果

（2）JOIN 连接

JOIN 连接的语法格式：

```
JOIN 表 ON 连接条件
```

使用 JOIN 关键字的连接主要分为如下三种。

① 内连接。指定了 INNER 关键字的连接是内连接。

【例 3.17】查找 xscj 数据库中所有学生选过的课程名和课程号。

可以使用以下语句：

```
select distinct 课程名, xs_kc.课程号
    from kc inner
    join xs_kc on  (kc.课程号=xs_kc.课程号);
```

它的功能是合并两个表，返回满足条件的行。内连接是系统默认的，可以省略 INNER 关键字。使用内连接后，FROM 子句中 ON 条件主要用来连接表，其他并不属于连接表的条件可以使用 WHERE 子句来指定。

【例 3.18】查找选修了 206 课程且成绩在 80 分以上的学生的姓名及成绩。

```
select 姓名,成绩
    from xs join xs_kc on xs.学号 = xs_kc.学号
    where 课程号 = '206' and 成绩>=80;
```

执行结果如图 3.15 所示。

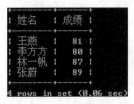

图 3.15　执行结果

内连接还可用于多个表的连接。

【例 3.19】查找选修了“计算机基础”课程且成绩在 80 分以上的学生学号、姓名、课程名及成绩。

```
select xs.学号, 姓名, 课程名, 成绩
   from xs join  xs_kc  on  xs.学号 = xs_kc.学号
   join  kc  on  xs_kc.课程号 = kc.课程号
   where 课程名 = '计算机基础' and 成绩>=80 ;
```

执行结果如图 3.16 所示。

学号	姓名	课程名	成绩
081101	王林	计算机基础	80
081104	韦严平	计算机基础	90
081108	林一帆	计算机基础	85
081110	张蔚	计算机基础	95
081111	赵琳	计算机基础	91
081201	王敏	计算机基础	80
081204	马琳琳	计算机基础	91
081216	孙祥欣	计算机基础	81
081220	吴薇华	计算机基础	82
081241	罗林琳	计算机基础	90

10 rows in set (0.00 sec)

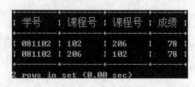

图 3.16　执行结果

作为特例，可以将一个表与它自身进行连接，称为自连接。若要在一个表中查找具有相同列值的行，则可以使用自连接。使用自连接时需为表指定两个别名，且对所有列的引用均要用别名限定。

【例 3.20】查找 xscj 数据库中课程不同、成绩相同的学生的学号、课程号和成绩。

```
select a.学号,a.课程号,b.课程号,a.成绩
   from xs_kc as a
   join  xs_kc as b on a.成绩=b.成绩 and a.学号=b.学号 and a.课程号!=b.课程号;
```

执行结果如图 3.17 所示。

学号	课程号	课程号	成绩
081102	102	206	78
081102	206	102	78

2 rows in set (0.00 sec)

图 3.17　执行结果

如果要连接的表中有相同列名，并且连接的条件就是列名相等，那么 ON 条件也可以换成 USING 子句。USING（两表中相同的列名）子句用于为一系列的列进行命名。

【例 3.21】查找 kc 表中所有学生选过的课程名。

```
select  课程名
   from kc inner join xs_kc using (课程号);
```

说明

查询的结果为 xs_kc 表中所有出现的课程号对应的课程名。

② 外连接。指定了 OUTER 关键字的连接为外连接，其中的 OUTER 关键字均可省略。

外连接包括：

- 左外连接（LEFT OUTER JOIN）：结果表中除了匹配行外，还包括左表有的但右表中不匹配的行，对于这样的行，从右表被选择的列设置为 NULL。
- 右外连接（RIGHT OUTER JOIN）：结果表中除了匹配行外，还包括右表有的但左表中不匹配的行，对于这样的行，从左表被选择的列设置为 NULL。
- 自然连接（NATURAL JOIN）：自然连接包括自然左外连接（NATURAL LEFT OUTER JOIN）和自然右外连接（NATURAL RIGHT OUTER JOIN）。NATURAL JOIN 的语义定义与使用了 ON 条件的 INNER JOIN 相同。

【例 3.22】查找所有学生情况及他们选修的课程号，若学生未选修任何课，也要包括其情况。

```
select xs.* , 课程号
    from xs left outer join xs_kc on xs.学号 = xs_kc.学号;
```

说明　本例结果中返回的行中有未选任何课程的学生信息，相应行的课程号字段值为 NULL。

【例 3.23】查找被选修了的课程的选修情况和所有开设的课程名。

```
select xs_kc.* , 课程名
    from xs_kc right join kc on xs_kc.课程号= kc.课程号;
```

结果显示如图 3.18 所示。

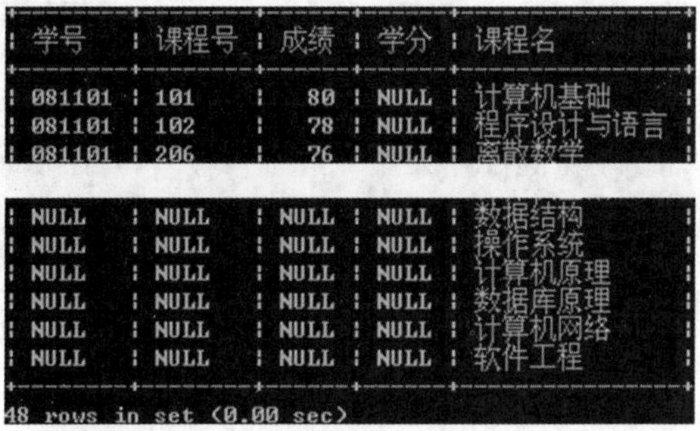

学号	课程号	成绩	学分	课程名
081101	101	80	NULL	计算机基础
081101	102	78	NULL	程序设计与语言
081101	206	76	NULL	离散数学
NULL	NULL	NULL	NULL	数据结构
NULL	NULL	NULL	NULL	操作系统
NULL	NULL	NULL	NULL	计算机原理
NULL	NULL	NULL	NULL	数据库原理
NULL	NULL	NULL	NULL	计算机网络
NULL	NULL	NULL	NULL	软件工程

48 rows in set (0.00 sec)

图 3.18　执行结果

【例 3.24】使用自然连接查询 xscj 数据库中所有学生选过的课程名和课程号。

```
select 课程名, 课程号 from kc
    where 课程号 in
        (select distinct 课程号 from kc natural right outer join xs_kc);
```

说明　SELECT 语句中只选取一个用来连接表的列时，可以使用自然连接代替内连接。用这种方法，可以用自然左外连接来替换左外连接，自然右外连接替换右外连接。

注意　外连接只能对两个表进行。

③ 交叉连接。指定了 CROSS JOIN 关键字的连接是交叉连接。

在不包含连接条件时,交叉连接结果表是由第一个表的每一行与第二个表的每一行拼接后形成的表,因此结果表的行数等于两个表行数之积。

在 MySQL 中,CROSS JOIN 语法上与 INNER JOIN 等同,两者可以互换。

【例 3.25】列出学生所有可能的选课情况。

```
select 学号, 姓名, 课程号, 课程名
    from xs cross join kc;
```

另外,STRAIGHT_JOIN 连接用法和 INNER JOIN 连接基本相同。不同的是,STRAIGHT_JOIN 后不可以使用 USING 子句替代 ON 条件。

【例 3.26】使用 STRAIGHT_JOIN 连接查找 xscj 数据库中所有学生选过的课程名和课程号。

```
select  distinct 课程名, xs_kc.课程号
    from kc straight_join xs_kc on  (kc.课程号=xs_kc.课程号);
```

3.1.3 查询条件:WHERE 子句

WHERE 子句的基本格式为:

```
WHERE 条件
```

<条件>格式如下:

```
表达式 <比较运算符> 表达式                              /*比较运算*/
| 逻辑表达式 <逻辑运算符> 逻辑表达式
| 表达式 [ NOT ] LIKE 表达式 [ ESCAPE 'esc字符' ]        /*LIKE 运算符*/
| 表达式 [ NOT ] [ REGEXP | RLIKE ] 表达式              /*REGEXP 运算符*/
| 表达式 [ NOT ] BETWEEN 表达式 AND 表达式              /*指定范围*/
| 表达式 IS [ NOT ] NULL                               /*是否空值判断*/
| 表达式 [ NOT ] IN (子查询 | 表达式 [,…n])             /*IN 子句*/
| 表达式 <比较运算符> { ALL | SOME | ANY } (子查询)     /*比较子查询*/
| EXIST (子查询)                                      /*EXIST 子查询*/
```

WHERE 子句会根据条件对 FROM 子句一行一行地进行判断,当条件为 TRUE 的时候,一行就被包含到 WHERE 子句的中间结果中。

IN 关键字既可以指定范围,也可以表示子查询。在 SQL 中,返回逻辑值(TRUE 或 FALSE)的运算符或关键字都可称为谓词。

判定运算包括比较运算、模式匹配、范围比较、空值比较和子查询。

1. 比较运算

比较运算符用于比较两个表达式值,当两个表达式值均不为空值(NULL)时,比较运算返回逻辑值 TRUE(真)或 FALSE(假);而当两个表达式值中有一个为空值或都为空值时,将返回 UNKNOWN。

MySQL 支持的比较运算符有:=(等于)、<(小于)、<=(小于等于)、>(大于)、>=(大于等于)、<=>(相等或都等于空)、<>(不等于)、!=(不等于)。

【例 3.27】查询 xscj 数据库 xs 表中学号为 081101 的学生的情况。

```
select 姓名,学号,总学分
    from xs
    where 学号='081101';
```

执行结果如图 3.19 所示。

图 3.19　执行结果

【例 3.28】查询 xs 表中总学分大于 50 分的学生的情况。
```
select 姓名, 学号, 出生日期, 总学分
    from xs
    where 总学分>50;
```
执行结果如图 3.20 所示。

图 3.20　执行结果

MySQL 有一个特殊的等于运算符 "<=>"，当两个表达式彼此相等或都等于空值时，它的值为 TRUE，其中有一个空值或都是非空值但不相等，这个条件就是 FALSE。其中没有 UNKNOWN 的情况。

【例 3.29】查询 xs 表中备注为空的同学的情况。
```
select 姓名,学号,出生日期,总学分
    from xs
    where 备注<=>null;
```
可以通过逻辑运算符（AND、OR、XOR 和 NOT）组成更为复杂的查询条件。
查询 xs 表中专业为计算机、性别为女（0）的同学的情况。
```
select 姓名,学号,性别,总学分
    from xs
    where 专业名='计算机'  and 性别=0;
```
执行结果如图 3.21 所示。

图 3.21　执行结果

2．模式匹配
（1）LIKE 运算符

LIKE 运算符用于指出一个字符串是否与指定的字符串相匹配，其运算对象可以是 char、varchar、text、datetime 等类型的数据，返回逻辑值 TRUE 或 FALSE。

LIKE 谓词表达式的格式为：

表达式 [NOT] LIKE 表达式 [ESCAPE 'esc 字符']

使用 LIKE 进行模式匹配时，常使用特殊符号_和%，可进行模糊查询。"%"代表 0 个或多个字符，"_"代表单个字符。

由于 MySQL 默认不区分大小写，要区分大小写时需要更换字符集的校对规则。

【例 3.30】查询 xscj 数据库 xs 表中姓"王"的学生学号、姓名及性别。

```
select 学号,姓名,性别
    from xs
    where 姓名 like '王%';
```

执行结果如图 3.22 所示。

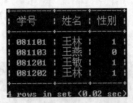

图 3.22　执行结果

【例 3.31】查询 xscj 数据库 xs 表中，学号倒数第二个数字为 0 的学生的学号、姓名及专业名。

```
select 学号,姓名,专业名
    from xs
    where 学号 like '%0_';
```

执行结果如图 3.23 所示。

图 3.23　执行结果

如果我们想要查找特殊符号中的一个或全部（_和%），必须使用一个转义字符。

【例 3.32】查询 xs 表中名字包含下划线的学生学号和姓名。

```
select 学号,姓名
    from xs
    where 学号 like '%#_%' escape '#';
```

由于没有学生满足这个条件，所以这里没有结果返回。定义了"#"为转义字符以后，语句中在"#"后面的"_"就失去了它原来特殊的意义。

（2）REGEXP 运算符

REGEXP 运算符用来执行更复杂的字符串比较运算。REGEXP 是正则表达式的缩写，但它不是 SQL 标准的一部分。REGEXP 运算符的一个同义词是 RLIKE。

REGEXP 运算符的语法格式如下：

```
表达式 [ NOT ][ REGEXP | RLIKE ] 表达式
```

REGEXP 运算符特殊含义的符号如表 3.2 所示。

表 3.2　　属于 REGEXP 运算符的特殊字符

特殊字符	含　义	特殊字符	含　义
^	匹配字符串的开始部分	[abc]	匹配方括号里出现的字符串 abc
$	匹配字符串的结束部分	[a-z]	匹配方括号里出现的 a ~ z 之间的 1 个字符
.	匹配任何一个字符（包括回车和新行）	[^a-z]	匹配方括号里出现的不在 a ~ z 之间的 1 个字符
*	匹配星号之前的 0 个或多个字符的任何序列	|	匹配符号左边或右边出现的字符串
+	匹配加号之前的 1 个或多个字符的任何序列	[[. .]]	匹配方括号里出现的符号（如空格、换行、括号、句号、冒号、加号、连字符等）
?	匹配问号之前 0 个或多个字符	[[:<:]]和[[:>:]]	匹配一个单词的开始和结束
{n}	匹配括号前的内容出现 *n* 次的序列	[[: :]]	匹配方括号里出现的字符中的任意一个字符
()	匹配括号里的内容		

【例 3.33】查询姓李的同学的学号、姓名和专业名。

```
select 学号,姓名,专业名
    from xs
    where 姓名 regexp '^李';
```

执行结果如图 3.24 所示。

学号	姓名	专业名
081106	李方方	计算机
081107	李明	计算机
081206	李计	通信工程
081210	李红庆	通信工程

4 rows in set (0.01 sec)

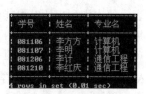

图 3.24　执行结果

【例 3.34】查询学号里包含 4、5、6 的学生学号、姓名和专业名。

```
select 学号,姓名,专业名
    from xs
    where 学号 regexp '[4,5,6]';
```

执行结果如图 3.25 所示。

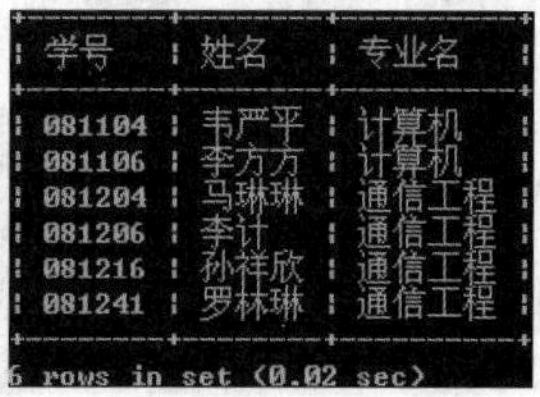

学号	姓名	专业名
081104	韦严平	计算机
081106	李方方	计算机
081204	马琳琳	通信工程
081206	李计	通信工程
081216	孙祥欣	通信工程
081241	罗林琳	通信工程

6 rows in set (0.02 sec)

图 3.25　执行结果

【例 3.35】查询学号以 08 开头，以 08 结尾的学生学号、姓名和专业名。

```
select 学号,姓名,专业名
    from xs
    where 学号 regexp '^08.*08$';
```

执行结果如图 3.26 所示。

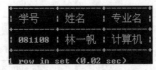

学号	姓名	专业名
081108	林一帆	计算机

1 row in set (0.02 sec)

图 3.26　执行结果

说明　星号表示匹配位于其前面的字符，这个例子中，星号前面是点，点又表示任意一个字符，所以.*这个结构表示一组任意的字符。

3. 范围比较

用于范围比较的关键字有两个：BETWEEN 和 IN。

当要查询的条件是某个值的范围时，可以使用 BETWEEN 关键字指出查询范围，格式为：

```
表达式 [ NOT ] BETWEEN 表达式 1 AND 表达式 2
```

当不使用 NOT 时，若表达式的值在表达式 1 与 2 之间（包括这两个值），则返回 TRUE，否则返回 FALSE；使用 NOT 时，返回值刚好相反。

注意　表达式 1 的值不能大于表达式 2 的值。

使用 IN 关键字可以指定一个值表，值表中列出所有可能的值，当与值表中的任一个匹配时，即返回 TRUE，否则返回 FALSE。使用 IN 关键字指定值表的格式为：

```
表达式 IN ( 表达式 [,…n])
```

【例 3.36】查询 xscj 数据库 xs 表中不在 1993 年出生的学生情况。

```
select  学号, 姓名, 专业名, 出生日期
    from xs
    where 出生日期 not between '1993-1-1' and '1993-12-31';
```

执行结果如图 3.27 所示。

学号	姓名	专业名	出生日期
081101	王林	计算机	1994-02-10
081102	程明	计算机	1995-02-01
081104	韦严平	计算机	1994-08-26
081106	李方方	计算机	1994-11-20
081107	李明	计算机	1994-05-01
081110	张蔚	计算机	1995-07-22
081111	赵琳	计算机	1994-03-18
081218	孙研	通信工程	1994-10-09
081220	吴薇华	通信工程	1994-03-18
081241	罗林琳	通信工程	1994-01-30

10 rows in set (0.00 sec)

图 3.27　执行结果

【例3.37】查询 xs 表中专业名为"计算机""通信工程"或"无线电"的学生的情况。

```
select *
   from xs
   where 专业名 in ('计算机', '通信工程', '无线电');
```

该语句与下句等价：

```
select *
   from xs
   where 专业名 ='计算机' or 专业名 = '通信工程' or 专业名 = '无线电';
```

IN 关键字最主要的作用是表达子查询。

4. 空值比较

当需要判定一个表达式的值是否为空值时，使用 IS NULL 关键字，格式为：

表达式 IS [NOT] NULL

当不使用 NOT 时，若表达式的值为空值，返回 TRUE，否则返回 FALSE；当使用 NOT 时，结果刚好相反。

【例3.38】查询 xscj 数据库中总学分尚不定的学生情况。

```
select *
   from xs
   where 总学分 is null;
```

本例即查找总学分为空的学生，结果为空。

5. 子查询

在查询条件中，可以使用另一个查询的结果作为条件的一部分，例如，判定列值是否与某个查询的结果集中的值相等，作为查询条件一部分的查询称为子查询。SQL 标准允许 SELECT 多层嵌套使用，用来表示复杂的查询。子查询除了可以用在 SELECT 语句中，还可以用在 INSERT、UPDATE 及 DELETE 语句中。子查询通常与 IN、EXIST 谓词及比较运算符结合使用。

（1）IN 子查询

IN 子查询用于进行一个给定值是否在子查询结果集中的判断，格式为：

表达式 [NOT] IN （子查询）

当表达式与子查询结果表中的某个值相等时，IN 谓词返回 TRUE，否则返回 FALSE；若使用了 NOT，则返回的值刚好相反。

【例3.39】查找在 xscj 数据库中选修了课程号为 206 的课程的学生的姓名、学号。

（例3.39）

```
select 姓名,学号
    from xs
    where 学号 in
        ( select 学号
            from xs_kc
            where 课程号 = '206'
        );
```

执行结果如图 3.28 所示。

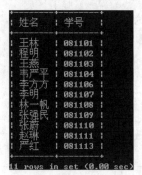

姓名	学号
王林	081101
程明	081102
王燕	081103
韦严平	081104
李方方	081106
李明	081107
林一帆	081108
张强民	081109
张蔚	081110
赵琳	081111
严红	081113

11 rows in set (0.00 sec)

图 3.28　执行结果

说明

在执行包含子查询的 SELECT 语句时，系统先执行子查询，产生一个结果表，再执行外查询。本例中，先执行子查询：

```
select 学号
    from  xs_kc
    where 课程号= '206';
```

得到一个只含有学号列的表，xs_kc 中的每个课程名列值为 206 的行在结果表中都有一行。再执行外查询，若 xs 表中某行的学号列值等于子查询结果表中的任一个值，则该行就被选择。

注意

IN 子查询只能返回一列数据。对于较复杂的查询，可使用嵌套的子查询。

【例 3.40】查找未选修离散数学的学生的姓名、学号、专业名。

（例 3.40）

```
select 姓名,学号,专业名
     from xs
     where 学号 not in
          (
               select 学号
                    from xs_kc
                    where 课程号 in
                         ( select 课程号
                              from kc
                              where  课程名 = '离散数学'
                         )
          );
```

执行结果如图 3.29 所示。

姓名	学号	专业名
王敏	081201	通信工程
王林	081202	通信工程
马琳琳	081204	通信工程
李计	081206	通信工程
李红庆	081210	通信工程
孙祥欣	081216	通信工程
孙研	081218	通信工程
吴薇华	081220	通信工程
刘燕敏	081221	通信工程
罗林琳	081241	通信工程

10 rows in set (0.11 sec)

图 3.29　执行结果

（2）比较子查询

这种子查询可以认为是 IN 子查询的扩展，它使表达式的值与子查询的结果进行比较运算，格式为：

表达式 { < | <= | = | > | >= | != | <> } { ALL | SOME | ANY } (子查询)

其中：

ALL 指定表达式要与子查询结果集中的每个值都进行比较，当表达式与每个值都满足比较的关系时，才返回 TRUE，否则返回 FALSE；

SOME 或 ANY 是同义词，表示表达式只要与子查询结果集中的某个值满足比较的关系时，就返回 TRUE，否则返回 FALSE；

如果子查询的结果集只返回一行数据时，可以通过比较运算符直接比较。

【例 3.41】查找选修了离散数学的学生学号。

```
select 学号
    from xs_kc
    where 课程号 =
        (
            select 课程号
                from kc
                where 课程名 ='离散数学'
        );
```

执行结果如图 3.30 所示。

图 3.30 执行结果

【例 3.42】查找 xs 表中比所有计算机系的学生年龄都大的学生学号、姓名、专业名、出生日期。

（例 3.42）

```
select 学号, 姓名, 专业名, 出生日期
    from xs
    where 出生日期 <all
        (
            select 出生日期
                from xs
                where 专业名 ='计算机'
        );
```

执行结果如图 3.31 所示。

学号	姓名	专业名	出生日期
081201	王敏	通信工程	1993-06-10
081202	王林	通信工程	1993-01-29
081204	马琳琳	通信工程	1993-02-10
081210	李红庆	通信工程	1993-05-01
081216	孙祥欣	通信工程	1993-03-09

5 rows in set (0.03 sec)

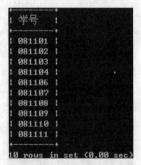

图 3.31　执行结果

【例 3.43】查找 xs_kc 表中课程号 206 的成绩不低于课程号 101 的最低成绩的学生的学号。

```
select 学号
    from xs_kc
    where 课程号 = '206'  and 成绩 >=any
          (
            select 成绩
                from xs_kc
                where 课程号 ='101'
          );
```

执行结果如图 3.32 所示。

学号
081101
081102
081103
081104
081106
081107
081108
081109
081110
081111

10 rows in set (0.00 sec)

图 3.32　执行结果

（3）EXISTS 子查询

EXISTS 谓词用于测试子查询的结果是否为空表，若子查询的结果集不为空，则 EXISTS 返回 TRUE，否则返回 FALSE。EXISTS 还可与 NOT 结合使用，即 NOT EXISTS，其返回值与 EXIST 刚好相反。

（例 3.44）

EXISTS 子查询的格式如下：

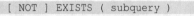

```
[ NOT ] EXISTS ( subquery )
```

【例 3.44】查找选修 206 号课程的学生姓名。

```
select 姓名
  from xs
  where exists
    (
        select *
            from xs_kc
            where 学号 = xs.学号 and 课程号 = '206'
    );
```

执行结果如图 3.33 所示。

图 3.33 执行结果

前面的例子中，内层查询只处理一次，得到一个结果集，再依次处理外层查询；而本例的内层查询要处理多次，因为内层查询与 xs.学号有关，外层查询中 xs 表的不同行有不同的学号值。

这类子查询称为相关子查询，因为子查询的条件依赖于外层查询中的某些值。其处理过程是：首先找外层 SELECT 中 xs 表的第一行，根据该行的学号列值处理内层 SELECT，若结果不为空，则 WHERE 条件就为真，就把该行的姓名值取出作为结果集的一行；然后再找 xs 表的第 2、3 等行，重复上述处理过程直到 xs 表的所有行都查找完为止。

【例 3.45】查找选修了全部课程的同学的姓名。

```
select 姓名
   from xs
   where not exists
   (
       select *
           from kc
           where not exists
           ( select *
               from xs_kc
               where 学号=xs.学号 and 课程号=kc.课程号
           )
   );
```

由于没有人选了全部课程，所以结果为空。

MySQL 区分了 4 种类型的子查询：

① 回一个表的子查询是表子查询；

② 返回带有一个或多个值的一行的子查询是行子查询；

③ 返回一行或多行，但每行上只有一个值的是列子查询；

④ 只返回一个值的是标量子查询。从定义上讲，每个标量子查询都是一个列子查询和行子查询。上面介绍的子查询都属于列子查询。

另外,子查询还可以用在 SELECT 语句的其他子句中。子查询可以用在 FROM 子句中，但必须为子查询产生的中间表定义一个别名。

（例 3.46）

【例 3.46】从 xs 表中查找总学分大于 50 分的男同学的姓名和学号。

```
select 姓名,学号,总学分
   from ( select 姓名,学号,性别,总学分
```

```
            from xs
            where 总学分>50
        ) as student
    where 性别=1;
```

执行结果如图 3.34 所示。

图 3.34　执行结果

在这个例子中，首先处理 FROM 子句中的子查询，将结果放到一个中间表中，并为表定义一个名称 student，然后再根据外部查询条件从 student 表中查询出数据。另外，子查询还可以嵌套使用。

SELECT 关键字后面也可以定义子查询。

【例 3.47】从 xs 表中查找所有女学生的姓名、学号，以及与 081101 号学生的年龄差距。

```
select 学号, 姓名, year(出生日期)-year(
             ( select 出生日期
               from xs
               where 学号='081101'
             ) ) as 年龄差距
    from xs
    where 性别=0;
```

（例 3.47）

执行结果如图 3.35 所示。

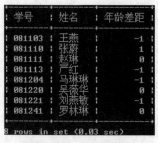

图 3.35　执行结果

本例中子查询返回值中只有一个值，所以这是一个标量子查询。YEAR()函数用于取出 DATE 类型数据的年份。

在 WHERE 子句中还可以将一行数据与行子查询中的结果通过比较运算符进行比较。

【例 3.48】查找与 081101 号学生性别相同、总学分相同的学生学号和姓名。

```
select 学号,姓名
    from xs
    where  (性别,总学分)=( select 性别,总学分
                          from xs
```

（例 3.48）

```
         where 学号='081101'
    );
```
执行结果如图 3.36 所示。

图 3.36 执行结果

 本例中子查询返回的是一行值，所以这是个行子查询。

3.1.4 分组：GROUP BY 子句

GROUP BY 子句主要用于根据字段对行分组。

GROUP BY 子句的语法格式如下：

```
GROUP BY { 列名 | 表达式 | 列顺序 } [ASC | DESC], ... [WITH ROLLUP]
```

- 该子句可以根据一个或多个列进行分组，也可以根据表达式进行分组，经常和聚合函数一起使用。GROUP BY 子句可以在列的后面指定 ASC(升序)或 DESC(降序)。
- 如果选择"顺序号"，则分组的列是 SELECT 顺序号对应输出的相同列。
- ROLLUP 指定在结果集内不仅包含正常行，还包含汇总行。

【例 3.49】查询各专业及其学生数。

```
select 专业名,count(*) as '学生数'
    from xs
    group by 专业名;
```

执行结果如图 3.37 所示。

图 3.37 执行结果

【例 3.50】求被选修的各门课程的平均成绩和选修该课程的人数。

```
select 课程号, avg(成绩) as '平均成绩' ,count(学号) as '
选修人数'
    from xs_kc
    group by 课程号;
```

执行结果如图 3.38 所示。

（例 3.50）

课程号	平均成绩	选修人数
101	78.6500	20
102	77.0000	11
206	75.4545	11

3 rows in set (0.03 sec)

图 3.38　执行结果

【例 3.51】查询每个专业的男生人数、女生人数、总人数，以及学生总人数。

```
select 专业名, 性别, count(*) as '人数'
   from xs
   group by 专业名,性别
   with  rollup;
```

（例 3.51）

执行结果如图 3.39 所示。

专业名	性别	人数
计算机	0	4
计算机	1	7
计算机	NULL	11
通信工程	0	4
通信工程	1	6
通信工程	NULL	10
NULL	NULL	21

7 rows in set (0.00 sec)

图 3.39　执行结果

本例根据专业名和性别将 xs 表分为 4 组，使用 ROLLUP 后，先对性别字段产生了汇总行（针对专业名相同的行），然后对专业名与性别均不同的值产生了汇总行。所产生的汇总行中对应具有不同列值的字段值将置为 NULL。

将上述语句与不带 ROLLUP 操作符的 GROUP BY 子句的执行情况进行比较：

```
select 专业名, 性别, count(*) as '人数'
    from xs
    group by 专业名,性别;
```

执行结果如图 3.40 所示。

专业名	性别	人数
计算机	0	4
计算机	1	7
通信工程	0	4
通信工程	1	6

4 rows in set (0.00 sec)

图 3.40　执行结果

【例 3.52】在 xscj 数据库上产生一个结果集，包括每门课程各专业的平均成绩、每门课程的总平均成绩和所有课程的总平均成绩。

```
select 课程名, 专业名, avg(成绩) as '平均成绩'
    from xs_kc, kc,xs
    where xs_kc.课程号 = kc.课程号 and xs_kc.学号 = xs.学号
    group by 课程名, 专业名
    with rollup;
```

执行结果如图 3.41 所示。

图 3.41　执行结果

3.1.5　分组条件：HAVING 子句

使用 HAVING 子句的目的与 WHERE 子句类似，不同的是 WHERE 子句是用来在 FROM 子句之后选择行，而 HAVING 子句用来在 GROUP BY 子句之后选择行。

HAVING 子句的语法格式如下：

```
HAVING 条件
```

其中，条件的定义和 WHERE 子句中的条件类似，不过 HAVING 子句中的条件可以包含聚合函数，而 WHERE 子句中则不可以。SQL 标准要求 HAVING 子句必须引用 GROUP BY 子句中的列或用于聚合函数中的列。MySQL 允许 HAVING 子句引用 SELECT 清单中的列和外部子查询中的列。

【例 3.53】查找平均成绩在 85 分以上的学生的学号和平均成绩。

```
select 学号, avg(成绩) as '平均成绩'
    from xs_kc
    group by 学号
    having avg(成绩) >=85;
```

执行结果如图 3.42 所示。

图 3.42　执行结果

【例 3.54】查找选修课程超过 2 门且成绩都在 80 分以上的学生的学号。

```
select 学号
    from xs_kc
    where 成绩 >= 80
    group by 学号
    having count(*) > 2;
```

执行结果如图 3.43 所示。

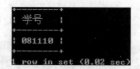

图 3.43　执行结果

　　本查询将 xs_kc 表中成绩大于 80 分的记录按学号分组,对每组记录计数,选出记录数大于 2 的各组的学号值形成结果表。

【例 3.55】查找通信工程专业平均成绩在 85 分以上的学生的学号和平均成绩。

```
select 学号,avg(成绩) as '平均成绩'
    from xs_kc
    where 学号 in
        (  select 学号
            from xs
            where 专业名 = '通信工程'
        )
    group by 学号
    having avg(成绩) >=85;
```

（例 3.55）

执行结果如图 3.44 所示。

图 3.44　执行结果

　　先执行 WHERE 查询条件中的子查询,得到通信工程专业所有学生的学号集;然后对 xs_kc 中的每条记录,判断其学号字段值是否在前面所求得的学号集中。若否,则跳过该记录,继续处理下一条记录;若是,则加入 WHERE 的结果集。对 xs_kc 表筛选完后,按学号进行分组,再在各分组记录中选出平均成绩值大于等于 85 分的记录,形成最后的结果集。

3.1.6　排序:ORDER BY 子句

在一条 SELECT 语句中,如果不使用 ORDER BY 子句,结果中行的顺序是不可预料的。使用 ORDER BY 子句后可以保证结果中的行按一定顺序排列。

ORDER BY 子句的语法格式如下:

```
ORDER BY {列名 | 表达式 | 顺序号} [ASC | DESC] , ...
```

　　ORDER BY 子句列意义与 GROUP BY 子句相同。

【例 3.56】将通信工程专业的学生按出生日期先后排序。

```
select 学号,姓名,专业名,出生日期
  from xs
  where 专业名 = '通信工程'
  order by 出生日期;
```

执行结果如图 3.45 所示。

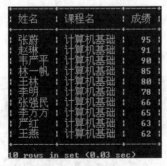

学号	姓名	专业名	出生日期
081202	王林	通信工程	1993-01-29
081204	马琳琳	通信工程	1993-02-10
081216	孙祥欣	通信工程	1993-03-09
081210	李红庆	通信工程	1993-05-01
081201	王敏	通信工程	1993-06-10
081206	李计	通信工程	1993-09-20
081221	刘燕敏	通信工程	1993-11-12
081241	罗林琳	通信工程	1994-01-30
081220	吴薇华	通信工程	1994-03-18
081218	孙研	通信工程	1994-10-09

10 rows in set (0.00 sec)

图 3.45 执行结果

说明

如果写成 order by 4，结果相同。因为 select 后的第 4 列是“出生日期”。

【例 3.57】将计算机专业学生的“计算机基础”课程成绩按降序排列。

```
select 姓名,课程名,成绩
  from xs,kc,xs_kc
  where  xs.学号= xs_kc.学号
    and  xs_kc.课程号= kc.课程号
    and  课程名= '计算机基础'
    and  专业名= '计算机'
  order by 成绩 desc;
```

执行结果如图 3.46 所示。

姓名	课程名	成绩
张蔚	计算机基础	95
赵琳	计算机基础	91
韦严平	计算机基础	90
林一帆	计算机基础	85
王林	计算机基础	80
李明	计算机基础	78
张强民	计算机基础	66
李方方	计算机基础	65
严红	计算机基础	63
王燕	计算机基础	62

10 rows in set (0.03 sec)

图 3.46 执行结果

ORDER BY 子句中还可以包含子查询。

【例 3.58】将计算机专业学生按其平均成绩排列。

（例 3.58）

```
select  学号, 姓名, 专业名
  from xs
  where  专业名= '计算机'
```

```
    order by ( select avg(成绩)
                 from xs_kc
                 group by xs_kc.学号
                 having xs.学号=xs_kc.学号
            );
```

执行结果如图 3.47 所示。

学号	姓名	专业名
081113	严红	计算机
081103	王燕	计算机
081106	李方方	计算机
081109	张强民	计算机
081107	李明	计算机
081102	程明	计算机
081101	王林	计算机
081108	林一帆	计算机
081111	赵琳	计算机
081104	韦严平	计算机
081110	张蔚	计算机

11 rows in set (0.00 sec)

图 3.47　执行结果

注意　当对空值排序时，ORDER BY 子句将空值作为最小值对待，故按升序排列将空值放在最上方，降序放在最下方。

3.1.7　输出行限制：LIMIT 子句

LIMIT 子句，主要用于限制被 SELECT 语句返回的行数。

LIMIT 子句的语法格式如下：

```
LIMIT {[偏移量,] 行数 }
```

【例 3.59】查找 xs 表中学号最靠前的 5 位学生的信息。

```
select 学号, 姓名, 专业名, 性别, 出生日期, 总学分
    from xs
    order by 学号
    limit 5;
```

执行结果如图 3.48 所示。

学号	姓名	专业名	性别	出生日期	总学分
081101	王林	计算机	1	1994-02-10	50
081102	程明	计算机	1	1995-02-01	50
081103	王燕	计算机	0	1993-10-06	50
081104	韦严平	计算机	1	1994-08-26	50
081106	李方方	计算机	1	1994-11-20	50

5 rows in set (0.00 sec)

图 3.48　执行结果

【例 3.60】查找 xs 表中从第 4 位同学开始的 5 位学生的信息。

```
select 学号, 姓名, 专业名, 性别, 出生日期, 总学分
    from xs
    order by 学号
```

```
    limit 3, 5;
```

执行结果如图 3.49 所示。

学号	姓名	专业名	性别	出生日期	总学分
081104	韦严平	计算机	1	1994-08-26	50
081106	李方方	计算机	1	1994-11-20	50
081107	李明	计算机	1	1994-05-01	54
081108	林一帆	计算机	1	1993-08-05	52
081109	张强民	计算机	1	1993-08-11	50

5 rows in set (0.00 sec)

图 3.49　执行结果

为了与 PostgreSQL 兼容，MySQL 也支持“LIMIT 行数 OFFSET 偏移量”语法。所以将上面例子中的 LIMIT 子句换成“limit 5 offset 3”，结果一样。

3.1.8　联合查询：UNION 语句

用户使用 UNION 语句，可以把来自许多 SELECT 语句的结果组合到一个结果集合中。

UNION 语句的语法格式如下：

```
SELECT ...
UNION [ALL | DISTINCT] SELECT ...
[UNION [ALL | DISTINCT] SELECT ...]
```

说明

SELECT 语句为常规的选择语句，但是还必须遵守以下规则。

- 列于每个 SELECT 语句的对应位置的被选择的列，应具有相同的数目和类型。例如，被第一个语句选择的第一列，应当和被其他语句选择的第一列具有相同的类型。
- 只有最后一个 SELECT 语句可以使用 INTO OUTFILE。
- HIGH_PRIORITY 不能与作为 UNION 一部分的 SELECT 语句同时使用。
- ORDER BY 和 LIMIT 子句只能在整个语句最后指定，同时还应对单个的 SELECT 语句加圆括号。排序和限制行数对整个最终结果起作用。

使用 UNION 的时候，在第一个 SELECT 语句中被使用的列名称将被用于结果的列名称。MySQL 自动从最终结果中去除重复行，所以附加的 DISTINCT 是多余的，但根据 SQL 标准，在语法上允许采用。要得到所有匹配的行，则可以指定关键字 ALL。

【例 3.61】查找学号为 081101 和学号为 081210 的两位同学的信息。

```
select 学号, 姓名, 专业名, 性别, 出生日期, 总学分
    from xs
    where 学号= '081101'
    union
    select 学号, 姓名, 专业名, 性别, 出生日期, 总学分
        from xs
        where 学号= '081210';
```

执行结果如图 3.50 所示。

学号	姓名	专业名	性别	出生日期	总学分
081101	王林	计算机	1	1994-02-10	50
081210	李红庆	通信工程	1	1993-05-01	44

2 rows in set (0.00 sec)

图 3.50　执行结果

3.1.9 行浏览查询：HANDLER 语句

前面讨论了用来查询表数据的 SELECT 语句，它通常用来返回行的一个集合。MySQL 还支持另外一个查询数据库的语句——HANDLER 语句，它能够一行一行地浏览表中的数据，但它并不属于 SQL 标准，而是 MySQL 专用的语句。HANDLER 语句只适用于 MyISAM 和 InnoDB 表。

使用 HANDLER 语句时，要先使用 HANDLER OPEN 语句打开一个表，再使用 HANDLER READ 语句浏览打开表的行，浏览完后还必须使用 HANDLER CLOSE 语句关闭已经打开的表。

1. 打开一个表

用户可以使用 HANDLER OPEN 语句打开一个表，其语法格式如下：

```
HANDLER 表名 OPEN [ [ AS] alias ]
```

可以使用 AS 子句给表定义一个别名。若打开表时使用别名，则在其他进一步访问表的语句中也都要使用这个别名。

2. 浏览表中的行

HANDLER READ 语句用于浏览一个已打开的表的数据行，其语法格式如下：

```
HANDLER 表名 READ { FIRST | NEXT }
    [ WHERE 条件 ] [LIMIT ... ]
```

- FIRST | NEXT：这两个关键字是 HANDLER 语句的读取声明，FIRST 表示读取第一行，NEXT 表示读取下一行。
- WHERE 子句：如果想返回符合特定条件的行，可以加一条 WHERE 子句，这里的 WHERE 子句和 SELECT 语句中的 WHERE 子句具有相同的功能，但是这里的 WHERE 子句中不能包含子查询、系统内置函数、BETWEEN、LIKE 和 IN 运算符。
- LIMIT 子句：若不使用 LIMIT 子句，HANDLER 语句只取表中的一行数据。若要读取多行数据，则要添加 LIMIT 子句。这里的 LIMIT 子句和 SELECT 语句中的 LIMIT 子句不同。SLECT 语句中的 LIMIT 子句用来限制结果中的行的总数，而这里的 LIMIT 子句用来指定 HANDLER 语句所能获得的行数。

由于没有其他的声明，在读取一行数据的时候，行的顺序是由 MySQL 决定的。如果要按某个顺序来显示，可以通过在 HANDLER READ 语句中指定索引来实现，其语法格式如下：

```
HANDLER 表名 READ 索引名 { = | <= | >= | < | >} ( 值 ...)
    [ WHERE 条件 ] [LIMIT ... ]
HANDLER 表名 READ 索引名{ FIRST | NEXT | PREV | LAST }
    [ WHERE 条件 ] [LIMIT ... ]
```

第一种方式是使用比较运算符为索引指定一个值，并从符合该条件的一行数据开始读取表。如果是多列索引，则值为多个值的组合，中间用逗号隔开。

第二种方式是使用关键字读取行，FIRST 表示第一行，NEXT 表示下一行，PREV 表示上一行，LAST 表示最后一行。

有关索引的内容将在第 4 章中介绍。

3. 关闭打开的表

行读取完后必须使用 HANDLER CLOSE 语句来关闭表，其语法格式如下：

```
HANDLER 表名 CLOSE
```

【例3.62】一行一行地浏览 KC 表中满足要求的内容，要求读取学分大于 4 的第一行数据。

首先打开表：

```
use xscj
handler kc open;
```

读取满足条件的第一行：

```
handler kc read first
    where 学分>4;
```

执行结果如图 3.51 所示。

图 3.51　执行结果

读取下一行：

```
handler kc read next;
```

执行结果如图 3.52 所示。

图 3.52　执行结果

关闭该表：

```
handler kc close;
```

3.2　MySQL 视图

3.2.1　视图的概念

（视图的概念）

视图（View）是从一个或多个表导出的表，但视图是一个虚表，即它所对应的数据并不进行实际存储，数据库中只存储视图的定义，对视图的数据进行操作时，系统根据视图的定义去操作与视图相关联的基本表。

视图一经定义以后，就可以像表一样被查询、修改、删除和更新。

使用视图有下列优点。

（1）为用户集中数据，简化用户的数据查询和处理。有时用户所需要的数据分散在多个表中，定义视图可将它们集中在一起，从而方便用户的数据查询和处理。

（2）屏蔽数据库的复杂性。用户不必了解复杂的数据库中的表结构，并且数据库表的更改也不影响用户对数据库的使用。

（3）简化用户权限的管理。只需授予用户使用视图的权限，而不必指定用户只能使用表的特定列，也增加了安全性。

（4）便于数据共享。各用户不必都定义和存储自己所需的数据，可共享数据库的数据，这样同样的数据只需存储一次。

（5）可以重新组织数据以便输出到其他应用程序中。

3.2.2 创建视图

视图在数据库中是作为一个对象来存储的。用户创建视图前，要保证自己已被数据库所有者授权可以使用 CREATE VIEW 语句，并且有权操作视图所涉及的表或其他视图，其语法格式如下：

```
CREATE [OR REPLACE] VIEW 视图名 [(列名 ... )]
AS select 语句
```

说明
- OR REPLACE：能够替换已有的同名视图。
- 列名... ：为视图的列定义明确的名称，列名由逗号隔开。列名数目必须等于 SELECT 语句检索的列数。若使用与源表或视图中相同的列名则可以省略列名。
- SELECT 语句：用来创建视图的 SELECT 语句，可在 SELECT 语句中查询多个表或视图。

对 SELECT 语句有以下的限制：

（1）定义视图的用户必须对所参照的表或视图有查询（即可执行 SELECT 语句）权限；

（2）不能包含 FROM 子句中的子查询；

（3）在定义中引用的表或视图必须存在；

（4）若引用不是当前数据库的表或视图时，要在表或视图前加上数据库的名称；

（5）在视图定义中允许使用 ORDER BY，但是，如果从特定视图进行了选择，而该视图使用了具有自己 ORDER BY 的语句，则视图定义中的 ORDER BY 将被忽略；

（6）对于 SELECT 语句中的其他选项或子句，若视图中也包含了这些选项，则效果未定义。例如，如果在视图定义中包含 LIMIT 子句，而 SELECT 语句使用了自己的 LIMIT 子句，MySQL 对使用哪个 LIMIT 未明确定义。

【例 3.63】假设当前数据库是 test，创建 xscj 数据库上的 cs_kc 视图，包括计算机专业各学生的学号、其选修的课程号及成绩。要保证对该视图的修改都符合专业名为"计算机"这个条件。

```
create or replace view xscj.cs_kc
    as
    select xs.学号,课程号,成绩
        from xscj.xs, xscj.xs_kc
        where xs.学号 = xs_kc.学号 and xs.专业名 = '计算机'
        with check option;
```

【例 3.64】创建 xscj 数据库上的计算机专业学生的平均成绩视图 cs_kc_avg，包括学号（在视图中列名为 num）和平均成绩（在视图中列名为 score_avg）。

```
use xscj
create view cs_kc_avg(num, score_avg)
    as
    select 学号,avg(成绩)
        from cs_kc
        group by 学号;
```

这里 SELECT 语句直接从 cs_kc 视图中查询出结果。

3.2.3 查询视图

视图定义后，就可以如同查询基本表那样对视图进行查询。

【例 3.65】在视图 cs_kc 中查找计算机专业的学生学号和选修的课程号。

```
select 学号, 课程号
    from cs_kc;
```

【例 3.66】查找平均成绩在 80 分以上的学生的学号和平均成绩。

本例首先创建学生平均成绩视图 xs_kc_avg，包括学号（在视图中列名为 num）和平均成绩（在视图中列名为 score_avg）。

创建学生平均成绩视图 xs_kc_avg：

（例 3.66）

```
create view xs_kc_avg ( num,score_avg )
    as
    select 学号, avg(成绩)
        from xs_kc
        group by 学号;
```

再对 xs_kc_avg 视图进行查询。

```
select *
    from xs_kc_avg
    where score_avg>=80;
```

执行结果如图 5.53 所示。

从以上两例可以看出，创建视图可以向最终用户隐藏复杂的表连接，简化了用户的 SQL 程序设计。

图 3.53　执行结果

使用视图查询时，若其关联的基本表中添加了新字段，则该视图将不包含新字段。例如，视图 cs_xs 中的列关联了 xs 表中所有列，若 xs 表新增了"籍贯"字段，那么 cs_xs 视图中将查询不到"籍贯"字段的数据。

如果与视图相关联的表或视图被删除，则该视图将不能再使用。

查询视图也可以在 MySQL Query Browser 工具中进行，方法与查询表类似。

3.2.4 更新视图

由于视图是一个虚拟表，所以更新视图（包括插入、修改和删除）数据也就等于在更新与其关联的基本表的数据。但并不是所有的视图都可以更新，只有对满足可更新条件的视图才能进行更新。更新视图的时候要特别小心，这可能导致不可预期的结果。

1. 可更新视图

用户要通过视图更新基本表数据，那必须保证视图是可更新视图，即可以在 INSET、UPDATE 或 DELETE 等语句当中使用它们。对于可更新的视图，在视图中的行和基表中的行之间必须具有一对一的关系。还有一些特定的其他结构，这类结构会使得视图不可更新

如果视图包含下述结构中的任何一种，那么它就是不可更新的。

（1）聚合函数；

（2）DISTINCT 关键字；

（3）GROUP BY 子句；
（4）ORDER BY 子句；
（5）HAVING 子句；
（6）UNION 运算符；
（7）位于选择列表中的子查询；
（8）FROM 子句中包含多个表；
（9）SELECT 语句中引用了不可更新视图；
（10）WHERE 子句中的子查询，引用 FROM 子句中的表；
（11）ALGORITHM 选项指定为 TEMPTABLE（使用临时表总会使视图成为不可更新的）。

2．插入数据

用户使用 INSERT 语句通过视图向基本表插入数据。

【例 3.67】创建视图 cs_xs，视图中包含计算机专业的学生信息，并向 cs_xs 视图中插入一条记录：

（例 3.67）

('081255', '李牧', '计算机', 1, '1994-10-21', 50, NULL, NULL）。

首先创建视图 cs_xs：

```
create or replace view cs_xs
    as
    select *
        from xs
        where 专业名 = '计算机'
    with check option;
```

在创建视图的时候加上 WITH CHECK OPTION 子句，是因为 WITH CHECK OPTION 子句会在更新数据的时候检查新数据是否符合视图定义中 WHERE 子句的条件。WITH CHECK OPTION 子句只能和可更新视图一起使用。

接下来插入记录：

```
insert into cs_xs
    values('081255', '李牧', '计算机', 1, '1994-10-14', 50, null, null);
```

这里插入记录时专业名只能为"计算机"。

这时，使用 SELECT 语句查询 cs_xs 视图和基本表 xs，就可发现 xs 表中该记录已经被添加进去，如图 3.54 所示。

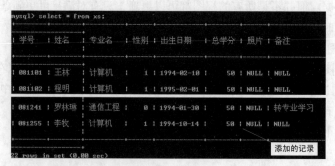

图 3.54 更新视图

当视图所依赖的基本表有多个时,不能向该视图插入数据,因为这会影响多个基本表。例如,不能向视图 cs_kc 插入数据,因为 cs_kc 依赖两个基本表:xs 和 xs_kc。

对 INSERT 语句还有一个限制:SELECT 语句中必须包含 FROM 子句中指定表的所有不能为空的列。例如,若 cs_xs 视图定义的时候不加上"姓名"字段,则插入数据的时候会出错。

3. 修改数据

用户使用 UPDATE 语句可以通过视图修改基本表的数据。

【例 3.68】将 cs_xs 视图中所有学生的总学分增加 8 分。

```
update cs_xs
    set 总学分 = 总学分+ 8;
```

该语句实际上是将 cs_xs 视图所依赖的基本表 xs 中,所有记录的总学分字段值在原来基础上增加 8。

若一个视图依赖于多个基本表,则一次修改该视图只能变动一个基本表的数据。

【例 3.69】将 cs_kc 视图中学号为 081101 的学生的 101 课程成绩改为 90 分。

```
update cs_kc
    set 成绩=90
    where 学号='081101' and 课程号='101';
```

本例中,视图 cs_kc 依赖于两个基本表:xs 和 xs_kc,对 cs_kc 视图的一次修改只能改变学号(源于 xs 表)或者课程号和成绩(源于 xs_kc 表)。

比如,以下的修改就是错误的:

```
update cs_kc
    set 学号='081120',课程号='208'
    where 成绩=90;
```

4. 删除数据

用户使用 DELETE 语句可以通过视图删除基本表的数据。

【例 3.70】删除 cs_xs 中李牧同学(学号'081255')的记录。

```
delete from cs_xs
    where 学号 = '081255';
```

对依赖于多个基本表的视图,不能使用 DELETE 语句。例如,不能通过对 cs_kc 视图执行 DELETE 语句而删除与之相关的基本表 xs 及 xs_kc 表的数据。

3.2.5 修改视图

用户使用 ALTER 语句可以对已有视图的定义进行修改,其语法格式如下:

```
ALTER
    [ALGORITHM = {UNDEFINED | MERGE | TEMPTABLE}]
    [DEFINER = { 用户 | CURRENT_USER }]
    [SQL SECURITY { DEFINER | INVOKER }]
    VIEW 视图名 [(列 ... )]
    AS select 语句
    [WITH [CASCADED | LOCAL] CHECK OPTION]
```

ALTER VIEW 语句的语法和 CREATE VIEW 类似,这里不进行过多解释。

【例 3.71】将 cs_xs 视图修改为只包含计算机专业学生的学号、姓名和总学分三列。

```
alter view cs_xs
as
    select 学号,姓名,总学分
        from xs
        where 专业名 = '计算机';
```

执行结果如图 3.55 所示。

图 3.55　执行结果

3.2.6　删除视图

删除视图的语法格式如下：

```
DROP VIEW [IF EXISTS]
    view_name [, view_name] ...
    [RESTRICT | CASCADE]
```

其中，view_name 是视图名，声明了 IF EXISTS，若视图不存在的话，也不会出现错误信息。也可以声明 RESTRICT 和 CASCADE，但它们没什么影响。

使用 DROP VIEW 一次可删除多个视图。例如：

```
drop view cs_xs;
```

将删除视图 cs_xs。

习　题

1. 查询的功能。
2. 为什么需要视图？
3. 说明 SELECT 语句的作用。
4. 说明 SELECT 语句的 FROM、WHERE、GROUP 及 ORDER BY 子句的作用。
5. 写出 SQL 语句，对产品销售数据库进行如下操作：
（1）查找价格在 2000 元 ~ 2900 元之间的产品名称；
（2）计算所有产品总价格；
（3）在产品销售数据库上创建冰箱产品表的视图 bxcp；
（4）在 bxcp 视图上查询库存量在 100 台以下的产品编号。

第 4 章 MySQL 索引与完整性约束

4.1 MySQL 索引

为什么每一本书前面都需要目录？因为我们当查阅书中某些内容时，不再需要从书的第一页开始顺序查找，而是首先看看书的目录，找到需要的内容在目录中所列的页码，然后根据这一页码直接找到需要的章节内容。设置目录是为了提高查阅内容的速度。

在 MySQL 中，为了更加高效地访问表中的记录内容，引入了索引。数据库的表按照索引排序，这样我们查找索引项描述的内容时先找索引，然后按照索引即可定位数据库表内容。

1. 索引

索引是根据表中一列或若干列按照一定顺序建立的列值与记录行之间的对应关系表。在列上创建了索引之后，查找数据时可以直接根据该列上的索引找到对应行的位置，从而快速地找到数据。

例如，如果用户创建了 xs 表中学号列的索引，MySQL 将在索引中排序学号列，对于索引中的每一项，MySQL 在内部为它保存一个数据文件中实际记录所在位置的"指针"。因此，如果要查找学号为"081241"的学生信息，MySQL 能在学号列的索引中找到"081241"的值，然后直接转到数据文件中相应的行，准确地返回该行的数据。在这个过程中，MySQL 只需处理一行就可以返回结果。如果没有"学号"列的索引，MySQL 则要扫描数据文件中的所有记录。

2. 索引的分类

索引是存储在文件中的，所以索引也是要占用物理空间的，MySQL 将一个表的索引都保存在同一个索引文件中。如果更新表中的一个值或者向表中添加或删除一行，MySQL 会自动地更新索引，因此索引树总是和表的内容保持一致。

索引类型分成下列几个。

（1）普通索引（INDEX）

普通索引是最基本的索引类型，它没有唯一性之类的限制。创建普通索引的关键字是 INDEX。

（2）唯一性索引（UNIQUE）

唯一性索引和前面的普通索引基本相同，但有一个区别：索引列的所有值都只能出现一次，即必须是唯一的。

（3）主键（PRIMARY KEY）

主键是一种唯一性索引。主键一般在创建表的时候指定，也可以通过修改表的方式加入主键。

但是每个表只能有一个主键。

（4）全文索引（FULLTEXT）

MySQL 支持全文检索和全文索引。全文索引只能在 VARCHAR 或 TEXT 类型的列上创建。

3. 说明

（1）只有当表类型为 MyISAM、InnoDB 或 BDB 时，才可以向有 NULL、BLOB 或 TEXT 的列中添加索引。

（2）一个表最多可有 16 个索引。最大索引长度是 256 个字节。

（3）对于 CHAR 和 VARCHAR 列，可以索引列的前缀。这样索引的速度更快并且比索引整个列需要较少的磁盘空间。

（4）MySQL 能在多个列上创建索引。索引可以由最多 15 个列组成。

4.2　MySQL 索引创建

1. CREATE INDEX 语句创建

CREATE INDEX 语句可以在一个已有表上创建索引，一个表可以创建多个索引，其语法格式如下：

```
CREATE [UNIQUE | FULLTEXT | SPATIAL]
    INDEX 索引名 [索引类型] ON 表名（索引列名 ...）
    [索引选项] ...
```

索引列名：

```
列名 [(长度)] [ASC | DESC]
```

- UNIQUE 表示创建的是唯一性索引；FULLTEXT 表示创建全文索引；SPATIAL 表示空间索引，可以用来索引几何数据类型的列。
- 索引名：索引在一个表中名称必须是唯一的。
- 索引类型：BTREE 和 HASH。BTREE 为采用二叉树方式，HASH 为哈希方式。
- 索引列名：创建索引的列名后的长度表示该列前面创建索引字符个数。这可使索引文件大大减小，从而节省磁盘空间。另外，还可以规定索引按升序（ASC）或降序（DESC）排列，默认为 ASC。

如果一个索引列可包含多个列，中间用逗号隔开，但它们属于同一个表，这样的索引叫作复合索引。

但是，CREATE INDEX 语句并不能创建主键。

【例 4.1】根据 xs 表的学号列上的前 5 个字符建立一个升序索引 xh_xs。

```
use xscj
create index xh_xs
    on xs(学号(5) asc);
```

【例 4.2】在 xs_kc 表的学号列和课程号列上建立一个复合索引 xskc_in。

```
create index xskc_in
    on xs_kc(学号,课程号);
```

2. 在建立表时创建索引

索引也可以在创建表时一起创建，其语法格式如下：

```
CREATE TABLE [IF NOT EXISTS] 表名
    [ ( [ 列定义 ] , ... | [ 索引定义 ] ) ]
    [ 表选项 ] [select 语句]
    PRIMARY KEY(列名...)
```

索引定义如下：

```
    PRIMARY KEY [索引类型] (索引列名...)            /*主键*/
|   {INDEX | KEY} [索引名] [索引类型](索引列名 ... )   /*索引*/
|   UNIQUE [索引名] [索引类型] (索引列名...)          /*唯一性索引*/
|   FULLTEXT|SPATIAL [索引名] (索引列名...)          /*全文索引*/
|   FOREIGN KEY [索引名] (索引列名...)[参照性定义]    /*外键*/
```

- KEY 通常是 INDEX 的同义词。在定义列的时候，也可以将某列定义为 PRIMARY KEY，但是当主键是由多个列组成的多列索引时，定义列时无法定义此主键，必须在语句最后加上一个 PRIMARY KEY(列名...)子句。
- CONSTRAINT [名称]：为主键、UNIQUE 键、外键定义一个名字。

【例 4.3】在 mytest 数据库中创建成绩（cj）表，学号和课程号的联合主键，并在成绩列上创建索引。

```
use mytest
create table xs_kc
(
    学号      char(6) not null,
    课程号    char(3) not null,
    成绩      tinyint(1),
    学分      tinyint(1),
    primary key(学号,课程号),
    index cj(成绩)
);
```

使用"SHOW INDEX FROM 表名"命令查看执行结果。

3. ALTER TABLE 语句创建

用户使用 ALTER TABLE 语句修改表，其中也包括向表中添加索引，其语法格式如下：

```
ALTER TABLE 表名
    ......
|   ADD {INDEX|KEY}[索引名][索引类型] (索引列名...)       /*添加索引*/
|   ADD PRIMARY KEY [索引类型] (索引列名...)              /*添加主键*/
|   ADD UNIQUE [索引名] [索引类型](索引列名...)            /*添加唯一性索引*/
|   ADD FOREIGN KEY [索引名] (索引列名...) [参照性定义]    /*添加外键*/
```

【例 4.4】在 xs 表的姓名列上创建一个非唯一的索引。

```
alter table xs
```

```
        add index xs_xm using btree (姓名);
```

【例 4.5】以 xs 表为例（假设表中主键未定），创建这样的索引，以加速表的检索速度：

```
alter table xs
    add index mark(出生日期,性别);
```

这个例子创建了一个复合索引。

如果想要查看表中创建的索引的情况，可以使用 SHOW INDEX FROM 表名语句，例如：

```
show index from xs;
```

系统显示已创建的索引信息如图 4.1 所示。

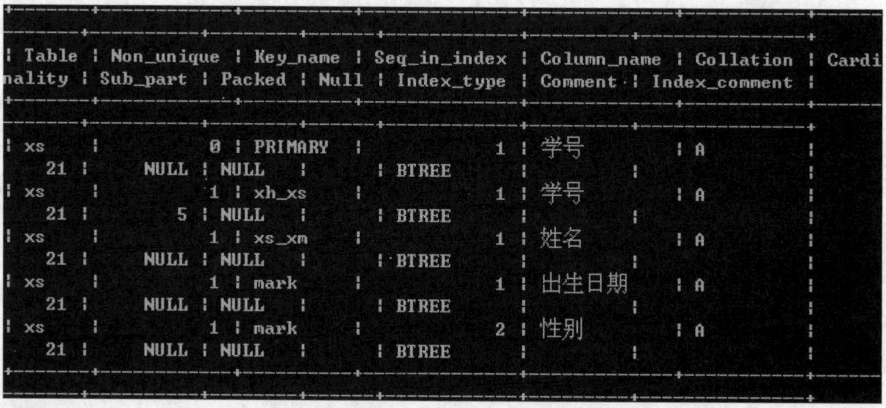

Table	Non_unique	Key_name	Seq_in_index	Column_name	Collation	Cardinality	Sub_part	Packed	Null	Index_type	Comment	Index_comment
xs	0	PRIMARY	1	学号	A	21	NULL	NULL		BTREE		
xs	1	xh_xs	1	学号	A	21	5	NULL		BTREE		
xs	1	xs_xm	1	姓名	A	21	NULL	NULL		BTREE		
xs	1	mark	1	出生日期	A	21	NULL	NULL		BTREE		
xs	1	mark	2	性别	A	21	NULL	NULL		BTREE		

图 4.1　索引信息

4. 删除索引

当一个索引不再需要的时候，可以用 DROP INDEX 语句或 ALTER TABLE 语句删除它。

（1）使用 DROP INDEX 删除

DROP INDEX 语句的语法格式如下：

```
DROP INDEX 索引名 ON 表名
```

（2）使用 ALTER TABLE 删除

ALTER TABLE 语句的语法格式如下：

```
ALTER [IGNORE] TABLE 表名
......
  | DROP PRIMARY KEY                                          /*删除主键*/
  | DROP  索引名                                               /*删除索引*/
  | DROP FOREIGN KEY fk_symbol                                /*删除外键*/
```

其中，DROP 子句可以删除各种类型的索引。用户使用 DROP PRIMARY KEY 子句时不需要提供索引名称，因为一个表中只有一个主键。

【例 4.6】删除 xs 表上的 mark 索引。

```
alter table xs
    drop index mark;
```

如果从表中删除了列，索引可能会受影响。如果所删除的列为索引的组成部分，则该列也会从索引中删除。如果组成索引的所有列都被删除，则整个索引将被删除。

4.3 MySQL 数据完整性约束

在 MySQL 中，为防止不符合规范的数据进入数据库，MySQL 系统自动按一定的完整性约束条件对用户输入的数据进行监测，以确保数据库中存储的数据符合要求。一旦定义了完整性约束，MySQL 就会负责在每次更新时，测试新的数据内容是否符合相关的约束。

用户可以通过 CREATE TABLE 或 ALTER TABLE 语句定义多个完整性约束。

4.3.1 主键约束

主键就是表中的一列或多个列的一组，其值能唯一地标识表中的每一行。

（1）通过定义 PRIMARY KEY 约束来创建主键，而且 PRIMARY KEY 约束中的列不能取空值。

（2）当为表定义 PRIMARY KEY 约束时，MySQL 为主键列创建唯一性索引，实现数据的唯一性。

（3）在查询中使用主键时，该索引可用来对数据进行快速访问。

（4）如果 PRIMARY KEY 约束是由多列组合定义的，则某一列的值可以重复，但 PRIMARY KEY 约束定义中所有列的组合值必须唯一。

可以用两种方式定义主键，作为列或表的完整性约束。

（1）作为列的完整性约束时，只需在列定义的时候加上关键字 PRIMARY KEY。

（2）作为表的完整性约束时，需要在语句最后加上一条 PRIMARY KEY(列…)子句。

【例 4.7】创建表 xs1，将姓名定义为主键。

```
create table xs1
(
    学号    varchar(6)  null,
    姓名    varchar(8)  not null primary key ,
    出生日期 datetime
);
```

例 4.7 中主键定义于空指定之后，空指定也可以在主键之后指定。

当表中的主键为复合主键时，只能定义为表的完整性约束。

【例 4.8】创建 course 表来记录每门课程的学生学号、姓名、课程号、学分和毕业日期。其中学号、课程号和毕业日期构成复合主键。

```
create table course
(
    学号      varchar(6)  not null,
    姓名      varchar(8)  not null,
    毕业日期  date        not null,
    课程号    varchar(3)  ,
    学分      tinyint  ,
```

```
    primary key (学号, 课程号, 毕业日期)
);
```

MySQL 自动地为主键创建一个索引。通常，这个索引名为 PRIMARY。然而，可以重新给这个索引取名。

例如，创建 course 表，把主键创建的索引命名为 index_course。

```
create table course
(
    ...
    primary key index_course(学号, 课程号, 毕业日期)
);
```

4.3.2 替代键约束

替代键像主键一样，是表的一列或多列，它们的值在任何时候都是唯一的。替代键是没有被选作主键的候选键。定义替代键的关键字是 UNIQUE。

【例 4.9】在表 xs1 中将姓名列定义为一个替代键。

（例 4.9）

```
create table xs1
(
    学号 varchar(6) not null,
    姓名 varchar(8) not null unique,
    出生日期 datetime null,
    primary key(学号)
);
```

替代键还可以定义为表的完整性约束，故前面语句也可这样定义：

```
create table xs1
(
    学号 varchar(6) not null,
    姓名 varchar(8) not null,
    出生日期 datetime null,
    primary key(学号),
    unique(姓名)
);
```

在 MySQL 中，替代键和主键的区别主要有以下几点。

（1）一个数据表只能创建一个主键。但一个表可以有若干个 UNIQUE 键，并且它们甚至可以重合，例如，在 C_1 和 C_2 列上定义了一个替代键，并且在 C_2 和 C_3 上定义了另一个替代键，这两个替代键在 C_2 列上重合了，而 MySQL 允许这样。

（2）主键字段的值不允许为 NULL，而 UNIQUE 字段的值可取 NULL，但是必须使用 NULL 或 NOT NULL 声明。

（3）一般创建 PRIMARY KEY 约束时，系统会自动产生 PRIMARY KEY 索引。创建 UNIQUE 约束时，系统自动产生 UNIQUE 索引。

4.3.3 参照完整性约束

在本书所举例的 xscj 数据库中，有很多规则是和表之间的关系有关的。例如，存储在 xs_kc 表中的所有学号必须同时存在于 xs 表的学号列中。xs_kc 表中的所有课程号也必须出现在 kc 表的课程号列中。这种类型的关系就是"参照完整性约束"。参照完整性约束是一种特殊的完整性约束，表现为一个外键。所以 xs_kc 表中的学号列和课程号列都可以定义为一个外键。可以在创建表或修改表时定义一个外键声明。

参照完整性约束的语法格式如下：

```
CREATE TABLE [IF NOT EXISTS] 表名
    [ ( [ 列定义 ] , ... | [ 索引定义 ] ) ]
    PRIMARY KEY [索引类型] (索引列名...)           /*主键*/
    ...
    | FOREIGN KEY  [索引名] (索引列名...)[参照性定义]    /*外键*/
      REFERENCES 表名 [(索引列名 ... )]
        [ON DELETE   {RESTRICT | CASCADE | SET NULL | NO ACTION}]
        [ON UPDATE   {RESTRICT | CASCADE | SET NULL | NO ACTION}]
```

- FOREIGN KEY：称为外键，被定义为表的完整性约束。
- REFERENCES：称为参照性，定义中包含了外键所参照的表和列。这里表名叫作被参照表，而外键所在的表叫作参照表。其中，列名是外键可以引用一个或多个列，外键中的所有列值在引用的列中必须全部存在。外键可以只引用主键和替代键。
- ON DELETE | ON UPDATE：可以为每个外键定义参照动作。

参照动作包含两部分：

在第一部分中，指定这个参照动作应用哪一条语句，这里有两条相关的语句，即 UPDATE 和 DELETE 语句；

在第二部分中，指定采取哪个动作，可能采取的动作是 RESTRICT、CASCADE、SET NULL、NO ACTION 和 SET DEFAULT。

接下来说明这些不同动作的含义。

（1）RESTRICT：当要删除或更新父表中被参照列上在外键中出现的值时，拒绝对父表的删除或更新操作。

（2）CASCADE：从父表删除或更新行时自动删除或更新子表中匹配的行。

（3）SET NULL：当从父表删除或更新行时，设置子表中与之对应的外键列为 NULL。如果外键列没有指定 NOT NULL 限定词，这就是合法的。

（4）NO ACTION：NO ACTION 意味着不采取动作，就是如果有一个相关的外键值在被参考的表里，删除或更新父表中主要键值的企图不被允许，和 RESTRICT 一样。

（5）SET DEFAULT：作用和 SET NULL 一样，只不过 SET DEFAULT 是指定子表中的外键列为默认值。

如果没有指定动作，两个参照动作就会默认地使用 RESTRICT。

外键目前只可以用在那些使用 InnoDB 存储引擎创建的表中，对于其他类型的表，MySQL 服务器能够解析 CREATE TABLE 语句中的 FOREIGN KEY 语法，但不能使用或保存它。

【例 4.10】创建 xs1 表，所有的 xs 表中学生学号都必须出现在 xs1 表中，假设已经使用学号列作为主键创建了 xs 表。

```
create table xs1
(
    学号    varchar(6) not null,
    姓名    varchar(8) not null,
```

（例 4.10）

```
    出生日期 datetime null,
    primary key (学号),
    foreign key (学号)
        references xs (学号)
            on delete restrict
            on update restrict
);
```

 在这条语句执行后，确保 MySQL 插入到外键中的每一个非空值都已经在被参照表中作为主键出现。

这意味着，对于 xs1 表中的每一个学号，都执行一次检查，看这个号码是否已经出现在 xs 表的学号列（主键）中。如果情况不是这样，用户或应用程序会接收到一条出错消息，并且更新被拒绝。这也适用于使用 UPDATE 语句更新 xs1 表中的学号列。即 MySQL 确保了 xs1 表中的学号列的内容总是 xs 表中学号列的内容的一个子集。也就是说，下面的 SELECT 语句不会返回任何行：

```
select *
    from xs1
    where 学号 not in
        ( select 学号
            from xs
        );
```

当指定一个外键的时候，注意以下几点。

（1）被参照表必须已经用一条 CREATE TABLE 语句创建了，或者必须是当前正在创建的表。在后一种情况下，参照表是同一个表。

（2）必须为被参照表定义主键。

（3）必须在被参照表的表名后面指定列名（或列名的组合）。这个列（或列组合）必须是这个表的主键或替代键。

（4）尽管主键是不能够包含空值的，但允许在外键中出现一个空值。这意味着，只要外键的每个非空值出现在指定的主键中，这个外键的内容就是正确的。

（5）外键中的列的数目必须和被参照表的主键中的列的数目相同。

（6）外键中的列的数据类型必须和被参照表的主键中的列的数据类型对应相等。

如果外键相关的被参照表和参照表是同一个表，称为自参照表，这种结构称为自参照完整性。例如，可以创建这样的 xs2 表：

```
create table xs2
(
    学号 varchar(6) not null,
    姓名 varchar(8) not null,
    出生日期 datetime null,
    primary key (学号),
    foreign key (学号)
        references xs1 (学号)
);
```

【例 4.11】创建带有参照动作 ASCADE 的 xs1 表。

```
create table xs1
(
    学号 varchar(6) not null,
    姓名 varchar(8) not null,
    出生日期 datetime null,
    primary key (学号),
    foreign key (学号)
        references xs (学号)
        on update cascade
);
```

 这个参照动作的作用是在主表更新时，子表产生连锁更新动作，有些人称它为"级联"操作。就是说，如果 xs 表中有一个学号为"081101"的值修改为"091101"，则 xs1 表中的学号列上为"081101"的值也相应地改为"091101"。

同样地，如果例 4.11 中的参照动作为 ON DELETE SET NULL，则表示如果删除了 xs 表中的学号为"081101"的一行，则同时将 xs1 表中所有学号为"081101"的列值改为 NULL。

4.3.4 CHECK 完整性约束

主键、替代键、外键都是常见的完整性约束的例子。但是每个数据库都还有一些专用的完整性约束。例如，kc 表中星期数要在 1~7 之间，xs 表中出生日期必须晚于 1990 年 1 月 1 日。这样的规则可以使用 CHECK 完整性约束来指定。

（CHECK 完整性约束）

CHECK 完整性约束在创建表的时候定义，可以定义为列完整性约束，也可定义为表完整性约束，其语法格式如下：

```
CHECK(expr)
```

 expr 是一个表达式，指定需要检查的条件，在更新表数据的时候，MySQL 会检查更新后的数据行是否满足 CHECK 的条件。

【例 4.12】创建表 student，只包括学号和性别两列，性别只能是男或女。

```
create table student
(
    学号   char(6) not null,
    性别   char(1) not null
        check(性别 in ('男', '女'))
);
```

这里 CHECK 完整性约束指定了性别允许哪个值，由于 CHECK 包含在列自身的定义中，所以 CHECK 完整性约束被定义为列完整性约束。

【例 4.13】创建表 student1，只包括学号和出生日期两列，出生日期必须晚于 1990 年 1 月 1 日。

```
create table student1
(
    学号   char(6)    not null,
    出生日期 date not null
        check(出生日期>'1990-01-01')
);
```

前面的 CHECK 完整性约束中使用的表达式都很简单，MySQL 还允许使用更为复杂的表达式。例如，可以在条件中加入子查询，下面举个例子。

【例 4.14】创建表 student2，只包括学号和性别两列，并且确认性别列中的所有值都来源于 student 表的性别列中。

```
create table student2
(
   学号  char(6) not null,
   性别  char(1) not null
       check( 性别 in
           (   select 性别 from student)
           )
);
```

如果指定的完整性约束中，要相互比较一个表的两个或多个列，那么必须定义表完整性约束。

【例 4.15】创建表 student3，有学号、最好成绩和平均成绩 3 列，要求最好成绩必须大于平均成绩。

```
create table student3
(
   学号  char(6) not null,
   最好成绩 int(1)    not null,
   平均成绩 int(1)    not null,
      check(最好成绩>平均成绩)
);
```

也可以同时定义多个 CHECK 完整性约束，中间用逗号隔开。

然而不幸的是，在目前的 MySQL 版本中，CHECK 完整性约束尚未被强化，上面例子中定义的 CHECK 约束会被 MySQL 引擎分析，但会被忽略，也就是说，这里的 CHECK 约束暂时还只是一个注释，不会起任何作用。相信在未来的版本中它能得到扩展。

4.3.5 命名完整性约束

如果一条 INSERT、UPDATE 或 DELETE 语句违反了完整性约束，则 MySQL 返回一条出错消息并且拒绝更新，一个更新可能会导致多个完整性约束的违反。在这种情况下，应用程序获取几条出错消息。为了确切地表示出是违反了哪一个完整性约束，可以为每个完整性约束分配一个名字，随后，出错消息包含这个名字，从而使得消息对于应用程序更有意义。

CONSTRAINT 关键字用来指定完整性约束的名字，语法格式为：

```
CONSTRAINT [完整性约束名字]
```

完整性约束名字在完整性约束的前面被定义，在数据库里这个名字必须是唯一的。如果它没有被给出，则 MySQL 自动创建这个名字。只能给表完整性约束指定名字，而无法给列完整性约束指定名字。在定义完整性约束的时候应当尽可能地分配名字，以便在删除完整性约束的时候，可以更容易地引用它们。

【例 4.16】创建与【例 4.8】中相同的 xs1 表，并为主键命名。

```
create table xs1
(
     学号 varchar(6)   null,
     姓名 varchar(8)   not null,
```

```
    出生日期 datetime   null,
    constraint primary_key_xs1primary key(姓名)
);
```

 本例中给主键姓名分配了名字 primary_key_xs1。

4.3.6 删除完整性约束

如果使用一条 DROP TABLE 语句删除一个表，所有的完整性约束就都自动被删除了。被参照表的所有外键也都被删除了，使用 ALTER TABLE 语句，完整性可以独立地被删除，而不必删除表本身。删除完整性约束的语法和删除索引的语法一样。

【例 4.17】删除创建的表 xs1 的主键。

```
alter table xs1 drop primary key;
```

删除前后的效果如图 4.2 所示。

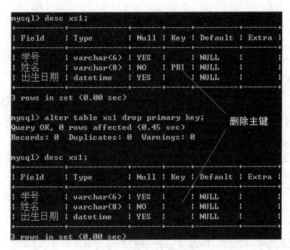

图 4.2 执行结果对比

习 题

1. 简述索引的概念与作用。
2. 索引的好处以及可能带来的弊端。
3. 索引有哪几类？简述各类索引的特点。
4. PRIMARY KEY 和 UNIQUE 索引有什么不同？
5. 有几种方法创建索引，它们有什么不同？
6. 简述完整性的概念与作用。
7. 简述数据完整性分类。
8. 简述什么是外键和参照表，以及它们的关系。
9. 可采用哪些方法实现数据完整性？

第 5 章 MySQL 语言

作为目前应用最为广泛的 DBMS 服务器，MySQL 支持众所周知的 SQL（结构化查询语言，Structured Query Language）语言，同时对 SQL 进行了相应的扩展。本章进一步具体介绍 MySQL 的 SQL 语言。

5.1 MySQL 语言简介

在 MySQL 数据库中，SQL 语言由以下几部分组成。

（1）数据定义语言（DDL）。用于执行数据库的任务，对数据库及数据库中的各种对象进行创建、删除、修改等操作。如前所述，数据库对象主要包括：表、默认约束、规则、视图、触发器和存储过程等。DDL 包括的主要语句及功能如表 5.1 所示。

表 5.1   DDL 主要语句及功能

语 句	功 能	说 明
CREATE	创建数据库或数据库对象	不同数据库对象，其 CREATE 语句的语法形式不同
ALTER	对数据库或数据库对象进行修改	不同数据库对象，其 ALTER 语句的语法形式不同
DROP	删除数据库或数据库对象	不同数据库对象，其 DROP 语句的语法形式不同

（2）数据操纵语言（DML）。用于操纵数据库中各种对象，检索和修改数据。DML 包括的主要语句及功能如表 5.2 所示。

表 5.2   DML 主要语句及功能

语 句	功 能	说 明
SELECT	从表或视图中检索数据	是使用最频繁的 SQL 语句之一
INSERT	将数据插入到表或视图中	
UPDATE	修改表或视图中的数据	既可修改表或视图的一行数据，也可修改一组或全部数据
DELETE	从表或视图中删除数据	可根据条件删除指定的数据

（3）数据控制语言（DCL）。用于安全管理，确定哪些用户可以查看或修改数据库中的数据，DCL 包括的主要语句及功能如表 5.3 所示。

表 5.3　　　　　　　　　　　　DCL 主要语句及功能

语　句	功　能	说　明
GRANT	授予权限	可把语句许可或对象许可的权限授予其他用户和角色
REVOKE	收回权限	与 GRANT 的功能相反，但不影响该用户或角色从其他角色中作为成员继承许可权限

为了用户编程的方便，MySQL 增加了语言元素。这些语言元素包括常量、变量、运算符、函数、流程控制语句和注解等。本章将具体讨论使用 MySQL 这部分增加的语言元素。

每个 SQL 语句都以分号结束，并且 SQL 处理器忽略空格、制表符和回车符。

5.2　常量和变量

5.2.1　常量

常量指在程序运行过程中值不变的量。常量又称为字面值或标量值。常量的使用格式取决于值的数据类型，可分为字符串常量、数值常量、十六进制常量、时间日期常量、位字段值、布尔值和 NULL 值。

1. 字符串常量

字符串是指用单引号或双引号括起来的字符序列，分为 ASCII 字符串常量和 Unicode 字符串常量。

ASCII 字符串常量是用单引号括起来的，由 ASCII 字符构成的符号串，例如：

```
'hello'      'How are you!'
```

Unicode 字符串常量与 ASCII 字符串常量相似，但它前面有一个 N 标志符（N 代表 SQL-92 标准中的国际语言（National Language））。N 前缀必须为大写。只能用单引号括起字符串，例如：

```
N'hello'     N'How are you!'
```

Unicode 数据中的每个字符用两个字节存储，而每个 ASCII 字符用一个字节存储。

在字符串中不仅可以使用普通的字符，也可使用几个转义序列，它们用来表示特殊的字符，如表 5.4 所示。每个转义序列以一个反斜杠（"\"）开始，指出后面的字符使用转义字符来解释，而不是普通字符。注意 NUL 字节与 NULL 值不同，NUL 为一个零值字节，而 NULL 代表没有值。

表 5.4　　　　　　　　　　　　字符串转义序列

序　列	含　义
\0	一个 ASCII 0 (NUL)字符
\n	一个换行符
\r	一个回车符（Windows 中使用\r\n 作为新行标志）
\t	一个定位符
\b	一个退格符
\Z	一个 ASCII 26 字符（CTRL+Z）
\'	一个单引号（"'"）
\"	一个双引号(""")

续表

序列	含义
\\	一个反斜线（"\"）
\%	一个"%"符。它用于在正文中搜索"%"的文字实例，否则这里"%"将解释为一个通配符
_	一个"_"符。它用于在正文中搜索"_"的文字实例，否则这里"_"将解释为一个通配符

【例 5.1】执行如下语句：

```
select 'This\nis\nfour\nlines';
```

执行结果如图 5.1 所示。

图 5.1　执行结果

其中，"\n"表示回车。

有以下几种方式可以在字符串中包括引号：

（1）在字符串内用单引号"'"引用的单引号"'"可以写成"''"（两个单引号）；

（2）在字符串内用双引号"""引用的双引号"""可以写成""""（两个双引号）；

（3）可以在引号前加转义字符（"\"）；

（4）在字符串内用双引号"""引用的单引号"'"不需要特殊处理，不需要用双字符或转义。同样，在字符串内用单引号"'"引用的双引号"""也不需要特殊处理。

执行下面的语句：

```
select 'hello', '"hello"', '""hello""', 'hel''lo', '\'hello';
```

注意　语句中第 4 个"hello"中间是两个单引号而不是一个双引号。

执行结果如图 5.2 所示。

图 5.2　执行结果

2．数值常量

数值常量可以分为整数常量和浮点数常量。

整数常量即不带小数点的十进制数，例如：1894，2，+145345234，−2147483648。

浮点数常量是使用小数点的数值常量，例如：5.26，−1.39，101.5E5，0.5E−2。

3. 十六进制常量

MySQL 支持十六进制值。一个十六进制值通常指定为一个字符串常量，每对十六进制数字被转换为一个字符，其最前面有一个大写字母"X"或小写字"x"。在引号中只可以使用数字"0"到"9"及字母"a"到"f"或"A"到"F"。例如：X'41'表示大写字母 A。x'4D7953514C'表示字符串 MySQL。

十六进制数值不区分大小写，其前缀"X"或"x"可以被"0x"取代而且不用引号。即 X'41'可以替换为 0x41，注意，"0x"中 x 一定要小写。

十六进制值的默认类型是字符串。如果想要确保该值作为数字处理，可以使用 CAST(...AS UNSIGNED)。

执行如下语句：

```
select 0x41, cast(0x41 as unsigned);
```

执行结果如图 5.3 所示。

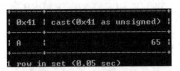

图 5.3　执行结果

如果要将一个字符串或数字转换为十六进制格式的字符串，可以用 HEX()函数。

【例 5.2】将字符串 CAT 转换为 16 进制。

```
select hex('CAT');
```

执行结果如图 5.4 所示。

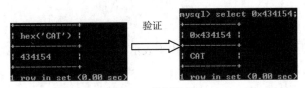

图 5.4　执行结果

十六进制值通常用来存储图像（如 JPG）和电影（如 AVI）等格式的数据。

4. 日期时间常量

日期时间常量：由用单引号将表示日期时间的字符串括起来的形式构成。

日期型常量包括年、月、日，数据类型为 DATE，按年-月-日的顺序表示，中间的间隔符"-"也可以使用如"\""@"或"%"等特殊符号。例如："2014-06-17"。

时间型常量包括小时、分钟、秒及微秒数，数据类型为 TIME，按"时-分-秒. 微秒"的格式表示。例如："12:30:43.00013"。

日期/时间的组合数据类型为 DATETIME 或 TIMESTAMP，如"2014-06-17 12:30:43"。DATETIME 的年份在 1000～9999 之间，而 TIMESTAMP 的年份在 1970～2037 之间，还有就是 TIMESTAMP 在插入带微秒的日期时间时将微秒忽略。TIMESTAMP 还支持时区，即在不同时区转换为相应时间。

5. 位字段值

可以使用 b'value'符号写位字段值。value 是一个用 0 和 1 写成的二进制值。直接显示 b'value'

的值可能是一系列特殊的符号。例如，b'0'显示为空白，b'1'显示为一个笑脸图标。

使用 BIN 函数可以将位字段常量显示为二进制格式。使用 OCT 函数可以将位字段常量显示为数值型格式。

执行下列语句：

```
select BIN(b'111101'+0), OCT(b'111101'+0);
```

执行结果如图 5.5 所示。

图 5.5　执行结果

6. 布尔值

布尔值只包含两个可能的值：TRUE 和 FALSE。FALSE 的数字值为 "0"，TRUE 的数字值为 "1"。

【例 5.3】获取 TRUE 和 FALSE 的值。

```
select TRUE, FALSE;
```

执行结果如图 5.6 所示。

图 5.6　执行结果

7. NULL 值

NULL 值可适用于各种列类型，它通常用来表示"没有值""无数据"等意义，并且不同于数字类型的 "0" 或字符串类型的空字符串。

5.2.2　变量

变量用于临时存放数据，变量中的数据随着程序的运行而变化，变量有名字及其数据类型两个属性。变量名用于标识该变量，变量的数据类型确定了该变量存放值的格式及允许的运算。在 MySQL 中，变量可分为用户变量和系统变量。

1. 用户变量

用户可以在表达式中使用自己定义的变量，这样的变量叫作用户变量。

在使用用户变量前必须定义和初始化。如果使用没有初始化的变量，它的值为 NULL。

用户变量与连接有关。也就是说，一个客户端定义的变量不能被其他客户端看到或使用。当客户端退出时，该客户端连接的所有变量将自动释放。

定义和初始化一个变量可以使用 SET 语句，语法格式为：

```
SET @用户变量=expr1 [,@用户变量 2= expr2 , …]
```

其中，用户变量名可以由当前字符集的文字数字字符、"."、"_" 和 "$" 组成。当变量名中需要包含了一些特殊符号（如空格、#等）时，可以使用双引号或单引号将整个变量括起来。

expr 要给变量赋的值，可以是常量、变量或表达式。

【例 5.4】创建用户变量和查询用户变量的值。
```
set @name='王林';
set @user1=1, @user2=2, @user3=3;
set @user4=@user3+1;
select @name;
```
其中：
（1）创建用户变量 name 并赋值为"王林"；
（2）创建用户变量 user1 并赋值为 1，user2 赋值为 2，user3 赋值为 3；
（3）创建用户变量 user4，它的值为 user3 的值加 1；
（4）查询用户变量 name 的值。执行结果如图 5.7 所示。

图 5.7　执行结果

在一个用户变量被创建后，它可以以一种特殊形式的表达式用于其他 SQL 语句中。变量名前面也必须加上符号@，以便将它和列名区分开。

【例 5.5】使用查询给变量赋值。
```
use xscj
set @student=(select 姓名 from xs where 学号='081101');
```
【例 5.6】查询表 xs 中名字等于 student 值的学生信息。
```
select 学号, 姓名, 专业名, 出生日期
    from xs
    where 姓名=@student;
```
执行结果如图 5.8 所示。

图 5.8　执行结果

　　　在 SELECT 语句中，表达式发送到客户端后才进行计算。这说明在 HAVING、GROUP BY 或 ORDER BY 子句中，不能使用包含 SELECT 列表中所设的变量的表达式。

对于 SET 语句，可以使用"="或":="作为分配符。分配给每个变量的值可以为整数、实数、字符串或 NULL 值。

也可以用其他 SQL 语句代替 SET 语句来为用户变量分配一个值。在这种情况下，分配符必须为":="，而不能用"="，因为在非 SET 语句中"="被视为比较操作符。

【例 5.7】执行如下语句：
```
select @t2:=(@t2:=2)+5 as t2;
```
结果 t2 的值为 7。

2. 系统变量

MySQL 有一些特定的设置，这些设置就是系统变量。和用户变量一样，系统变量也是一个值和一个数据类型，但不同的是，系统变量在 MySQL 服务器启动时就被引入并初始化为默认值。

【例 5.8】获得现在使用的 MySQL 版本。

```
select @@version ;
```

执行结果如图 5.9 所示。

图 5.9　执行结果

说明

大多数的系统变量应用于其他 SQL 语句中时，必须在名称前加两个@符号，而为了与其他 SQL 产品保持一致，某些特定的系统变量是要省略这两个@符号的。如 CURRENT_DATE（系统日期）、CURRENT_TIME（系统时间）、CURRENT_TIMESTAMP（系统日期和时间）和 CURRENT_USER（SQL 用户的名字）。

【例 5.9】获得系统当前时间。

```
select CURRENT_TIME;
```

执行结果如图 5.10 所示。

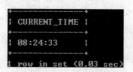

图 5.10　执行结果

在 MySQL 中，有些系统变量的值是不可以改变的，例如 VERSION 和系统日期。而有些系统变量是可以通过 SET 语句来修改的，例如 SQL_WARNINGS。

SET 语句的语法格式如下：

```
SET 系统变量名 = expr
  | [GLOBAL | SESSION] 系统变量名 = expr
  | @@ [global.| session.] 系统变量名 = expr
```

说明

指定了 GLOBAL 或@@global.关键字的是全局系统变量。指定了 SESSION 或@@session.关键字的则为会话系统变量。如果在使用系统变量时不指定关键字，则默认为会话系统变量。

（1）全局系统变量

当 MySQL 启动的时候，全局系统变量就初始化了，并且应用于每个启动的会话。如果使用 GLOBAL（要求 SUPER 权限）来设置系统变量，则该值被记住，并被用于新的连接，直到服务器重新启动为止。

【例 5.10】将全局系统变量 sort_buffer_size 的值改为 25000。

```
set @@global.sort_buffer_size=25000;
```

如果在使用 SET GLOBAL 时同时使用了一个只能与 SET SESSION 同时使用的变量，或者如果在设置一个全局变量时未指定 GLOBAL（或@@），则 MySQL 会产生错误。

（2）会话系统变量

会话系统变量只适用于当前的会话。大多数会话系统变量的名字和全局系统变量的名字相同。当启动会话的时候，每个会话系统变量都和同名的全局系统变量的值相同。一个会话系统变量的值是可以改变的，但是这个新的值仅适用于正在运行的会话，不适用于所有其他会话。

【例 5.11】将当前会话的 SQL_WARNINGS 变量设置为 TRUE。

```
set @@SQL_WARNINGS =ON;
```

这个系统变量表示如果不正确的数据通过一条 INSERT 语句添加到一个表中，MySQL 是否应该返回一条警告。默认情况下，这个变量是关闭的，设为 ON 表示返回警告。

【例 5.12】对于当前会话，把系统变量 SQL_SELECT_LIMIT 的值设置为 10。这个变量决定了 SELECT 语句的结果集中的最大行数。

```
set @@SESSION.SQL_SELECT_LIMIT=10;
select @@LOCAL.SQL_SELECT_LIMIT;
```

执行结果如图 5.11 所示。

图 5.11 执行结果

在这个例子中，关键字 SESSION 放在系统变量的名字前面（SESSION 和 LOCAL 可以通用）。这明确地表示会话系统变量 SQL_SELECT_LIMIT 和 SET 语句指定的值保持一致。但是，名为 SQL_SELECT_LIMIT 的全局系统变量的值仍然不变。同样，如果改变了全局系统变量的值，同名的会话系统变量的值保持不变。

MySQL 对于大多数系统变量都有默认值。当数据库服务器启动的时候，就使用这些值。如果要将一个系统变量值设置为 MySQL 默认值，可以使用 DEFAULT 关键字。

【例 5.13】把 SQL_SELECT_LIMIT 的值恢复为默认值。

```
set @@LOCAL.SQL_SELECT_LIMIT=DEFAULT;
```

用户使用 SHOW VARIABLES 语句可以得到系统变量清单，使用 SHOW GLOBAL VARIABLES 可以返回所有全局系统变量，使用 SHOW SESSION VARIABLES 可以返回所有会话系统变量。要获得与样式匹配的具体的变量名称或名称清单，需使用 LIKE 子句，要得到名称与样式匹配的变量的清单，需使用通配符 "%"。

【例 5.14】得到系统变量清单。

```
show variables;
show variables like 'max_join_size';
show global variables like 'max_join_size';
show variables like 'character%';
```

5.3 运算符与表达式

MySQL 提供如下几类运算符：算术运算符、位运算符、比较运算符、逻辑运算符。通过运算符可以连接运算量构成表达式。

5.3.1 算术运算符

算术运算符在两个表达式上执行数学运算，这两个表达式可以是任何数字数据类型。算术运算符有：+（加）、-（减）、*（乘）、/（除）和%（求模）5种。

（1）"+"运算符

"+"运算符用于获得一个或多个值的和：

```
select 1.2+3.09345, 0.00000000001+0.00000000001;
```

执行结果如图 5.12 所示。

图 5.12 执行结果

（2）"-"运算符

"-"运算符用于从一个值中减去另一个值，并可以更改参数符号：

```
select 200-201, 0.14-0.1, -2, -23.4;
```

执行结果如图 5.13 所示。

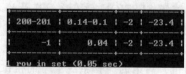

图 5.13 执行结果

   若该操作符与 BIGINT 同时使用，则返回值也是一个 BIGINT。这意味着在可能产生-263 的整数运算中，应当避免使用减号"-"，否则会出现错误。

其中，+（加）和-（减）运算符还可用于对日期时间值（如 DATETIME）进行算术运算。例如：

```
select '2014-01-20'+ INTERVAL 22 DAY;
```

执行结果如图 5.14 所示。

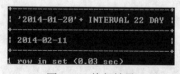

图 5.14 执行结果

说明　　INTERVAL 关键字后面跟一个时间间隔，22 DAY 表示在当前的日期基础上加上 22 天。当前日期为 2014-01-20，加上 22 天后为 2014-02-11。

（3）"*"运算符

"*"运算符用来获得两个或多个值的乘积：

```
select 5*12,5*0, -11.2*8.2, -19530415* -19540319;
```

执行结果如图 5.15 所示。

图 5.15　执行结果

（4）"/"运算符

"/"运算符用来获得一个值除以另一个值得到的商：

```
select 12/2, 1.6/-0.1, 23/7, 23.00/7.00000,1/0;
```

执行结果如图 5.16 所示。

图 5.16　执行结果

显然，除以零的除法是不允许的，如果这样做，MySQL 会返回 NULL。

（5）"%"运算符

"%"运算符用来获得一个或多个除法运算的余数：

```
select 12%5, -32%7,3%0;
```

执行结果如图 5.17 所示。

同 "/" 运算符一样，"%0" 的结果也是 NULL。

在运算过程中，用字符串表示的数字可以自动地转换为字符串。当执行转换时，如果字符串的第一位是数字，那么它被转换为这个数字的值，否则，它被转换为零。

图 5.17　执行结果

例如：

```
select '80AA'+'1', 'AA80'+1, '10x' * 2 * 'qwe';
```

执行结果如图 5.18 所示。

图 5.18　执行结果

5.3.2 比较运算符

比较运算符（又称关系运算符），用于比较两个表达式的值，其运算结果为逻辑值，可以为三种之一：1（真）、0（假）及 NULL（不确定）。表 5.5 列出了在 MySQL 中可以使用的各种比较运算符。

表 5.5　　　　　　　　　　　　　比较运算符

运　算　符	含　　义	运　算　符	含　　义
=	等于	<=	小于等于
>	大于	<>、!=	不等于
<	小于	<=>	相等或都等于空
>=	大于等于		

比较运算符可以用于比较数字和字符串。数字作为浮点值比较，而字符串以不区分大小写的方式进行比较（除非使用特殊的 BINARY 关键字）。前面已经介绍了在运算过程中 MySQL 能够自动地把数字转换为字符串，而在比较运算过程中，MySQL 能够自动地把字符串转换为数字。

下面这个例子说明了在不同的情况下 MySQL 以不同的方式处理数字和字符串。

【例 5.15】执行下列语句：

```
select 5 = '5ab','5'='5ab';
```

执行结果如图 5.19 所示。

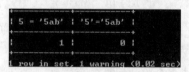

图 5.19　执行结果

（1）"=" 运算符

"=" 运算符用于比较表达式的两边是否相等，也可以对字符串进行比较，示例如下：

```
select 3.14=3.142,5.12=5.120, 'a'='A','A'='B','apple'='banana';
```

执行结果如图 5.20 所示。

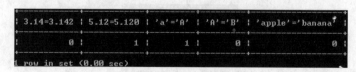

图 5.20　执行结果

因为在默认情况下 MySQL 以不区分大小写的方式比较字符串，所以表达式'a'='A'的结果为真。如果想执行区分大小写的比较，可以添加 BINARY 关键字，这意味着对字符串以二进制方式处理。当在字符串上执行比较运算时，MySQL 将区分字符串的大小写。

使用 BINARY 关键字示例如下：

```
select 'Apple'='apple' , BINARY 'Apple'='apple';
```

执行结果如图 5.21 所示。

图 5.21　执行结果

（2）"<>"运算符

与"="运算符相对立的是"<>"运算符，它用来检测表达式的两边是否不相等，如果不相等则返回真值，相等则返回假值，示例如下：

select 5<>5,5<>6,'a'<>'a','5a'<>'5b';

执行结果如图 5.22 所示。

图 5.22　执行结果

select NULL<>NULL, 0<>NULL, 0<>0;

执行结果如图 5.23 所示。

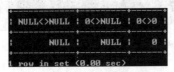

图 5.23　执行结果

（3）"<="、">="、"<"和">"运算符

<=、>=、<和>运算符用来比较表达式的左边是小于或等于、大于或等于、小于还是大于它的右边，示例如下：

select 10>10, 10>9, 10<9, 3.14>3.142;

执行结果如图 5.24 所示。

图 5.24　执行结果

5.3.3　逻辑运算符

逻辑运算符用于对某个条件进行测试，运算结果为 TRUE(1)或 FALSE(0)。MySQL 提供的逻辑运算符如表 5.6 所示。

表 5.6　　　　　　　　　　　　　　逻辑运算符

运算符	运算规则	运算符	运算规则
NOT 或!	逻辑非	OR 或||	逻辑或
AND 或&&	逻辑与	XOR	逻辑异或

（1）NOT 运算符

逻辑运算符中最简单的是 NOT 运算符，它对跟在它后面的逻辑测试判断取反，把真变假，假变真。例如：

```
select NOT 1, NOT 0, NOT(1=1),NOT(10>9);
```

执行结果如图 5.25 所示。

图 5.25　执行结果

（2）AND 运算符

AND 运算符用于测试两个或更多的值（或表达式求值）的有效性，如果它的所有成分为真，并且不是 NULL，它返回真值，否则返回假值。例如：

```
select (1=1) AND (9>10),('a'='a') AND ('c'<'d');
```

执行结果如图 5.26 所示。

图 5.26　执行结果

（3）OR 运算符

如果包含的值或表达式有一个为真，并且不是 NULL（不需要所有成分为真），它返回 1，若全为假则返回 0。例如：

```
select (1=1) OR (9>10), ('a'='b') OR (1>2);
```

执行结果如图 5.27 所示。

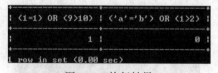

图 5.27　执行结果

（4）XOR 运算符

如果包含的值或表达式一个为真，而另一个为假并且不是 NULL，那么它返回真值，否则返回假值。例如：

```
select (1=1) XOR (2=3), (1<2) XOR (9<10);
```

执行结果如图 5.28 所示。

图 5.28　执行结果

5.3.4 位运算符

位运算符在两个表达式之间执行二进制位操作，这两个表达式的类型可为整型或与整型兼容的数据类型（如字符型，但不能为 image 类型），位运算符如表 5.7 所示。

表 5.7　　　　　　　　　　　　　　　位运算符

运　算　符	运　算　规　则	运　算　符	运　算　规　则
&	位 AND	~	位取反
|	位 OR	>>	位右移
^	位 XOR	<<	位左移

（1）"|"运算符和"&"运算符

"|"运算符用于执行一个位的或操作，而"&"用于执行一个位的与操作。例如：

```
select 13|28, 3|4,13&28, 3&4;
```

执行结果如图 5.29 所示。

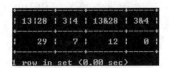

图 5.29　执行结果

本例中 13|28 表示按 13 和 28 的二进制位按位进行与（OR）操作。

（2）<<和>>运算符

<<和>>运算符分别用于向左和向右移动位，例如：

```
select 1<<7, 64>>1;
```

执行结果如图 5.30 所示。

图 5.30　执行结果

本例中 1 的二进制位向左移动 7 位，最后得到的十进制数为 128。64 的二进制位向右移动 1 位，最后得到的十进制数为 32。

（3）"^"运算符

"^"运算符执行位异或（XOR）操作：

```
select 1^0,12^5,123^23;
```

执行结果如图 5.31 所示。

图 5.31　执行结果

（4）"~"运算符

"~"运算符执行位取反操作，并返回 64 位整型结果：

```
select ~18446744073709551614, ~1;
```

执行结果如图 5.32 所示。

图 5.32　执行结果

另外，MySQL 提供的常用的运算符（如 BETWEEN 运算符、IN 运算符、IS NULL 和 IS NOT NULL 运算符、LIKE 运算符、REGEXP 运算符等）在 SELECT 语句中的 WHERE 子句中已经有过介绍，这里就不再展开讨论。

5.3.5　运算符优先级

当一个复杂的表达式有多个运算符时，运算符优先级决定执行运算的先后次序。执行的次序有时会影响所得到的运算结果。运算符优先级如表 5.8 所示。

表 5.8　　　　　　　　　　　　运算符优先级

运　算　符	优先级	运　算　符	优先级
+（正）、-（负）、~（按位 NOT）	1	NOT	6
*（乘）、/（除）、%（模）	2	AND	7
+（加）、-（减）	3	ALL、ANY、BETWEEN、IN、LIKE、OR、SOME	8
=, >, <, >=, <=, <>, != , !> , !<比较运算符	4	=（赋值）	9
^（位异或）、&（位与）、|（位或）	5		

在一个表达式中按先高（优先级数字小）后低（优先级数字大）的顺序进行运算。当一个表达式中的两个运算符有相同的优先等级时，根据它们在表达式中的位置，一般而言，一元运算符按从右向左的顺序运算，二元运算符对其从左到右进行运算。

表达式中可用括号改变运算符的优先性，先对括号内的表达式求值，然后对括号外的运算符进行运算时使用该值。若表达式中有嵌套的括号，则首先对嵌套最深的表达式求值。

5.3.6　表达式

（1）表达式就是常量、变量、列名、运算符和函数的组合。一个表达式通常可以得到一个值。与常量和变量一样，表达式的值也具有某种数据类型，可能的数据类型有字符类型、数值类型、日期时间类型。这样，根据表达式的值的类型，表达式可分为字符型表达式、数值型表达式和日期表达式。

（2）表达式还可以根据值的复杂性来分类。

① 当表达式的结果只是一个值，如一个数值、一个单词或一个日期，这种表达式叫作标量表达式。例如：1+2，'a'>'b'。

② 当表达式的结果是由不同类型数据组成的一行值，这种表达式叫作行表达式。

例如：

学号,'王林','计算机',50*10

当学号列的值为 081101 时，这个行表达式的值就为：

'081101','王林','计算机',500

③ 若是表达式的结果为 0 个、1 个或多个行表达式的集合，那么这个表达式就叫作表表达式。

（3）表达式按照形式还可分为单一表达式和复合表达式。单一表达式就是一个单一的值，如一个常量或列名。复合表达式是由运算符将多个单一表达式连接而成的表达式，例如：

1+2+3,a=b+3,'2008-01-20'+ INTERVAL 2 MONTH

表达式一般用在 SELECT 及 SELECT 语句的 WHERE 子句中。

5.4 系统内置函数

在设计 MySQL 数据库程序的时候，常常要调用系统提供的内置函数。这些函数使用户能够很容易地对表中的数据进行操作，开发者可以用最少的代码进行复杂的操作，这也是 MySQL 流行的重要原因之一。

本节将概述 MySQL 的各种内置函数，这些函数可分为以下几组。

5.4.1 数学函数

数学函数用于执行一些比较复杂的算术操作。数学函数若发生错误，所有的数学函数都会返回 NULL。下面对一些常用的数学函数进行举例。

（1）GREATEST()函数和 LEAST()函数

GREATEST()函数和 LEAST()函数的功能是获得一组数中的最大值和最小值，例如：

select GREATEST(10,9,128,1),LEAST(1,2,3);

执行结果如图 5.33 所示。

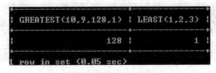

图 5.33 执行结果

数学函数还可以嵌套使用，例如：

select GREATEST(-2,LEAST(0,3)), LEAST(1,GREATEST(1,2));

执行结果如图 5.34 所示。

图 5.34 执行结果

 MySQL 不允许函数名和括号之间有空格。

（2）FLOOR()函数和 CEILING()函数

FLOOR()函数用于获得小于一个数的最大整数值，CEILING()函数用于获得大于一个数的最小整数值，例如：

select FLOOR(-1.2), CEILING(-1.2), FLOOR(9.9), CEILING(9.9);

执行结果如图 5.35 所示。

图 5.35 执行结果

（3）ROUND()函数和 TRUNCATE()函数

ROUND()函数用于获得一个数的四舍五入的整数值，例如：

select ROUND(5.1),ROUND(25.501),ROUND(9.8);

执行结果如图 5.36 所示。

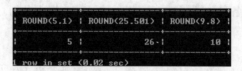

图 5.36 执行结果

TRUNCATE()函数用于把一个数字截取为一个指定小数个数的数字，逗号后面的数字表示指定小数的个数，例如：

select TRUNCATE(1.54578, 2),TRUNCATE(-76.12, 5);

执行结果如图 5.37 所示。

图 5.37 执行结果

（4）ABS()函数

ABS()函数用来获得一个数的绝对值，例如：

select ABS(-878),ABS(-8.345);

执行结果如图 5.38 所示。

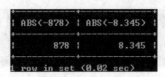

图 5.38　执行结果

（5）SIGN()函数

SIGN()函数返回数字的符号，返回的结果是正数（1）、负数（–1）或者零（0），例如：

```
select SIGN(-2),SIGN(2),SIGN(0);
```

执行结果如图 5.39 所示。

图 5.39　执行结果

（6）SQRT()函数

SQRT()函数返回一个数的平方根，例如：

```
select SQRT(25),SQRT(15),SQRT(1);
```

执行结果如图 5.40 所示。

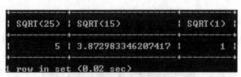

图 5.40　执行结果

（7）POW()函数

POW()函数以一个数作为另外一个数的指数，并返回结果，例如：

```
select POW(2,2),POW(10, -2),POW(0,3);
```

执行结果如图 5.41 所示。

图 5.41　执行结果

第一个数表示是 2 的 2 次方，第二个表示 10 的–2 次方。

（8）SIN()函数、COS()函数和 TAN()函数

SIN()函数、COS()函数和 TAN()函数返回一个角度（弧度）的正弦、余弦和正切值，例如：

```
select SIN(1),COS(1),TAN(RADIANS(45));
```

执行结果如图 5.42 所示。

图 5.42 执行结果

（9）ASIN()函数、ACOS()函数和 ATAN()函数

ASIN()函数、ACOS()函数和 ATAN()函数返回一个角度（弧度）的反正弦、反余弦和反正切值，例如：

```
select ASIN(1),ACOS(1),ATAN(DEGREES(45));
```

执行结果如图 5.43 所示。

图 5.43 执行结果

如果使用的是角度而不是弧度，可以使用 DEGREES()和 RADIANS()函数进行转换。

（10）BIN()函数、OTC()函数和 HEX()函数

BIN()函数、OTC()函数和 HEX()函数分别返回一个数的二进制、八进制和十六进制值，这个值作为字符串返回，例如：

```
select BIN(2),OCT(12),HEX(80);
```

执行结果如图 5.44 所示。

图 5.44 执行结果

5.4.2 聚合函数

聚合函数常常用于对一组值进行计算，然后返回单个值。通过把聚合函数（如 COUNT()函数和 SUM()函数）添加到带有一个 GROUP BY 子句的 SELECT 语句块中，数据就可以聚合。聚合意味着是求一个和、平均、频次及子和，而不是单个的值。有关聚合函数的内容请参考 SELECT语句介绍（3.1 节），这里不再讨论。

5.4.3 字符串函数

MySQL 有一套为字符串操作而设计的函数。在字符串函数中，包含的字符串必须要用单引号括起。下面对重要的一些字符串函数进行介绍。

（1）ASCII()函数

ASCII()函数的语法格式如下：

```
ASCII (char)
```

返回字符表达式最左端字符的 ASCII 值。参数 char 的类型为字符型的表达式，返回值为整型。

【例 5.16】返回字母 A 的 ASCII 码值。

```
select ASCII('A');
```
执行结果如图 5.45 所示。

图 5.45　执行结果

（2）CHAR()函数

CHAR()函数的语法格式如下：

```
char (x1,x2,x3,…)
```

将 x1、x2…的 ASCII 码转换为字符，结果组合成一个字符串。参数 x1、x2、x3…为介于 0 ~ 255 之间的整数，返回值为字符型。

【例 5.17】返回 ASCII 码值为 65、66、67 的字符，组成一个字符串。

```
select CHAR(65,66,67);
```

执行结果如图 5.46 所示。

图 5.46　执行结果

（3）LEFT()函数和 RIGHT()函数

LEFT()函数和 RIGHT()函数的语法格式如下：

```
LEFT | RIGHT ( str ,x )
```

分别返回从字符串 str 左边和右边开始指定的 x 个字符。

【例 5.18】返回 kc 表中课程名最左边的 3 个字符。

```
use xscj
select LEFT(课程名, 3)
from kc;
```

执行结果如图 5.47 所示。

图 5.47　执行结果

（4）TRIM()函数、LTRIM()函数和 RTRIM()函数

TRIM()函数、LTRIM()函数和 RTRIM()函数的语法格式如下：

```
TRIM | LTRIM | RTRIM(str)
```

使用 LTRIM()函数和 RTRIM()函数分别删除字符串中前面的空格和尾部的空格，返回值为字符串。参数 str 为字符型表达式，返回值类型为 varchar。

TRIM 删除字符串首部和尾部的所有空格。

【例 5.19】执行如下语句：
```
select TRIM('  MySQL   ');
```
执行结果如图 5.48 所示。

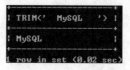

图 5.48 执行结果

（5）RPAD()函数和 LPAD()函数

RPAD()函数和 LPAD()函数的语法格式如下：
```
RPAD | LPAD( str, n, pad)
```
使用 RPAD()函数和 LPAD()函数意味着分别用字符串 pad 对字符串 str 的右边和左边进行填补，直至 str 中字符数目达到 n 个，最后返回填补后的字符串。若 str 中的字符个数大于 n，则返回 str 的前 n 个字符。

【例 5.20】执行如下语句：
```
select RPAD('中国梦',8, '!'), LPAD('welcome',10, '*');
```
执行结果如图 5.49 所示。

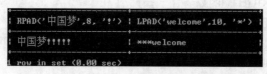

图 5.49 执行结果

（6）REPLACE()函数

REPLACE()函数的语法格式如下：
```
REPLACE (str1 , str2 , str3 )
```
REPLACE()函数用于用字符串 str3 替换 str1 中所有出现的字符串 str2，最后返回替换后的字符串。

【例 5.21】执行如下语句：
```
select REPLACE('Welcome to CHINA', 'o', 'K');
```
执行结果如图 5.50 所示。

图 5.50 执行结果

（7）CONCAT()函数

CONCAT()函数的语法格式如下：

```
CONCAT(s1,s2,…sn)
```
CONCAT()函数用于连接指定的几个字符串。

【例 5.22】执行如下语句：
```
select CONCAT('中国梦', '我的梦');
```
执行结果如图 5.51 所示。

图 5.51　执行结果

（8）SUBSTRING()函数

SUBSTRING()函数的语法格式如下：
```
SUBSTRING (expression , Start, Length )
```
返回 expression 中指定的部分数据。参数 expression 可为字符串、二进制串、text、image 字段或表达式。Start、Length 均为整型，前者指定子串的开始位置，后者指定子串的长度（要返回字节数）。如果 expression 是字符类型和二进制类型，则返回值类型与 expression 的类型相同。如果为 text 类型，返回的是 varchar 类型。

【例 5.23】如下程序在一列中返回 xs 表中所有女同学的姓氏，在另一列中返回名字。
```
use xscj
    select SUBSTRING(姓名, 1,1) as 姓, SUBSTRING(姓名,
2, length(姓名)- 1) as 名
        from xs
        where 性别=0
        order by 姓名;
```
执行结果如图 5.52 所示。

图 5.52　执行结果

　LENGTH 函数的作用是返回一个字符串的长度。

（9）STRCMP()函数

STRCMP()函数的语法格式如下：
```
STRCMP(s1,s2)
```
STRCMP()函数用于比较两个字符串，相等返回 0，s1 大于 s2 返回 1，s1 小于 s2 返回–1。

【例5.24】执行如下语句：
```
select STRCMP('A', 'A'), STRCMP('ABC', 'OPQ'),STRCMP('T', 'B');
```
执行结果如图 5.53 所示。

图 5.53　执行结果

5.4.4　日期和时间函数

MySQL 有很多日期和时间数据类型，所以有相当多的操作日期和时间的函数。下面介绍几个比较重要的函数。

（1）NOW()函数

使用 NOW()函数可以获得当前的日期和时间，它以"YYYY-MM-DD HH：MM：SS"的格式返回当前的日期和时间，格式如下：
```
select NOW();
```
（2）CURTIME()函数和 CURDATE()函数

CURTIME()函数和 CURDATE()函数比 NOW()函数更为具体化，它们分别返回的是当前的时间和日期，没有参数，格式如下：
```
select CURTIME(),CURDATE();
```
（3）YEAR()函数

YEAR()函数分析一个日期值并返回其中关于年的部分，例如：
```
select YEAR(20080512142800),YEAR('1982-11-02');
```
执行结果如图 5.54 所示。

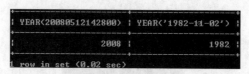

图 5.54　执行结果

（4）MOTNTH()函数和 MONTHNAME()函数

MOTNTH()函数和 MONTHNAME()函数分别以数值和字符串的格式返回月的部分，例如：
```
select MONTH(20080512142800), MONTHNAME('1982-11-02');
```
执行结果如图 5.55 所示。

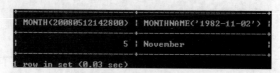

图 5.55　执行结果

（5）DAYOFYEAR()函数、DAYOFWEEK()函数和 DAYOFMONTH()函数

DAYOFYEAR()函数、DAYOFWEEK()函数和 DAYOFMONTH()函数分别返回这一天在一年、

一星期及一个月中的序数，例如。
```
select DAYOFYEAR(20080512),DAYOFMONTH('2008-05-12');
```
执行结果如图 5.56 所示。

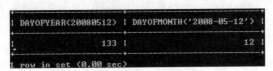

图 5.56　执行结果

```
select DAYOFWEEK(20080512);
```
执行结果如图 5.57 所示。

图 5.57　执行结果

（6）DAYNAME()函数

和 MONTHNAME()函数相似，DAYNAME()函数以字符串形式返回星期名，例如：
```
select DAYNAME('2008-06-01');
```
执行结果如图 5.58 所示。

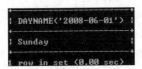

图 5.58　执行结果

（7）WEEK()函数和 YEARWEEK()函数

WEEK()函数返回指定的日期是一年的第几个星期，而 YEARWEEK()函数返回指定的日期是哪一年的哪一个星期，例如：
```
select WEEK('2008-05-01'),YEARWEEK(20080501);
```
执行结果如图 5.59 所示。

图 5.59　执行结果

（8）HOUR()函数、MINUTE()函数和 SECOND()函数

HOUR()函数、MINUTE()函数和 SECOND()函数分别返回时间值的小时、分钟和秒的部分，例如：
```
select HOUR(155300),MINUTE('15:53:00'),SECOND(143415);
```
执行结果如图 5.60 所示。

图 5.60　执行结果

（9）DATE_ADD()函数和 DATE_SUB()函数

DATE_ADD()函数和 DATE_SUB()函数可以对日期和时间进行算术操作，它们分别用来增加和减少日期值，其使用的关键字如表 5.9 所示。

表 5.9　　　　　　　DATE_ADD()函数和 DATE_SUB()函数使用的关键字

关　键　字	间隔值的格式	关　键　字	间隔值的格式
DAY	日期	MINUTE	分钟
DAY_HOUR	日期：小时	MINUTE_SECOND	分钟：秒
DAY_MINUTE	日期：小时：分钟	MONTH	月
DAY_SECOND	日期：小时：分钟：秒	SECOND	秒
HOUR	小时	YEAR	年
HOUR_MINUTE	小时：分钟	YEAR_MONTH	年-月
HOUR_SECOND	小时：分钟：秒		

DATE_ADD()函数和 DATE_SUB()函数的语法格式为：

`DATE_ADD | DATE_SUB(date, INTERVAL int keyword)`

date 是需要的日期和时间，INTERVAL 关键字表示一个时间间隔。int 表示需要计算的时间值，keyword 已经在表 5.9 中列出。DATE_ADD 函数是计算 date 加上间隔时间后的值，DATE_SUB 则是计算 date 减去时间间隔后的值。

举例：

`select DATE_ADD('2014-08-08', INTERVAL 17 DAY);`

执行结果如图 5.61 所示。

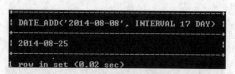

图 5.61　执行结果

`select DATE_SUB('2014-08-20 10:25:35', INTERVAL 20 MINUTE);`

执行结果如图 5.62 所示。

图 5.62　执行结果

日期和时间函数在 SQL 语句中应用相当广泛。

【例 5.25】求 xs 表中所有女学生的年龄。

```
use xscj
select 学号,姓名, YEAR(NOW())-YEAR(出生日期) as 年龄
    from xs
    where 性别=0;
```

执行结果如图 5.63 所示。

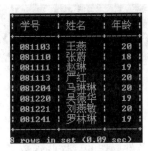

图 5.63　执行结果

5.4.5　加密函数

MySQL 特意设计了一些函数对数据进行加密。这里简单介绍如下几个函数。

（1）AES_ENCRYPT()函数和 AES_DECRYPT()函数

AES_ENCRYPT()函数和 AES_DECRYPT()函数的语法格式如下：

```
AES_ENCRYPT | AES_DECRYPT(str,key)
```

AES_ENCRYPT()函数和 AES_DECRYPT()函数可以被看作 MySQL 中普遍使用的最安全的加密函数。

AES_ENCRYPT()函数返回的是密钥 key 对字符串 str 利用高级加密标准（AES）算法加密后的结果，结果是一个二进制的字符串，以 BLOB 类型存储。

AES_DECRYPT 函数用于对用高级加密方法加密的数据进行解密。若检测到无效数据或不正确的填充，函数会返回 NULL。

（2）ENCODE()函数和 DECODE()函数

ENCODE()函数和 DECODE()函数的语法格式如下：

```
ENCODE | DECODE(str,key)
```

ENCODE()函数用来对一个字符串 str 进行加密，返回的结果是一个二进制字符串，以 BLOB 类型存储。

DECODE()函数使用正确的密钥对加密后的值进行解密。

与上面的 AES_ENCRYPT()函数和 AES_DECRYPT()函数相比，这两个函数加密程度相对较弱。

（3）ENCRYPT()函数

ENCRYPT()函数使用 UNIX crypt()系统加密字符串，接收要加密的字符串和用于加密过程的 salt（一个可以确定唯一口令的字符串）。该函数在 Windows 上不可用。

ENCRYPT()函数的语法格式如下：

```
ENCRYPT(str,salt)
```

（4）PASSWORD()函数

PASSWORD()函数的语法格式如下：

```
PASSWORD(str)
```

返回字符串 str 加密后的密码字符串，适合于插入到 MySQL 的安全系统。该加密过程不可逆，

和 UNIX 密码加密过程使用不同的算法。主要用于 MySQL 的认证系统。

【例 5.26】返回字符串"MySQL"的加密版本。

```
select PASSWORD('MySQL');
```

执行结果如图 5.64 所示。

图 5.64　执行结果

5.4.6　控制流函数

MySQL 有几个函数是用来进行条件操作的。这些函数可以实现 SQL 的条件逻辑，允许开发者将一些应用程序业务逻辑转换到数据库后台。

（1）IFNULL()函数和 NULLIF()函数

IFNULL()函数的语法格式为：

```
IFNULL(expr1,expr2)
```

此函数的作用是：判断参数 expr1 是否为 NULL，当参数 expr1 为 NULL 时返回 expr2，不为 NULL 时返回 expr1。IFNULL()函数的返回值是数字或字符串。

【例 5.27】执行如下语句：

```
select IFNULL(1,2), IFNULL(NULL, 'MySQL'), IFNULL(1/0, 10);
```

执行结果如图 5.65 所示。

图 5.65　执行结果

NULLIF()函数的语法格式为：

```
NULLIF(expr1,expr2)
```

NULLIF()函数用于检验提供的两个参数是否相等，如果相等，则返回 NULL，如果不相等就返回第一个参数。

【例 5.28】执行如下语句：

```
select NULLIF(1,1), NULLIF('A', 'B'), NULLIF(2+3, 3+4);
```

执行结果如图 5.66 所示。

图 5.66　执行结果

（2）IF()函数

和许多脚本语言提供的 IF()函数一样，MySQL 的 IF()函数也可以建立一个简单的条件测试。

IF()函数的语法格式如下：

```
IF(expr1,expr2,expr3)
```

这个函数有 3 个参数，第一个是要被判断的表达式，如果表达式为真，IF()将会返回第二个参数；如果为假，IF()将会返回第三个参数。

【例 5.29】判断 2*4 是否大于 9-5，是则返回"是"，否则返回"否"。

```
select IF(2*4>9-5, '是', '否');
```

执行结果如图 5.67 所示。

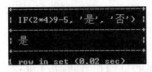

图 5.67　执行结果

【例 5.30】返回 xs 表名字为两个字的学生姓名、性别和专业名。性别值如为 0 显示"女"，为 1 则显示"男"。

```
select 姓名, IF(性别=0, '女', '男')  as 性别, 专业名
    from xs
    where 姓名 like '__';
```

执行结果如图 5.68 所示。

图 5.68　执行结果

　　　　　IF()函数在只有两种可能结果时才适合使用。

5.4.7　格式化函数

MySQL 还有一些函数是特意为格式化数据设计的。

（1）FORMAT()函数

FORMAT()函数的语法格式如下：

```
FORMAT(x, y)
```

FORMAT()函数把数值格式化为以逗号间隔的数字序列。FORMAT()的第一个参数 x 是被格式化的数据，第二个参数 y 是结果的小数位数，例如：

```
select FORMAT(11111111111.23654,2), FORMAT(-5468,4);
```

执行结果如图 5.69 所示。

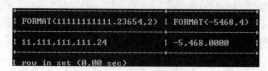

图 5.69　执行结果

（2）DATE_FORMAT()函数和 TIME_FORMAT()函数

DATE_FORMAT()函数和 TIME_FORMAT()函数可以用来格式化日期和时间值，其语法格式如下：

```
DATE_FORMAT/ TIME_FORMAT(date | time, fmt)
```

其中，date 和 time 是需要格式化的日期和时间值，fmt 是日期和时间值格式化的形式，表 5.10 列出了 MySQL 中的日期/时间格式化代码。

表 5.10　　　　　　　　　　MySQL 日期/时间格式化代码

关　键　字	间隔值的格式	关　键　字	间隔值的格式
%a	缩写的星期名（Sun, Mon...）	%p	AM 或 PM
%b	缩写的月份名（Jan, Feb...）	%r	时间，12 小时的格式
%d	月份中的天数	%S	秒（00, 01）
%H	小时（01, 02...）	%T	时间，24 小时的格式
%I	分钟（00, 01...）	%w	一周中的天数（0, 1）
%j	一年中的天数（001, 002...）	%W	长型星期的名字（Sunday, Monday...）
%m	月份，2 位（00,01...）	%Y	年份，4 位
%M	长型月份的名字（January, February）		

举例：

```
select DATE_FORMAT(NOW(), '%W,%d,%M, %Y  %r');
```

执行结果如图 5.70 所示。

图 5.70　执行结果

 这两个函数是对大小写敏感的。

（3）INET_NTOA()函数和 INET_ATON()函数

MySQL 中的 INET_NTOA()函数和 INET_ATON()函数可以分别把 IP 地址转换为数字或者进行相反的操作。如下面的例子所示：

```
select INET_ATON('192.168.1.1');
```

执行结果如图 5.71 所示。

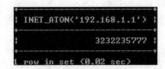

图 5.71 执行结果

5.4.8 类型转换函数

MySQL 提供 CAST()函数进行数据类型转换,它可以把一个值转换为指定的数据类型。CAST()函数的语法格式如下:

```
CAST(expr, AS type)
```

expr 是 CAST()函数要转换的值,type 是转换后的数据类型。

在 CAST()函数中 MySQL 支持这几种数据类型:BINARY、CHAR、DATE、TIME、DATETIME、SIGNED 和 UNSIGNED。

通常情况下,当使用数值操作时,字符串会自动地转换为数字,因此下面例子中两种操作得到相同的结果:

```
select 1+'99', 1+CAST('99' AS SIGNED);
```

执行结果如图 5.72 所示。

字符串可以指定为 BINARY 类型,这样它们的比较操作就是对大小写敏感的。使用 CAST()函数指定一个字符串为 BINARY 和字符串前面使用 BINARY 关键词具有相同的作用。

【例 5.31】执行如下语句:

```
select 'a'=BINARY 'A', 'a'=CAST('A' AS BINARY);
```

执行结果如图 5.73 所示。

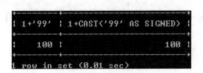
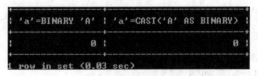

图 5.72 执行结果　　　　　　图 5.73 执行结果

　　两个表达式的结果都为零,表示两个表达式都为假。

MySQL 还可以强制将日期和时间函数的值作为一个数而不是字符串输出。

【例 5.32】将当前日期显示成数值形式。

```
select CAST(CURDATE() AS SIGNED);
```

执行结果如图 5.74 所示。

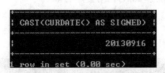

图 5.74 执行结果

当用户要把数据移动到一个新的 DBMS 时,CAST()函数就显得尤其有用,因为它允许用户把值从旧数据类型转变为新的数据类型,以使它们更适合新系统。

5.4.9 系统信息函数

MySQL 还具有一些特殊函数用来获得系统本身的信息，表 5.11 列出了大部分信息函数。

表 5.11　　　　　　　　　　　　　　MySQL 信息函数

函　　数	功　　能
DATABASE()	返回当前数据库名
BENCHMARK(n, expr)	将表达式 expr 重复运行 n 次
CHARSET(str)	返回字符串 str 的字符集
CONNECTION_ID()	返回当前客户的连接 ID
FOUND_ROWS()	将最后一个 SELECT 查询（没有以 LIMIT 语句进行限制）返回的记录行数返回
GET_LOCK(str, dur)	获得一个由字符串 str 命名的并且有 dur 秒延时的锁定
IS_FREE_LOCK(str)	检查以 str 命名的锁定是否释放
LAST_INSERT_ID()	返回由系统自动产生的最后一个 AUTOINCREMENT ID 的值
MASTER_POS_WAIT(log, pos, dur)	锁定主服务器 dur 秒直到从服务器与主服务器的日志 log 指定的位置 pos 同步
RELEASE_LOCK(str)	释放由字符串 str 命名的锁定
USER()或 SYSTEM_USER()	返回当前登录用户名
VERSION()	返回 MySQL 服务器的版本

下面对其中一些信息函数进行举例：

（1）DATABASE()函数、USER()函数和 VERSION()函数可以分别返回当前所选数据库、当前用户和 MySQL 版本信息：

```
select DATABASE(),USER(), VERSION();
```

执行结果如图 5.75 所示。

图 5.75　执行结果

（2）BENCHMARK()函数用于重复执行 n 次表达式 expr。它可以被用于计算 MySQL 处理表达式的速度，结果值通常为零。另一种用处来自 MySQL 客户端内部，能够报告问询执行的次数，用户可以根据经过的时间值推断服务器的性能。例如：

```
select BENCHMARK(10000000, ENCODE('hello','goodbye'));
```

执行结果如图 5.76 所示。

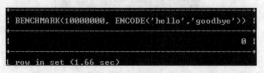

图 5.76　执行结果

这个例子中，MySQL 计算 ENCODE('hello','goodbye')表达式 10 000 000 次仅需要 1.66 秒！

（3）FOUND_ROWS()函数用于返回最后一个 SELECT 语句返回的记录行的数目。

如最后执行的 SELECT 语句是：

```
select * from xs;
```

之后再执行如下语句：

```
select FOUND_ROWS();
```

执行结果如图 5.77 所示。

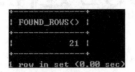

图 5.77　执行结果

说明

　　SELECT 语句可能包括一个 LIMIT 子句，用来限制服务器返回客户端的行数。在有些情况下，需要不用再次运行该语句而得知在没有 LIMIT 时到底该语句返回了多少行。为了知道这个行数，在 SELECT 语句中选择 SQL_CALC_FOUND_ROWS，随后调用 FOUND_ROWS()。

例如，执行如下语句：

```
select SQL_CALC_FOUND_ROWS * from xs where 性别=1 limit 5;
select FOUND_ROWS();
```

FOUND_ROWS()函数显示在没有 LIMIT 子句的情况下，SELECT 语句所返回的行数。

执行结果如图 5.78 所示。

图 5.78　执行结果

习　题

1．举例说明各种类型的常量。
2．使用用户变量有什么好处？
3．为什么用户变量是本地的而不是全局的？
4．定义用户变量 TODAY，并使用一条 SET 语句和一条 SELECT 语句把当前的日期赋值给它。
5．定义用户变量 TODAY 并且赋值，然后在 SQL 语句中使用它。为什么在 SQL 语句使用用户变量需要加@？
6．举例说明使用全局系统变量和会话系统变量的不同。
7．MySQL 函数一共有几种？列举说明它们各自的典型用法。

第 6 章 MySQL 过程式数据库对象

MySQL 自 5.0 版本开始支持存储过程、存储函数、触发器和事件功能的实现。本章讨论这 4 种过程式数据库对象。

6.1 存储过程

在 MySQL 中，可以定义一段程序存放在数据库中，这样的程序称为存储过程，它是最重要的数据库对象之一。存储过程实质上就是一段代码，它可以由声明式 SQL 语句（如 CREATE、UPDATE 和 SELECT 等）和过程式 SQL 语句（如 IF-THEN-ELSE）组成。存储过程可以由程序、触发器或者另一个存储过程来调用，从而激活它。

存储过程的优点如下：

（1）存储过程在服务器端运行，执行速度快。

（2）存储过程执行一次后，其执行规划就驻留在高速缓冲存储器，在以后的操作中，只需从高速缓冲存储器中调用已编译好的二进制代码执行，提高了系统性能。

（3）确保数据库安全。使用存储过程可以完成所有数据库操作，并可通过编程方式控制对数据库信息的访问。

6.1.1 创建存储过程

创建存储过程命令如下，其语法格式为：

```
CREATE PROCEDURE 存储过程名 ([参数 ...])
    [特征 ...] 存储过程体
```

1. 存储过程参数

参数格式为：

```
[ IN | OUT | INOUT ] 参数名 参数类型
```

- 系统默认在当前数据库中创建。需要在特定数据库中创建存储过程时，则要在名称前面加上数据库的名称，格式为：

  数据库名.存储过程名

- 当存储过程有多个参数的时候中间用逗号隔开。MySQL 存储过程支持三种类型的参数：输入参数、输出参数和输入/输出参数，关键字分别是 IN、OUT 和 INOUT。输入参数使数据可以传递给一个存储过程。当需要返回一个答案或结果的时候，使用输出参数。输入/输出参数既可以充当输入参数也可以充当输出参数。

存储过程可以有 0 个、1 个或多个参数。存储过程即使不加参数，名称后面的括号也是不可省略的。

参数的名字不要采用列的名字，否则虽然不会返回出错消息，但是存储过程中的 SQL 语句会将参数名看作列名，从而引发不可预知的结果。

2. 存储过程特征
特征格式为：
```
LANGUAGE SQL
| [NOT] DETERMINISTIC
| { CONTAINS SQL | NO SQL | READS SQL DATA | MODIFIES SQL DATA }
| SQL SECURITY { DEFINER | INVOKER }
| COMMENT 'string'
```

- LANGUAGE SQL：表明编写这个存储过程的语言为 SQL 语言。目前来讲，MySQL 存储过程还不能用外部编程语言来编写，也就是说，这个选项可以不指定，将来会对其扩展，最有可能第一个被支持的语言是 PHP。
- DETERMINISTIC：设置为 DETERMINISTIC 表示存储过程对同样的输入参数产生相同的结果，设置为 NOT DETERMINISTIC 则表示会产生不确定的结果。默认为 NOT DETERMINISTIC。
- CONTAINS SQL：表示存储过程不包含读或写数据的语句。

NO SQL：表示存储过程不包含 SQL 语句。
READS SQL DATA：表示存储过程包含读数据的语句，但不包含写数据的语句。
MODIFIES SQL DATA：表示存储过程包含写数据的语句。如果这些特征没有明确给定，默认的是 CONTAINS SQL。

- SQL SECURITY：可以用来指定存储过程是使用创建该存储过程的用户（DEFINER）的许可来执行，还是使用调用者（INVOKER）的许可来执行。默认值是 DEFINER。
- COMMENT 'string'：对存储过程的描述（就是备注），string 为描述内容。这个信息可以用 SHOW CREATE PROCEDURE 语句来显示。

3. 存储过程体
存储过程体包含了在过程调用的时候必须执行的语句，这个部分总是以 BEGIN 开始，以 END 结束。当然，当存储过程体中只有一个 SQL 语句时可以省略 BEGIN-END 标志。

在 MySQL 中，服务器处理语句的时候是以分号为结束标志的。但是在创建存储过程的时候，存储过程体中可能包含多个 SQL 语句，每个 SQL 语句都是以分号为结尾的，这时服务器处理程序的时候遇到第一个分号就会认为程序结束，这肯定是不行的。所以使用"DELIMITER 结束符号"命令将 MySQL 语句的结束标志修改为其他符号。最后再使用"OPDELIMITER ;"恢复以分号为结束标志。

【例 6.1】用存储过程实现删除一个特定学生的信息。
```
delimiter $$
```

```
create procedure  delete_student(in xh char(6))
begin
    delete from xs where 学号=xh;
end $$
delimiter ;
```

当调用这个存储过程时，MySQL 根据提供的参数 xh 的值，删除对应在 xs 表中的数据。调用存储过程的命令是 CALL 命令，后面 6.1.4 节会讲到。

6.1.2 存储过程体

在存储过程体中可以使用所有的 SQL 语句类型，包括所有的 DLL、DCL 和 DML 语句。当然，过程式语句也是允许的。其中也包括变量的定义和赋值。

1．局部变量

在存储过程中可以声明局部变量，它们可以用来存储临时结果。

要声明局部变量必须使用 DECLARE 语句，在声明局部变量的同时也可以对其赋一个初始值，如果不指定默认为 NULL，其语法格式如下：

```
DECLARE 变量名 ... 类型 [默认值]
```

例如，声明一个整型变量和两个字符变量。

```
declare num int(4);
declare str1, str2 varchar(6);
```

局部变量只能在 BEGIN…END 语句块中声明，而且必须在存储过程的开头。声明完后，可以在声明它的 BEGIN…END 语句块中使用该变量，其他语句块中不可以使用它。在存储过程中也可以声明用户变量。局部变量和用户变量的区别在于：局部变量前面没有使用@符号，局部变量在其所在的 BEGIN…END 语句块处理完后就消失了，而用户变量存在于整个会话当中。

2．使用 SET 语句赋值

要给局部变量赋值可以使用 SET 语句，SET 语句也是 SQL 本身的一部分，其语法格式如下：

```
SET 变量名 = expr [, 变量名 = expr] ...
```

例如，在存储过程中给局部变量赋值。

```
set num=1, str1= 'hello';
```

3．SELECT…INTO 语句

使用这个 SELECT…INTO 语句可以把选定的列值直接存储到变量中。因此，返回的结果只能有一行，其语法格式如下：

```
SELECT 列名[,...] INTO 变量名[,...]  table_expr
```

其中：table_expr 是 SELECT 语句中的 FROM 子句及后面的部分。

【例 6.2】在存储过程体中，将 xs 表中的学号为"081101"的学生姓名和专业名的值分别赋给变量 name 和 project。语句如下：

```
select 姓名,专业名 into name, project
    from xs;
    where 学号= '081101';
```

该语句只能在存储过程体中使用。变量 name 和 project 需要在之前经过声明。通过该语句赋值的变量可以在语句块的其他语句中使用。

4. 流程控制语句

在 MySQL 中，常见的过程式 SQL 语句可以用在一个存储过程体中。例如：IF 语句、CASE 语句、LOOP 语句、WHILE 语句、ITERATE 语句和 LEAVE 语句。

（1）IF 语句

IF-THEN-ELSE 语句可根据不同的条件执行不同的操作，其语法格式如下：

```
IF 条件 THEN 语句
[ELSEIF 条件 THEN 语句] ...
[ELSE 语句]
END IF
```

当条件为真时，就执行相应的 SQL 语句。SQL 语句可以是一个或者多个。

【例 6.3】创建 xscj 数据库的存储过程，判断两个输入的参数哪一个更大。

```
delimiter $$
create procedure xscj.compar
        (in k1 integer, in k2 integer, out k3 char(6) )
begin
    if k1>k2 then
        set k3= '大于';
    elseif k1=k2 then
        set k3= '等于';
    else
        set k3= '小于';
    end if;
end$$
delimiter ;
```

存储过程中 k1 和 k2 是输入参数，k3 是输出参数。

（2）CASE 语句

这里介绍 CASE 语句在存储过程中的用法，与之前略有不同，其语法格式如下：

```
CASE expr
    WHEN 值1 THEN 语句
    [WHEN 值2 THEN 语句]
    ...
    [ELSE 语句]
END CASE
```

或者：

```
CASE
    WHEN 条件1 THEN 语句
```

```
    [WHEN 条件 2 THEN 语句]
    ...
    [ELSE 语句]
END CASE
```

一个 CASE 语句经常可以充当一个 IF-THEN-ELSE 语句。

第一种格式中 expr 是要被判断的表达式,接下来是一系列的 WHEN-THEN 块,每一块的值 i 指定要与 expr 的值比较,如果为真,就执行相应 SQL 语句。如果前面的每一个块都不匹配就会执行 ELSE 块指定的语句。CASE 语句最后以 END CASE 结束。

第二种格式中 CASE 关键字后面没有参数,在 WHEN-THEN 块中,条件指定了一个比较表达式,表达式为真时执行 THEN 后面的语句。与第一种格式相比,这种格式能够实现更为复杂的条件判断,使用起来更方便。

【例 6.4】创建一个存储过程,针对参数的不同,返回不同的结果。

```
delimiter $$
create procedure xscj.result
        (in str varchar(4), out sex varchar(4) )
begin
 case str
    when 'm' then set sex='男';
    when 'f' then set sex='女';
    else  set sex='无';
 end case;
end$$
delimiter ;
```

用第二种格式的 CASE 语句创建以上存储过程,程序片段如下:

```
case
    when str='m' then set sex='男';
    when str='f' then set sex='女';
    else  set sex='无';
end case;
```

(3)循环语句

在存储过程中可以定义 0 个、1 个或多个循环语句。MySQL 支持 3 种循环语句:WHILE、REPEAT 和 LOOP 语句。

① WHILE 语句的语法格式如下:

```
[begin_label:]
WHILE 条件  DO
    语句
END WHILE [end_label]
```

语句首先判断条件是否为真,为真则执行对应的语句,然后再次进行判断,为真则继续循环,不为真则结束循环。
　　begin_label 和 end_label 是 WHILE 语句的标注。除非 begin_label 存在,否则 end_label 不能被给出,并且如果两者都出现,它们的名字必须是相同的。

【例6.5】创建一个带 WHILE 循环的存储过程。

```
delimiter $$
create procedure mydowhile()
begin
   declare v1 int default 5;
   while  v1 > 0  do
       set v1 = v1-1;
   end while;
end$$
delimiter ;
```

当调用这个存储过程时,首先判断 v1 的值是否大于零,如果大于零则执行 v1-1,否则结束循环。

② REPEAT 语句的语法格式如下:

```
[begin_label:]
REPEAT
    语句
    UNTIL 条件
END REPEAT [end_label]
```

REPEAT 语句首先执行指定的语句,然后判断条件是否为真,为真则停止循环,不为真则继续循环。REPEAT 也可以被标注。

用 REPEAT 语句创建一个如前例的存储过程,程序片段如下:

```
repeat
   v1=v1-1;
   until v1<1;
end repeat;
```

REPEAT 语句和 WHILE 语句的区别在于:REPEAT 语句先执行语句,后进行判断;而 WHILE 语句是先判断,条件为真时才执行语句。

③ LOOP 语句的语法格式如下:

```
[begin_label:]
LOOP
    语句
END LOOP [end_label]
```

LOOP 允许某特定语句或语句群的重复执行,实现一个简单的循环构造。在循环内的语句一直重复至循环被退出,退出时通常伴随着一个 LEAVE 语句。

LEAVE 语句经常和 BEGIN...END 或循环一起使用,结构如下:

```
LEAVE  label
```

label 是语句中标注的名字,这个名字是自定义的。加上 LEAVE 关键字就可以用来退出被标注的循环语句。

【例6.6】创建一个带 LOOP 语句的存储过程。

```
delimiter $$
```

```
create procedure mydoloop()
begin
   set @a=10;
   label: loop
        set @a=@a-1;
        if @a<0 then
            leave label;
        end if;
   end loop label;
end$$
delimiter ;
```

语句中,首先定义了一个用户变量并赋值为10,接着进入LOOP循环,标注为Label,执行减1语句,然后判断用户变量a是否小于0,是则使用LEAVE语句跳出循环。

我们调用此存储过程来查看最后结果。调用该存储过程使用如下命令:
```
call mydoloop();
```
接着,查看用户变量的值:
```
select @a;
```
执行结果如图6.1所示。

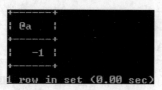

图6.1 执行结果

可以看到,用户变量a的值已经变成-1了。

另外,循环语句中还有一个ITERATE语句,它只可以出现在LOOP、REPEAT和WHILE语句内,意为"再次循环"。它的格式为:
```
ITERATE label
```

LEAVE语句是离开一个循环,而ITERATE语句是重新开始一个循环。

5. 处理程序和条件

在存储过程中处理SQL语句可能导致一条错误消息。例如,向一个表中插入新的行而主键值已经存在,这条INSERT语句会导致一个出错消息,并且MySQL立即停止对存储过程的处理。每一个错误消息都有一个唯一代码和一个SQLSTATE代码。例如,SQLSTATE 23000属于如下的出错代码:
```
Error 1022, "Can't write;duplicate key in table"
Error 1048, "Column cannot be null"
Error 1052, "Column is ambiguous"
Error 1062, "Duplicate entry for key"
```

MySQL官方手册的"错误消息和代码"一章中列出了所有的出错消息及它们各自的代码。

为了防止MySQL在一条错误消息产生时就停止处理,需要使用到DECLARE HANDLER语句。

DECLARE HANDLER 语句为错误代码声明了一个所谓的处理程序，它指明：对一条 SQL 语句的处理如果导致一条错误消息，将会发生什么。

DECLARE HANDLER 语句的语法格式如下：

```
DECLARE 处理程序的类型 HANDLER FOR condition_value[,...] 存储过程语句
```

（1）处理程序的类型

处理程序的类型主要有三种：CONTINUE、EXIT 和 UNDO。

对于 CONTINUE 处理程序，MySQL 不中断存储过程的处理。

对于 EXIT 处理程序，当前 BEGIN...END 复合语句的执行被终止。

UNDO 处理程序类型语句暂时还不被支持。

（2）condition_value

condition_value 格式如下：

```
  SQLSTATE [VALUE] sqlstate_value
| condition_name
| SQLWARNING
| NOT FOUND
| SQLEXCEPTION
| mysql_error_code
```

sqlstate_value 给出 SQLSTATE 的代码表示。

condition_name 是处理条件的名称。

SQLWARNING 是对所有以 01 开头的 SQLSTATE 代码的速记、NOT FOUND 是对所有以 02 开头的 SQLSTATE 代码的速记、SQLEXCEPTION 是对所有没有被 SQLWARNING 或 NOT FOUND 捕获的 SQLSTATE 代码的速记。当用户不想为每个可能的出错消息都定义一个处理程序时可以使用以上三种形式。

mysql_error_code 是具体的 SQLSTATE 代码。除了 SQLSTATE 值，MySQL 错误代码也被支持，表示的形式为：ERROR= 'xxxx'。

（3）存储过程语句

存储过程语句是处理程序激活时将要执行的动作。

【例 6.7】创建一个存储过程，向 xs 表插入一行数据（'081101', '王民', '计算机', 1, '1994-02-10', 50 , NULL, NULL），已知学号 081101 在 XS 表中已存在。如果出现错误，程序继续进行。

```
use xscj;
delimiter $$
create procedure my_insert ()
begin
    declare continue handler for sqlstate '23000' set @x2=1;
    set @x=2;
    insert into xs values('081101', '王民', '计算机', 1, '1994-02-10', 50 , null, null);
    set @x=3;
end$$
delimiter ;
```

调用存储过程查看结果的语法格式为：

```
call my_insert();
select @x;
```

执行结果如图 6.2 所示。

图 6.2 执行结果

本例中,INSERT 语句导致的错误消息刚好是 SQLSTATE 代码中的一条。接下来执行处理程序的附加语句(SET @x2=1)。此后,MySQL 检查处理程序的类型,这里的类型为 CONTINUE,因此存储过程继续处理,将用户变量 x 赋值为 3。如果这里的 INSERT 语句能够执行,处理程序将不被激活,用户变量 x2 将不被赋值。

不能为同一个出错消息在同一个 BEGIN-END 语句块中定义两个或更多的处理程序。

为了提高可读性,可以使用 DECLARE CONDITION 语句为一个 SQLSTATE 或出错代码定义一个名字,并且可以在处理程序中使用这个名字,其语法格式如下:

```
DECLARE condition_name CONDITION FOR condition_value
```

其中,condition_name 是处理条件的名称,condition_value 为要定义别名的 SQLSTATE 或出错代码。作用同 DECLARE HANDLER。

【例 6.8】修改前例中的存储过程,将 SQLSTATE '23000' 定义成 NON_UNIQUE,并在处理程序中使用这个名称,程序片段为:

```
begin
    declare non_unique condition for sqlstate '23000';
    declare continue handler for non_unique set @x2=1;
    set @x=2;
    insert into xs values('081101', '王民', '计算机', 1, '1994-02-10', 50 , null, null);
    set @x=3;
end;
```

6.1.3 游标及其应用

一条 SELECT...INTO 语句返回的是带有值的一行,这样可以把数据读取到存储过程中。但是常规的 SELECT 语句返回的是多行数据,如果要处理它需要引入游标这一概念。

MySQL 支持简单的游标。游标一定要在存储过程或函数中使用,不能单独在查询中使用。使用一个游标需要用到 4 条特殊语句:DECLARE CURSOR(声明游标)、OPEN CURSOR(打开游标)、FETCH CURSOR(读取游标)和 CLOSE CURSOR(关闭游标)。

如果使用了 DECLARE CURSOR 语句声明了一个游标,这样就把它连接到了一个由 SELECT 语句返回的结果集中。使用 OPEN CORSOR 语句打开这个游标。接着可以用 FETCH CURSOR 语句把产生的结果一行一行地读取到存储过程或存储函数中去。游标相当于一个指针,它指向当前的一行数据,使用 FETCH CORSOR 语句可以把游标移动到下一行。当处理完所有的行时,使用 CLOSE CURSOR 语句关闭这个游标。

(1)声明游标

声明游标的语法格式如下:

```
DECLARE 游标名 CURSOR FOR select 语句
```

这个语句声明一个游标，也可以在存储过程中定义多个游标。但是一个块中的每一个游标必须有唯一的名字。

这里的 SELECT 语句不能有 INTO 子句。

下面的定义符合一个游标声明：
```
declare xs_cur1 cursor    for
    select 学号,姓名,性别,出生日期,总学分
        from xs
        where 专业名 = '计算机';
```

游标只能在存储过程或存储函数中使用，上述语句无法单独运行。

（2）打开游标

声明游标后，要使用游标从中提取数据，就必须先打开游标。使用 OPEN 语句打开游标，其格式为：
```
OPEN 游标名 e
```
在程序中，一个游标可以打开多次，由于其他的用户或程序可能在期间已经更新了表，所以每次打开结果可能不同。

（3）读取数据

游标打开后，就可以使用 FETCH...INTO 语句从中读取数据，其语法格式如下：
```
FETCH 游标名 INTO 变量名 ...
```

FETCH...INTO 语句与 SELECT...INTO 语句具有相同的意义，FETCH 语句是将游标指向的一行数据赋给一些变量，子句中变量的数目必须等于声明游标时 SELECT 子句中列的数目。变量名指定是存放数据的变量。

（4）关闭游标

游标使用完以后，要及时关闭。关闭游标使用 CLOSE 语句，格式为：
```
CLOSE 游标名
```
语句参数的含义与 OPEN 语句中相同。例如：
```
CLOSE xs_cur2
```
将关闭游标 xs_cur2。

【例 6.9】创建一个存储过程，计算 xs 表中行的数目。

（例 6.9）

```
delimiter $$
create procedure compute (out number integer)
begin
    declare xh char(6);
    declare found boolean default true;
    declare number_xs cursor for
```

```
            select 学号 from xs;
        declare continue handler for not found
            set found=false;
        set number=0;
        open number_xs;
        fetch number_xs into xh;
        while found do
            set number=number+1;
            fetch number_xs into xh;
        end while;
        close number_xs;
    end$$
    delimiter ;
```

调用此存储过程并查看结果：

```
call compute(@num);
select @num;
```

执行结果如图 6.3 所示。

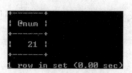

图 6.3　执行结果

这个例子也可以直接使用 COUNT 函数来解决，这里只是为了说明如何使用一个游标而已。

在 MySQL 5.7 中，创建存储过程用户必须具有 CREATE ROUTINE 权限。

另外，要想查看数据库中有哪些存储过程，可以使用 SHOW PROCEDURE STATUS 命令。要查看某个存储过程的具体信息，可使用 SHOW CREATE PROCEDURE 存储过程名命令。

6.1.4　存储过程的调用、删除和修改

1．存储过程的调用

存储过程创建完后，可以在程序、触发器或者其他存储过程中被调用，但是都必须使用到 CALL 语句，前面已经简单地介绍了 CALL 语句的形式，本节重点介绍它。

CALL 语句的语法格式如下：

```
CALL 存储过程名([参数 ... ])
```

如果要调用某个特定数据库的存储过程，则需要在前面加上该数据库的名称。另外，语句中的参数个数必须总是等于存储过程的参数个数。

【例 6.10】创建存储过程，实现查询 xs 表中学生人数的功能，该存储过程不带参数。

```
use xscj;
create procedure do_query()
```

```
    select count(*) from xs order by 学号;
```
调用该存储过程：
```
call do_query();
```
执行结果如图 6.4 所示。

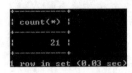

图 6.4　执行结果

【例 6.11】创建 xscj 数据库的存储过程，判断两个输入的参数哪一个更大。调用该存储过程。
（1）创建存储过程
```
delimiter $$
create procedure xscj.compar
        (in k1 integer, in k2 integer, out k3 char(6) )
begin
    if k1>k2 then
        set k3= '大于';
    elseif k1=k2 then
        set k3= '等于';
    else
        set k3= '小于';
    end if;
end$$
delimiter ;
```
（2）调用存储过程
```
call compar(3, 6, @k);
select @k;
```
执行结果如图 6.5 所示。

图 6.5　执行结果

　　　　3 和 6 对应输入参数 k1 和 k2，用户变量 k 对应输出参数 k3。可以看到，由于 3<6，输出参数 k 的值就为"小于"。

【例 6.12】创建一个存储过程，有两个输入参数：xh 和 kcm，要求当某学生某门课程的成绩小于 60 分时将其学分修改为 0，大于等于 60 分时将学分修改为此课程的学分。
```
delimiter $$
create procedure xscj.do_update(in xh char(6), in kcm char(16))
begin
    declare  kch char(3);
    declare  xf tinyint;
    declare  cj tinyint;
    select 课程号, 学分 into kch, xf from kc where 课程名=kcm;
```

（例 6.12）

```
        select 成绩 into cj from xs_kc where 学号=xh and 课程号=kch;
        if cj<60 then
            update xs_kc set 学分=0 where 学号=xh and 课程号=kch;
        else
            update xs_kc set 学分=xf where 学号=xh and 课程号=kch;
        end if;
    end$$
    delimiter ;
```

接下来向 xs_kc 表中输入一行数据：

```
insert into xs_kc values('081101', '208', 50, 10);
```

然后，再调用存储过程并查询调用结果：

```
call do_update('081101', '数据结构');
select * from xs_kc where 学号='081101' and 课程号='208';
```

执行结果如图 6.6 所示。

图 6.6 执行结果

可以看到，成绩小于 60 分时，学分已经被修改为 0。

【例 6.13】创建一个存储过程 do_insert1，作用是向 xs 表中插入一行数据。再创建另外一个存储过程 do_insert2，在其中调用第一个存储过程，并根据条件处理该行数据。

创建第一个存储过程：

```
create procedure xscj.do_insert1()
    insert into xs values('091101', '陶伟', '软件工程', 1, '1994-03-05', 50, null, null);
```

创建第二个存储过程：

```
delimiter $$
create procedure xscj.do_insert2(in x bit(1), out str char(8))
begin
    call do_insert1();
    if x=0 then
        update xs set 姓名='刘英', 性别=0 where 学号='091101';
        set str='修改成功';
    elseif x=1 then
        delete from xs where 学号='091101';
        set str='删除成功';
    end if;
end$$
delimiter ;
```

接下来调用存储过程 do_insert2 来查看结果：

```
call do_insert2(1, @str);
select @str;
```

执行结果如图 6.7 所示。

图 6.7　执行结果

```
call do_insert2(0, @str);
select @str;
```

执行结果如图 6.8 所示。

图 6.8　执行结果

2．存储过程的删除

存储过程创建后需要删除时使用 DROP PROCEDURE 语句。在此之前，必须确认该存储过程没有任何依赖关系，否则会导致其他与之关联的存储过程无法运行，其语法格式如下：

```
DROP PROCEDURE [IF EXISTS] 存储过程名
```

存储过程名是要删除的存储过程的名称、IF EXISTS 子句是 MySQL 的扩展，如果程序或函数不存在，它能防止发生错误。

例如，删除存储过程 dowhile，命令如下：

```
drop procedure if exists dowhile;
```

3．存储过程的修改

用户使用 ALTER PROCEDURE 语句可以修改存储过程的某些特征，其语法格式如下：

```
ALTER PROCEDURE 存储过程名 [特征 ...]
```

特征格式为：

```
{ CONTAINS SQL | NO SQL | READS SQL DATA | MODIFIES SQL DATA }
| SQL SECURITY { DEFINER | INVOKER }
| COMMENT 'string'
```

如果要修改存储过程的内容，可以使用先删除再重新定义存储过程的方法。

【例 6.14】使用先删除后再定义的方法修改存储过程。

```
delimiter $$
drop procedure if exists do_query;
create procedure do_query()
begin
    select * from xs;
end$$
delimiter ;
```

完成后可调用：

```
call do_query();
```

参照结果会发现，该存储过程的作用由原先的只查询 xs 表学生人数，扩展为查询 xs 表学生的全部信息。

6.2 存储函数

存储函数也是过程式对象之一,它们都是由 SQL 和过程式语句组成的代码片断,存储函数可接受输入参数,不能拥有输出参数,因为存储函数本身具有返回值。可以从应用程序和 SQL 中调用存储函数。

6.2.1 创建存储函数

CREATE FUNCTION 的语法格式如下:

```
CREATE FUNCTION 存储过程名 ([参数 ... ])
    RETURNS type
    [特征 ...]  存储函数体
```

存储函数的定义格式和存储过程相差不大。
- 存储函数不能拥有与存储过程相同的名字。
- 存储函数的参数只有名称和类型,不能指定 IN、OUT 和 INOUT。RETURNS type 子句声明函数返回值的数据类型。
- 存储函数体:所有在存储过程中使用的 SQL 语句在存储函数中也适用,包括流程控制语句、游标等。但是存储函数体中必须包含一个 RETURN value 语句,value 为存储函数的返回值。这是存储过程体中没有的。

下面举一些存储函数的例子。

【例 6.15】创建一个存储函数,它返回 xs 表中学生的人数作为结果。

```
delimiter $$
create function num_of_xs()
returns integer
begin
    return (select count(*) from xs);
end$$
delimiter ;
```

RETURN 子句中包含 SELECT 语句时,SELECT 语句的返回结果只能是一行且只能有一列值。

【例 6.16】创建一个存储函数,返回某个学生的姓名。

```
delimiter $$
create function name_of_stu(xh char(6))
returns char(8)
begin
    return (select 姓名 from xs where 学号=xh);
end$$
delimiter ;
```

【例 6.17】创建一个存储函数来删除 xs_kc 表中存在但 xs 表中不存在的学号。

```
delimiter $$
```

```
create function delete_stu(xh char(6))
    returns boolean
begin
    declare stu char(6);
    select 姓名 into stu from xs where 学号=xh;
    if stu is null then
        delete from xs_kc where 学号=xh;
        return true;
    else
        return false;
    end if;
end$$
delimiter ;
```

 如果调用存储函数时，参数中的学号在 xs 表中不存在，那么将删除 xs_kc 表中所有与该学号相关的行，之后返回 1。如果学号在 xs 中存在则直接返回 0。

6.2.2 存储函数的调用、删除和修改

1. 存储函数的调用

存储函数创建完后，就如同系统提供的内置函数（如 VERSION()函数），所以调用存储函数的方法也差不多，都是使用 SELECT 关键字。

SELECT 关键字的语法格式如下：

```
SELECT 存储函数名 ([参数[,...]])
```

例如，无参数调用存储函数。命令如下：

```
select num_of_xs();
```

执行结果如图 6.9 所示。

图 6.9 执行结果

例如，有参数调用存储函数。命令如下：

```
select name_of_stu('081106');
```

执行结果如图 6.10 所示。

图 6.10 执行结果

存储函数本身还可以调用另外一个存储函数或者存储过程。

【例 6.18】创建一个存储函数，通过调用存储函数 NAME_OF_STU 获得学号的姓名，判断姓名是否是"王林"，是则返回王林的出生日期，不是则返回"FALSE"。

```
delimiter $$
create function is_stu(xh char(6))
    returns char(10)
begin
    declare name char(8);
    select name_of_stu(xh) into name;
    if name= '王林' then
        return(select 出生日期 from xs where 学号=xh);
    else
        return 'false';
    end if;
end$$
delimiter ;
```

接着调用存储函数 is_stu 查看结果：

```
select is_stu('081102');
```

执行结果如图 6.11 所示。

```
select is_stu('081101');
```

执行结果如图 6.12 所示。

图 6.11 执行结果

图 6.12 执行结果

2. 删除存储函数

删除存储函数与删除存储过程的方法基本一样，都使用 DROP FUNCTION 语句，其语法格式如下：

```
DROP FUNCTION [IF EXISTS] 存储过程名
```

例如，删除存储函数 num_of_xs。

```
drop function if exists num_of_xs;
```

完成后读者可使用 SHOW FUNCTION STATUS 进行查看，确定已经没有这个函数了。使用 ALTER FUNCTION 语句可以修改存储函数的特征，其语法格式如下：

```
ALTER FUNCTION 存储过程名 [特征 ...]
```

当然，要修改存储函数的内容则要采用先删除后定义的方法。

6.3 触 发 器

触发器是一个被指定关联到一个表的数据对象，用于保护表中的数据。当有操作影响到触发器保护的数据时，触发器自动执行。触发器的代码也是由声明式和过程式的 SQL 语句组成，因此用在存储过程中的语句也可以用在触发器的定义中。

利用触发器可以方便地实现数据库中数据的完整性。例如，对于 xscj 数据库有学生表、成绩表和课程表，当要删除学生表中一个学生的数据时，该学生在成绩表中对应的记录可以利用触发器进行相应的删除，这样才不会出现不一致的冗余数据。

1．创建触发器

CREATE TRIGGER 的语法格式如下：

CREATE TRIGGER 触发器名　触发时刻　触发事件
　ON 表名 FOR EACH ROW　触发器动作

- 触发器名称在当前数据库中必须唯一。如果要在某个特定数据库中创建，名称前面应该加上数据库的名称。
- 触发时刻，有两个选项：AFTER 和 BEFORE，以表示触发器是在激活它的语句之前或之后触发。如果想要在激活触发器的语句执行之后执行几个或更多的改变，通常使用 AFTER 选项；如果想要验证新数据是否满足使用的限制，则使用 BEFORE 选项。
- 触发事件：指明了激活触发程序的语句的类型。可以是下述值之一：
  INSERT：将新行插入表时激活触发器。例如，通过 INSERT、LOAD DATA 和 REPLACE 语句；
  UPDATE：更改某一行时激活触发器。例如，通过 UPDATE 语句；
  DELETE：从表中删除某一行时激活触发器。例如，通过 DELETE 和 REPLACE 语句。
- 表名：表示在该表上发生触发事件才会激活触发器。同一个表不能拥有两个具有相同触发时刻和事件的触发器。例如，对于某一表，不能有两个 BEFORE UPDATE 触发器，但可以有一个 BEFORE UPDATE 触发器和一个 BEFORE INSERT 触发器，或一个 BEFORE UPDATE 触发器和一个 AFTER UPDATE 触发器。
- FOR EACH ROW：这个声明用来指定，对于受触发事件影响的每一行，都要激活触发器的动作。例如，使用一条语句向一个表中添加多个行，触发器会对每一行执行相应触发器动作。
- 触发器动作：包含触发器激活时将要执行的语句。如果要执行多个语句，可使用 BEGIN ... END 复合语句结构。支持使用存储过程中允许的相同语句。

要查看数据库中有哪些触发器，需要使用 SHOW TRIGGERS 命令。

触发器不能返回任何结果到客户端，为了阻止从触发器返回结果，不要在触发器定义中包含 SELECT 语句。同样，也不能调用将数据返回客户端的存储过程。

【例 6.19】创建一个表 table1，其中只有一列 a。在表上创建一个触发器，每次插入操作时，将用户变量 str 的值设为 "trigger is working"。

```
create table table1(a integer);
create trigger table1_insert after insert
    on table1 for each row
    set @str= ' trigger is working ';
```

向 table1 中插入一行数据：

```
insert into table1 values(10);
```

查看 str 的值：

```
select @str;
```

执行结果如图 6.13 所示。

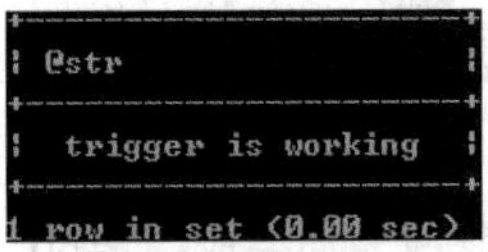

图 6.13　执行结果

（1）触发器中关联表中的列

在 MySQL 触发器中的 SQL 语句可以关联表中的任意列。但不能直接使用列的名称去标识，那会使系统混淆。因为激活触发器的语句可能已经修改、删除或添加了新的列名,而列的旧名同时存在。因此必须用"NEW.列名"引用新行的一列,用"OLD.列名"引用更新或删除它之前的已有行的一列。

对于 INSERT 触发事件,只有 NEW 是合法的;对于 DELETE 触发事件,只有 OLD 才合法;而 UPDATE 触发事件可以与 NEW 或 OLD 同时使用。

【例 6.20】创建一个触发器,当删除 xs 表中某个学生的信息时,同时将 xs_kc 表中与该学生有关的数据全部删除。

```
delimiter $$
create trigger xs_delete after delete
    on xs for each row
begin
    delete from xs_kc where 学号=old.学号;
end$$
delimiter ;
```

现在验证一下触发器的功能:

```
delete from xs where 学号='081101';
```

使用 SELECT 语句查看 xs_kc 表中的情况:

```
select * from xs_kc;
```

这时可以发现,学号 081101 的学生在 xs_kc 表中的所有信息已经被删除了。为了继续下面的举例,建议将此处删除的数据恢复。

【例 6.21】创建一个触发器,当修改 xs_kc 表中数据时,如果修改后的成绩小于 60 分,则触发器将该成绩对应的课程学分修改为 0,否则将学分改成对应课程的学分。

```
delimiter $$
create trigger xs_kc_update before update
    on xs_kc for each row
begin
    declare xf int(1);
    select 学分 into xf from kc where 课程号=new.课程号;
    if new.成绩<60 then
        set new.学分=0;
    else
        set new.学分=xf;
    end if;
end$$
delimiter ;
```

当触发器涉及对触发表自身的更新操作时,只能使用 BEFORE,AFTER 触发器将不被允许。

【例 6.22】创建触发器,实现当向 xs_kc 表插入一行数据时,根据成绩对 xs 表的总学分进行修改。如果成绩>=60,总学分加上该课程的学分,否则总学分不变。

```
delimiter $$
create trigger xs_kc_zxf after insert
    on xs_kc for each row
begin
```

```
    declare xf int(1);
    select 学分 into xf from kc where 课程号=new.课程号;
    if new.成绩>=60 then
        update xs set 总学分=总学分+xf where 学号=new.学号;
    end if;
end$$
delimiter;
```

本例结果请读者自行验证。

（2）触发器中调用存储过程

在触发器中还可以调用存储过程。

【例 6.23】假设 xscj 数据库中有一个与 xs 表结构完全一样的表 student，创建一个触发器，在 xs 表中添加数据的时候，调用存储过程，将 student 表中的数据与 xs 表同步。

首先，定义存储过程：

```
delimiter $$
create procedure changes()
begin
    replace into student select * from xs;
end$$
delimiter;
```

接着创建触发器：

```
create trigger student_change after insert
    on xs for each row
     call changes();
```

验证：

```
insert into xs
    values('091102', '王大庆', '计算机', 1, '1994-08-14', 48, null,null);
select * from student;
```

执行结果如图 6.14 所示。

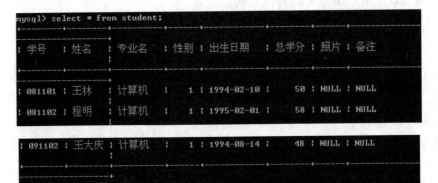

图 6.14　执行结果

可见，student 表中数据已经和 xs 表完全相同，为了 xs 表和 student 的数据真正同步，还可以定义一个 UPDATE 触发器和 DELETE 触发器。

2. 删除触发器

和其他数据库对象一样，使用 DROP 语句即可将触发器从数据库中删除，其语法格式如下：

```
DROP TRIGGER [schema_name.]trigger_name
```

trigger_name：指要删除的触发器名称，schema_name 为所在数据库的名称，如果在当前数据库，可以省略。

例如，删除触发器 xs_delete。

```
use xscj
drop trigger xs_delete;
```

6.4 事 件

MySQL 从 5.6 版本开始已经支持事件，不同的版本可用的功能可能会不同。

MySQL 在应用程序要求执行的时候才会执行一条 SQL 语句或开始一个存储过程，触发器也是由一个应用程序间接调用的。

事件是 MySQL 在相应的时刻调用的过程式数据库对象。一个事件可以只调用一次，例如，在 2014 年的 10 月 1 日下午 2 点。一个事件也能周期性地启动，例如，每周日晚上 8 点。

事件和触发器相似，都是在某些事情发生的时候启动。由于它们彼此相似，所以事件也称作临时性触发器（temporal trigger）。

事件的主要作用如下：

（1）关闭账户；

（2）打开或关闭数据库指示器；

（3）使数据库中的数据在某个间隔后刷新；

（4）执行对进入数据的复杂的检查工作。

6.4.1 创建事件

创建事件可以使用 CREATE EVENT 语句。

CREATE EVENT 语句的语法格式如下：

```
CREATE EVENT 事件名
    ON SCHEDULE schedule
    [ON COMPLETION [NOT] PRESERVE]
    [ENABLE | DISABLE | DISABLE ON SLAVE]
    [COMMENT 'comment']
    DO sql 语句;
```

Schedule 格式如下：

```
AT 时间点 [+ INTERVAL 时间间隔]
    | EVERY 时间间隔
    [ STARTS 时间点[+ INTERVAL 时间间隔]]
    [ ENDS 时间点[+ INTERVAL 时间间隔]]
```

INTERVAL 格式如下：

```
count { YEAR | QUARTER | MONTH | DAY | HOUR | MINUTE |
    WEEK | SECOND | YEAR_MONTH | DAY_HOUR | DAY_MINUTE |
    DAY_SECOND | HOUR_MINUTE | HOUR_SECOND | MINUTE_SECOND }
```

● schedule：时间调度，表示事件何时发生或者每隔多久发生一次。

AT 子句：表示在某个时刻事件发生。在指定时间点，后面可以加上一个时间间隔，由一个数值和单位构成，count 是间隔时间的数值。

EVERY 子句：表示在指定时间区间内每隔多长时间事件发生一次。

STARTS 子句：指定开始时间。

ENDS 子句：指定结束时间。

● sql 语句：包含事件启动时执行的代码。如果包含多条语句，可以使用 BEGIN...END 复合结构。

● 事件的属性：对于每一个事件都可以定义几个属性。

ON COMPLETION [NOT] PRESERVE：NOT 表示事件最后一次调用后将自动删除该事件（默认），否则最后一次调用后将保留该事件。

ENABLE | DISABLE | DISABLE ON SLAVE：ENABLE 表示该事件是活动的，活动意味着调度器检查事件动作是否必须调用。DISABLE 表示该事件是关闭的，关闭意味着事件的声明存储到目录中，但是调度器不会检查它是否应该调用。DISABLE ON SLAVE 表示事件在从机中是关闭的。如果不指定任何选项，在一个事件创建之后，它立即变为活动的。

一个打开的事件可以执行一次或多次。一个事件的执行称作调用事件。每次调用一个事件，MySQL 都处理事件动作。

MySQL 事件调度器负责调用事件。这个模块是 MySQL 数据库服务器的一部分。它不断地监视一个事件是否需要调用。要创建事件，必须打开调度器。可以使用系统变量 EVENT_SCHEDULER 来打开事件调度器，TRUE 为打开，FALSE 为关闭：

```
SET GLOBAL EVENT_SCHEDULER = TRUE;
```

【例 6.24】创建一个立即启动的事件。

```
use xscj
create event direct
    on schedule  at now()
    do insert into xs values('091103', '张建', '软件工程', 1, '1994-06-05',
                      50,null,null);
```

这个事件只调用一次，在事件创建之后立即调用。

【例 6.25】创建一个 30 秒后启动的事件。

```
create event thrityseconds
    on schedule at now()+interval 30 second
    do
        insert into xs values('091104', '陈建', '软件工程', 1, '1994-08-16',
                       50,null,null);
```

【例 6.26】创建一个事件，它每个月启动一次，开始于下一个月并且在 2014 年的 12 月 31 日结束。

```
delimiter $$
create event startmonth
   on schedule  every 1 month
      starts curdate()+interval 1 month
   ends '2014-12-31'
   do
```

```
        begin
            if year(curdate())<2014 then
                insert into xs values('091105', ' 王 建 ', ' 软 件 工 程 ', 1,
'1994-03-16',48,null,null);
            end if;
        end$$
    delimiter ;
```

6.4.2 修改和删除事件

1. 修改事件

事件在创建后可以通过 ALTER EVENT 语句来修改其定义和相关属性,其语法格式如下:

```
ALTER EVENT  event_name
    [ON SCHEDULE schedule]
    [ON COMPLETION [NOT] PRESERVE]
    [RENAME TO new_event_name]
    [ENABLE | DISABLE | DISABLE ON SLAVE]
    [COMMENT 'comment']
    [DO sql_statement]
```

ALTER EVENT 语句与 CREATE EVENT 语句格式相仿,用户可以使用一条 ALTER EVENT 语句让一个事件关闭或再次让它活动。当然,如果一个事件最后一次调用后已经不存在了,就无法修改了。用户还可以使用一条 RENAME TO 子句修改事件的名称。

【例 6.27】将事件 startmonth 的名字改成 firstmonth。

```
alter event startmonth
    rename to firstmonth;
```

可以使用 SHOW EVENTS 命令查看修改结果。

2. 删除事件

删除事件的语法格式如下:

```
DROP EVENT [IF EXISTS][database_name.] event_name
```

例如,删除名为 direct 的事件,命令如下:

```
drop event direct;
```

同样,使用 SHOW EVENTS 命令查看操作结果。

习 题

1. 试说明存储过程的特点及分类。
2. 为什么需要使用存储过程?举例说明存储过程的定义和调用。
3. 为什么需要使用存储函数?存储函数和存储过程有什么不同?举例说明存储函数的定义与调用。
4. 举例说明分别用存储函数和存储过程实现相同功能。
5. 为什么需要使用触发器?
6. 举例说明触发器的使用。
7. 为什么需要使用事件?
8. 举例说明事件的使用。

第 7 章
MySQL 数据库备份与恢复

尽管系统中采取了各种措施来保证数据库的安全性和完整性,但硬件故障、软件错误、病毒、误操作或故意破坏仍是可能发生的。这些故障会造成运行事务的异常中断,影响数据正确性,甚至会破坏数据库,使数据库中的数据部分或全部丢失。因此 DBMS 都提供了把数据库从错误状态恢复到某一正确状态的功能,这种功能称为恢复。拥有能够恢复的数据对于数据库系统来说是非常重要的。MySQL 有三种保证数据安全的方法。

(1)数据库备份:通过导出数据或者表文件的拷贝来保护数据。
(2)二进制日志文件:保存更新数据的所有语句。
(3)数据库复制:MySQL 内部复制功能建立在两个或两个以上服务器之间,其中一个作为主服务器,其他的作为从服务器。

本章主要介绍数据库备份和恢复。

数据库恢复就是当数据库出现故障时,将备份的数据库加载到系统,从而使数据库恢复到备份时的正确状态。恢复是与备份相对应的系统维护和管理操作,系统进行恢复操作时,先执行一些系统安全性的检查,包括检查所要恢复的数据库是否存在、数据库是否变化及数据库文件是否兼容等,然后根据所采用的数据库备份类型采取相应的恢复措施。

7.1 常用的备份恢复方法

数据库备份是最简单的保护数据的方法,本节将介绍多种备份方法。

7.1.1 使用 SQL 语句:导出或导入表数据

用户可以使用 SELECT INTO…OUTFILE 语句把表数据导出到一个文本文件中,并用 LOAD DATA…INFILE 语句恢复数据。但是这种方法只能导出或导入数据的内容,不包括表的结构。如果表的结构文件损坏,则必须先恢复原来的表的结构。

1. 导出表数据

导出表数据的语法格式如下:

```
SELECT * INTO OUTFILE '文件名1'
[FIELDS
    [TERMINATED BY 'string']
    [[OPTIONALLY] ENCLOSED BY 'char']
    [ESCAPED BY 'char' ]
```

```
    ]
    [LINES  TERMINATED BY 'string' ]
    | DUMPFILE '文件名2'
```

说明 　　这个语句的作用是将表中 SELECT 语句选中的行写入到一个文件中。文件默认在服务器主机上创建，并且文件存在位置的原文件将被覆盖。如果要将该文件写入到一个特定的位置，则要在文件名前加上具体的路径。在文件中，数据行以一定的形式存放，空值用"\N"表示。

使用 OUTFILE 时，可以加入两个自选的子句，它们的作用是决定数据行在文件中存放的格式。

（1）FIELDS 子句：需要下列三个指定中的至少一个。

① TERMINATED BY：指定字段值之间的符号，例如，"TERMINATED BY ','"指定了逗号作为两个字段值之间的标志。

② ENCLOSED BY：指定包裹文件中字符值的符号，例如，"ENCLOSED BY '"'"表示文件中字符值放在双引号之间，若加上关键字 OPTIONALLY 表示所有的值都放在双引号之间。

③ ESCAPED BY：指定转义字符，例如，"ESCAPED BY '*'"将"*"指定为转义字符，取代"\"，如空格将表示为"*N"。

（2）LINES 子句：使用 TERMINATED BY 指定一行结束的标志，如"LINES TERMINATED BY '?'"表示一行以"?"作为结束标志。

如果 FIELDS 和 LINES 子句都不指定，则默认声明以下子句：

```
FIELDS TERMINATED BY '\t' ENCLOSED BY '' ESCAPED BY '\\'
LINES TERMINATED BY '\n'
```

如果使用 DUMPFILE 而不是使用 OUTFILE，导出的文件里所有的行都彼此紧挨着放置，值和行之间没有任何标记，成了一个长长的值。

2. 导入表数据

导出的一个文件中的数据可导入到数据库中。

导入表数据的语法格式如下：

```
LOAD DATA [LOW_PRIORITY | CONCURRENT] [LOCAL] INFILE '文件名.txt'
    [REPLACE | IGNORE]
    INTO TABLE 表名
    [FIELDS
        [TERMINATED BY 'string']
        [[OPTIONALLY] ENCLOSED BY 'char']
        [ESCAPED BY 'char' ]
    ]
    [LINES
        [STARTING BY 'string']
        [TERMINATED BY 'string']
    ]
    [IGNORE number LINES]
    [(列名或用户变量, ...)]
    [SET 列名 = 表达式, ...]]
```

- LOW_PRIORITY | CONCURRENT：若指定 LOW_PRIORITY，则延迟语句的执行。若指定 CONCURRENT，则当 LOAD DATA 正在执行的时候，其他线程可以同时使用该表的数据。
- LOCAL：文件会被客户端读取，并被发送到服务器。文件必须包含完整的路径名称，以指定确切的位置。如果给定的是一个相对的路径名称，则此名称会被认为是相对于启动客户端时所在的目录。若未指定 LOCAL，则文件必须位于服务器主机上，并且被服务器直接读取。

与让服务器直接读取文件相比，使用 LOCAL 速度略慢，这是因为文件的内容必须通过客户端发送到服务器上。

- 文件名.txt：该文件中保存了待存入数据库的数据行，它由 SELECT INTO…OUTFILE 命令导出产生。载入文件时可以指定文件的绝对路径，如 "D:/file/myfile.txt"，则服务器根据该路径搜索文件。若不指定路径，则服务器在数据库默认目录中读取。若文件为"./myfile.txt"，则服务器直接在数据目录下读取，即 MySQL 的 data 目录。注意，这里使用正斜杠指定 Windows 路径名称，而不是使用反斜杠。

出于安全原因，当读取位于服务器中的文本文件时，文件必须位于数据库目录中，或者是全体可读的。

- 表名：该表在数据库中必须存在，表结构必须与导入文件的数据行一致。

- REPLACE | IGNORE：如果指定了 REPLACE，则当文件中出现与原有行相同的唯一关键字值时，输入行会替换原有行。如果指定了 IGNORE，则把与原有行有相同的唯一关键字值的输入行跳过。
- FIELDS 子句：和 SELECT..INTO OUTFILE 语句类似。用于判断字段之间和数据行之间的符号。
- LINES 子句：TERMINATED BY 指定一行结束的标志。STARTING BY 指定一个前缀，导入数据行时，忽略行中的该前缀和前缀之前的内容。如果某行不包括该前缀，则整个行被跳过。例如，文件 myfile.txt 中有以下内容：

```
xxx"row",1
something xxx"row",2
```

导入数据时添加以下子句：

```
STARTING BY 'xxx'
```

最后只得到数据("row",1)和("row",2)。

- IGNORE number LINES：这个选项可以用于忽略文件的前几行。例如，可以使用 IGNORE 1 LINES 来跳过第一行。
- 列名或用户变量：如果需要载入一个表的部分列或文件中字段值顺序与表中列的顺序不同，就必须指定一个列清单。如以下语句：

```
LOAD DATA INFILE 'myfile.txt'
        INTO TABLE myfile  (学号,姓名,性别);
```

- SET 子句：SET 子句可以在导入数据时修改表中列的值。

【例 7.1】备份 xscj 数据库中的 kc 表中数据到 D 盘 file 目录中，要求字段值如果是字符就用双引号标注，字段值之间用逗号隔开，每行以"？"为结束标志。最后将备份后的数据导入到一个和 kc 表结构一样的空表 course 表中。

首先导出数据（操作前先创建 D:\file 目录）：

```
use xscj;
select * from kc
```

```
            into outfile 'd:/file/myfile1.txt'
                fields   terminated by ','
                    optionally enclosed by '"'
                lines terminated by '?';
```

导出成功后可以查看 D 盘 file 文件夹下的 myfile1.txt 文件，文件内容如图 7.1 所示。

文件备份完后可以将文件中的数据导入到 course 表中，使用以下命令：

```
load data infile 'd:/file/myfile1.txt'
    into table course
        fields   terminated by ','
            optionally enclosed by '"'
        lines terminated by '?';
```

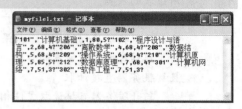

图 7.1　备份数据文件内容

 在导入数据时，必须根据文件中数据行的格式指定判断的符号。例如，在 myfile1.txt 文件中字段值是以逗号隔开的，导入数据时一定要使用"terminated by ','"子句指定逗号为字段值之间的分隔符，与 SELECT…INTO OUTFILE 语句相对应。

因为 MySQL 表保存为文件形式，所以备份很容易。但是在多个用户使用 MySQL 的情况下，为得到一个一致的备份，在相关的表上需要做一个读锁定，防止在备份过程中表被更新；当恢复数据时，需要一个写锁定，以避免冲突。在备份或恢复完以后还要对表进行解锁。

7.1.2　使用客户端工具：备份数据库

MySQL 提供了很多免费的客户端程序和实用工具，不同的 MySQL 客户端程序可以连接服务器以访问数据库或执行不同的管理任务。这些程序不与服务器进行通信，但可以执行 MySQL 相关的操作。在 MySQL 目录下的 bin 子目录中存储着这些客户端程序。本节简单介绍一下 mysqldump 程序和 mysqlimport 程序。

使用客户端程序的方法如下。

打开命令行，进入 bin 目录：

```
cd C:\Program Files (x86)\MySQL\MySQL Server 5.7\bin
```

后面介绍的客户端命令都在此处输入，如图 7.2 所示。

图 7.2　运行客户端程序

1．使用 mysqldump 备份数据

mysqldump 客户端也可用于备份数据，它比 SQL 语句多做的工作是可以在导出的文件中包含

表结构的 SQL 语句，因此可以备份数据库表的结构，而且可以备份一个数据库，甚至整个数据库系统。

（1）备份表

备份表的命令格式如下：

mysqldump [OPTIONS] 数据库名 [表名...] > 备份的文件名

OPTIONS 是 mysqldump 命令支持的选项，可以通过执行 mysqldump -help 命令得到 mysqldump 选项表及帮助信息，这里不详细列出。

如果该语句中有多个表，则都保存在备份的文件名中，文件默认的保存地址是 MySQL 的 bin 目录下。如果要保存在特定位置，可以指定其具体路径。注意，文件名在目录中已经存在，新的备份文件会将原文件覆盖。

同其他客户端程序一样，备份数据时需要使用一个用户账号连接到服务器，这需要用户手工提供参数或在选项文件中修改有关值。参数格式为：

-h[主机名] -u[用户名] -p[密码]

其中，-p 选项和密码之间不能有空格。

【例 7.2】使用 mysqldump 备份 xs 表和 kc 表。

mysqldump -h localhost -u root -p19830925 xscj xs kc > twotables.sql

如果是本地服务器，-h 选项可以省略。执行命令后，在 MySQL 的 bin 目录下可以看到，已经保存了一个.sql 格式的文件，文件中存储了创建 xs 表和 kc 表的一系列 SQL 语句。

若在命令中没有表名，则备份整个数据库。

（2）备份数据库

mysqldump 程序还可以将一个或多个数据库备份到一个文件中。

备份数据库的命令格式如下：

mysqldump [OPTIONS] --databases [OPTIONS] 数据库名...] > filename

【例 7.3】备份 xscj 数据库和 test 数据库到 D 盘 file 文件夹下。

mysqldump -uroot -p19830925 --databases xscj test>D:/file/data.sql

命令执行完后，在 file 文件夹下的 data.sql 文件被创建了，其中存储了 xscj 数据库和 test 数据库的全部 SQL 语句。

MySQL 还能备份整个数据库系统，即系统中的所有数据库。

【例 7.4】备份 MySQL 服务器上的所有数据库。使用如下命令：

mysqldump -uroot -p19830925 --all-databases>all.sql

虽然用 mysqldump 导出表的结构很有用，但是在恢复数据时，如果数据量很大，众多 SQL 语句将使恢复的效率降低。可以通过使用--tab=选项，分开数据和创建表的 SQL 语句。--tab=选项会在选项中"="后面指定的目录里，分别创建存储数据内容的.txt 格式文件和包含创建表结构的 SQL 语句的.sql 格式文件。该选项不能与--databases 或--all-databases 同时使用，并且 mysqldump

必须运行在服务器主机上。

【例7.5】将 xscj 数据库中所有表的表结构和数据都分别备份到 D 盘 file 文件夹下。

```
mysqldump -uroot -p19830925 --tab=D:/file/ xscj
```

其效果是在 file 文件夹生成 xscj 数据库中每个表所对应的.sql 文件和.txt 文件。

（3）恢复数据库

mysqldump 程序备份的文件中存储的是 SQL 语句的集合，用户可以将这些语句还原到服务器中以恢复一个损坏的数据库。

【例7.6】假设 xscj 数据库损坏，用备份文件将其恢复。

备份 xscj 数据库的命令：

```
mysqldump -uroot -p19830925 xscj>xscj.sql
```

恢复命令：

```
mysql -uroot -p19830925 xscj<xscj.sql
```

如果表的结构损坏，也可以恢复，但是表中原有的数据将全部被清空。

【例7.7】假设 xs 表结构损坏，备份文件在 D 盘 file 目录下，现将包含 xs 表结构的.sql 文件恢复到服务器中。

```
mysql -uroot -p19830925 xscj<D:/file/xs.sql
```

如果只恢复表中的数据，就要使用 mysqlimport 客户端。

2. 使用 mysqlimport 恢复数据

mysqlimport 客户端可以用来恢复表中的数据，它提供了 LOAD DATA INFILE 语句的一个命令行接口，发送一个 LOAD DATA INFILE 命令到服务器来运作。它大多数选项直接对应 LOAD DATA INFILE 语句，其命令格式如下：

```
mysqlimport [options] db_name filename ...
```

说明

options 是 mysqlimport 命令的选项，用户使用 mysqlimport -help 即可查看这些选项的内容和作用。常用的选项如下。

- -d, --delete：在导入文本文件前清空表格。
- --lock-tables：在处理任何文本文件前锁定所有的表，这保证所有的表在服务器上同步。而对于 InnoDB 类型的表则不必进行锁定。
- --low-priority、--local、--replace、--ignore：分别对应 LOAD DATA INFILE 语句的 LOW_PRIORITY、LOCAL、REPLACE、IGNORE 关键字。

对于在命令行上命名的每个文本文件，mysqlimport 剥去文件名的扩展名，并使用它决定向哪个表导入文件的内容。例如，"patient.txt" "patient.sql" 和 "patient" 都会被导入名为 patient 的表中。所以备份的文件名应根据需要恢复表命名。

【例7.8】恢复 xscj 数据库中表 xs 的数据，保存数据的文件为 xs.txt，命令如下：

```
mysqlimport -uroot -p19830925 --low-priority --replace xscj xs.txt
```

mysqlimport 也需要提供-u、-p 选项来连接服务器。值得注意的是，mysqlimport 是通过执行 LOAD DATA INFILE 语句来恢复数据库的，所以上例中未指定位置的备份文件默认是在 MySQL 的 DATA 目录中。如果不在则要指定文件的具体路径。

7.1.3 直接复制

根据前面的介绍，由于 MySQL 的数据库和表是直接通过目录和表文件实现的，因此可以通过直接复制文件的方法来备份数据库。不过，直接复制文件不能够移植到其他机器上，除非要复制的表使用 MyISAM 存储格式。

如果要把 MyISAM 类型的表直接复制到另一个服务器使用，首先要求两个服务器必须使用相同的 MySQL 版本，而且硬件结构必须相同或相似。在复制之前要保证数据表不被使用，保证复制完整性的最好方法是关闭服务器，复制数据库下的所有表文件（*.frm、*.MYD 和*.MYI 文件），然后重启服务器。文件复制出来以后，可以将文件放到另外一个服务器的数据库目录下，这样另外一个服务器就可以正常使用这张表了。

7.2 日 志 文 件

在实际操作中，用户和系统管理员不可能随时备份数据，但当数据丢失时，或者数据库目录中的文件损坏时，只能恢复已经备份的文件，而在这之后更新的数据就无能为力了。解决这个问题，就必须使用日志文件。日志文件可以实时记录修改、插入和删除的 SQL 语句。在 MySQL 5.7 中，更新日志已经被二进制日志取代，它是一种更有效的格式，包含了所有更新了数据或者已经潜在更新了数据的所有语句，语句以"事件"的形式保存。

7.2.1 启用日志

二进制日志可以在启动服务器的时候启用，这需要修改 C:\Program Files\MySQL\MySQL Server 5.7 文件夹中的 my-default.ini 选项文件。打开该文件，找到[mysqld]所在行，在该行后面加上以下格式的一行：

```
log-bin[=filename]
```

加入该选项后，服务器启动时就会加载该选项，从而启用二进制日志。如果 filename 包含扩展名，则扩展名被忽略。MySQL 服务器为每个二进制日志名后面添加一个数字扩展名。每次启动服务器或刷新日志时该数字增加 1。如果 filename 未给出，则默认为主机名。

假设这里 filename 取名为 bin_log。若不指定目录，则在 MySQL 的 data 目录下自动创建二进制日志文件。由于下面使用 mysqlbinlog 工具处理日志时，日志必须处于 bin 目录下，所以日志的路径就指定为 bin 目录，添加的行改为以下一行：

```
log-bin=C:/Program Files/MySQL/MySQL Server 5.6/bin/bin_log
```

保存，重启服务器。

重启服务器的方法可以先关闭服务器，在命令窗口中输入以下命令：

```
net stop mysql
```

再启动服务器：

```
net start mysql
```

此时，MySQL 安装目录的 bin 目录下多出两个文件：bin_log.000001 和 bin_log.index。bin_log.000001 就是二进制日志文件，以二进制形式存储，用于保存数据库更新信息。当这个日志文件大小达到最大，MySQL 还会自动创建新的二进制文件。bin_log.index 是服务器自动创建的二进制日志索引文件，包含所有使用的二进制日志文件的文件名。

7.2.2 用 mysqlbinlog 处理日志

使用 mysqlbinlog 实用工具可以检查二进制日志文件，命令格式为：

```
mysqlbinlog [options] 日志文件名...
```

例如，运行以下命令可以查看 bin_log.000001 的内容：

```
mysqlbinlog bin_log.000001
```

由于二进制数据可能非常庞大，无法在屏幕上延伸，可以保存到文本文件中：

```
mysqlbinlog bin_log.000001>D:/file/lbin-log000001.txt
```

使用日志恢复数据的命令格式如下：

```
mysqlbinlog [options] 日志文件名... | mysql [options]
```

【例 7.9】假设用户在星期一下午 1 点使用 mysqldump 工具进行数据库 xscj 的完全备份，备份文件为 file.sql。从星期一下午 1 点用户开始启用日志，bin_log.000001 文件保存了从星期一下午 1 点到星期二下午 1 点的所有更改，在星期二下午 1 点运行一条 SQL 语句：

```
flush logs;
```

此时创建了 bin_log.000002 文件，在星期三下午 1 点时数据库崩溃。现要将数据库恢复到星期三下午 1 点时的状态。首先将数据库恢复到星期一下午 1 点时的状态，在命令窗口输入以下命令：

```
mysqldump -uroot -p19830925 xscj<file.sql
```

使用以下命令将数据库恢复到星期二下午时的状态：

```
mysqlbinlog bin_log.000001 | mysql -uroot -p19830925
```

再使用以下命令即可将数据库恢复到星期三下午 1 点时的状态：

```
mysqlbinlog bin_log.000002 | mysql -uroot -p19830925
```

由于日志文件要占用很大的硬盘资源，所以要及时将没用的日志文件清除掉。以下这条 SQL 语句用于清除所有的日志文件：

```
reset master;
```

如果要删除部分日志文件，可以使用 PURGE MASTER LOGS 语句，其语法格式如下：

```
PURGE {MASTER | BINARY} LOGS TO '日志文件名'
```

或

```
PURGE {MASTER | BINARY} LOGS BEFORE 'date'
```

说明

第一个语句用于删除特定的日志文件。第二个语句用于删除时间 date 之前的所有日志文件。MASTER 和 BINARY 是同义词。

习 题

1. 为什么要在 MySQL 中设置备份与恢复功能？
2. 设计备份策略的指导思想是什么？主要考虑哪些因素？
3. 客户端备份恢复和服务器备份恢复有什么不同？
4. 数据库恢复要执行哪些操作？
5. SQL 语句中用于数据库备份和恢复的命令选项的含义分别是什么？

第 8 章 MySQL 用户权限与维护

为了方便，前面我们都是以 ROOT 用户来登录 MySQL 访问数据库数据，本章介绍如何添加用户并给用户授予权限。

MySQL 的用户信息存储在 MySQL 自带的 mysql 数据库的 user 表中。如果创建一个新的用户（SQL 用户），就可以给这个用户授予一定的权限。

MySQL 的安全系统是很灵活的，它允许以多种不同方式设置用户权限。例如，可以允许一个用户创建新的表，另一个用户被授权更新现有的表，而第三个用户只能查询表。

可以使用标准的 SQL 语句——GRANT 和 REVOKE 语句来修改控制客户访问的授权表。

了解 MySQL 授权表的结构和服务器如何利用它们决定访问权限是有帮助的，这样允许管理员通过直接修改授权表增加、删除或修改用户权限。它也允许管理员在检查这些表时诊断权限问题。

8.1 用户管理

8.1.1 添加、删除用户

1. 添加用户

用户可以使用 CREATE USER 语法添加一个或多个用户，并设置相应的密码，其语法格式如下：

```
CREATE USER 用户 [IDENTIFIED BY [PASSWORD] '密码']
    [, ...]
```

用户格式为：

```
'用户名'@'主机名'
```

- 在大多数 SQL 产品中，用户名和密码只由字母和数字组成。
- IDENTIFIED BY 为账户给定一个密码。特别是要在纯文本中指定密码，需忽略 PASSWORD 关键词。如果不想以明文发送密码，而且知道 PASSWORD()函数返回给密码的混编值，则可以指定该混编值，但要加关键字 PASSWORD。
- CREATE USER 用于创建新的 MySQL 账户。此后会在系统本身的 mysql 数据库的 user 表中添加一个新记录。
- 要使用 CREATE USER，必须拥有 mysql 数据库的全局 CREATE USER 权限或 INSERT 权限。如果账户已经存在，则出现错误。

【例 8.1】添加两个新的用户，king 的密码为 queen，palo 的密码为 530415。
```
create user
    'king'@'localhost' identified by 'queen',
    'palo'@'localhost' identified by '530415';
```
完成后可切换到 mysql 数据库，从 user 表中查到刚刚添加的两个用户记录：
```
use mysql
show tables;
select * from user
```
结果如图 8.1 所示。

图 8.1 查看添加的用户

- 在用户名的后面声明了关键字 localhost。这个关键字指定了用户创建的使用 MySQL 的连接所来自的主机。如果一个用户名和主机名中包含特殊符号如"_"，或通配符如"%"，则需要用单引号将其括起。"%"表示一组主机。
- 如果两个用户具有相同的用户名但主机不同，MySQL 将其视为不同的用户，允许为这两个用户分配不同的权限集合。
- 如果没有输入密码，那么 MySQL 允许相关的用户不使用密码登录。但是从安全的角度并不推荐这种做法。
- 刚刚创建的用户还没有很多权限。它们可以登录到 MySQL，但是它们不能使用 USE 语句来让用户已经创建的任何数据库成为当前数据库，因此，它们无法访问那些数据库的表，只允许进行不需要权限的操作，例如，用一条 SHOW 语句查询所有存储引擎和字符集的列表。

2. 删除用户

删除用户的语法格式如下：
```
DROP USER 用户 [,用户] ...
```
DROP USER 语句用于删除一个或多个 MySQL 账户，并取消其权限。要使用 DROP USER，必须拥有 mysql 数据库的全局 CREATE USER 权限或 DELETE 权限。

【例 8.2】删除用户 palo。
```
drop user palo@localhost;
```
删除后可以用上面介绍的方法查看一下效果。如果被删的用户已创建了表、索引或其他数据库对象，它们将继续保留，因为 MySQL 并没有记录是由谁创建了这些对象。

8.1.2 修改用户名、密码

1．修改用户名

用户可以使用 RENAME USER 语句来修改一个已经存在的 SQL 用户的名字，其语法格式如下：
```
RENAME USER 老用户 TO 新用户
    [, ...]
```

要使用 RENAME USER，必须拥有全局 CREATE USER 权限或 mysql 数据库 UPDATE 权限。如果旧账户不存在或者新账户已存在，则会出现错误。

【例 8.3】将用户 king 的名字修改为 ken。
```
rename user
    'king'@'localhost' to ' ken'@'localhost';
```
完成后可用前面介绍的方法查看一下是否修改成功。

2．修改用户密码

要修改某个用户的登录密码，可以使用 SET PASSWORD 语句，其语法格式如下：
```
SET  PASSWORD [FOR 用户]= PASSWORD('新密码')
```

如果不加"FOR 用户"，表示修改当前用户的密码。加了"FOR 用户"则修改当前主机上的特定用户的密码，用户值必须以 " '用户名'@'主机名' " 格式给定。

【例 8.4】将用户 ken 的密码修改为 qen。
```
set password for 'ken'@'localhost' = password('qen');
```

8.2　权 限 控 制

8.2.1　授予权限

新的 SQL 用户不允许访问属于其他 SQL 用户的表，也不能立即创建自己的表，它必须被授权。可以授予的权限有以下几组。

（1）列权限：和表中的一个具体列相关。例如，使用 UPDATE 语句更新表 xs 学号列的值的权限。

（2）表权限：和一个具体表中的所有数据相关。例如，使用 SELECT 语句查询表 xs 的所有数据的权限。

（3）数据库权限：和一个具体的数据库中的所有表相关。例如，在已有的 xscj 数据库中创建新表的权限。

（4）用户权限：和 MySQL 所有的数据库相关。例如，删除已有的数据库或者创建一个新的数据库的权限。

给某用户授予权限可以使用 GRANT 语句。使用 SHOW GRANTS 语句可以查看当前账户拥有什么权限。

GRANT 语法格式如下：

```
GRANT  priv_type [(列名)] ...
    ON [object_type] {表名或视图名| * | *.* | 数据库名.*}
    TO 用户 [IDENTIFIED BY [PASSWORD] '密码'] ...
    [WITH with_option ...]
```

object_type 格式为：

```
 TABLE
| FUNCTION
| PROCEDURE
```

with_option 格式为：

```
  GRANT OPTION
| MAX_QUERIES_PER_HOUR count
| MAX_UPDATES_PER_HOUR count
| MAX_CONNECTIONS_PER_HOUR count
| MAX_USER_CONNECTIONS count
```

priv_type 为权限的名称，如 SELECT、UPDATE 等，给不同的对象授予权限 priv_type 的值也不相同。TO 子句用来设定用户的密码。ON 关键字后面给出的是要授予权限的数据库或表名，下面将一一介绍。

1. 授予表权限和列权限

（1）授予表权限

授予表权限时，priv_type 可以是以下值。

① SELECT：使用 SELECT 语句访问特定的表的权力。用户也可以在一个视图公式中包含表。然而，用户必须对视图公式中指定的每个表（或视图）都有 SELECT 权限。

② INSERT：使用 INSERT 语句向一个特定表中添加行的权利。

③ DELETE：使用 DELETE 语句向一个特定表中删除行的权利。

④ UPDATE：使用 UPDATE 语句修改特定表中值的权利。

⑤ REFERENCES：创建一个外键来参照特定的表的权利。

⑥ CREATE：使用特定的名字创建一个表的权利。

⑦ ALTER：使用 ALTER TABLE 语句修改表的权利。

⑧ INDEX：在表上定义索引的权利。

⑨ DROP：删除表的权利。

⑩ ALL 或 ALL PRIVILEGES：表示所有权限名。

【例 8.5】授予用户 ken 在 xs 表上的 SELECT 权限。

```
use xscj;
grant select
   on xs
   to ken@localhost;
```

说明

- 运行后用户 ken 就可以使用 SELECT 语句来查询 xs 表，而不管是由谁创建的这个表。但，执行这些语句的用户必须具有该授予权限，这里假设是在 root 用户中输入了这些语句。
- 若在 TO 子句中给存在的用户指定密码，则新密码将覆盖原密码。
- 如果权限授予了一个不存在的用户，MySQL 会自动执行一条 CREATE USER 语句来创建这个用户，但必须为该用户指定密码。

【例 8.6】用户 liu 和 zhang 不存在，授予它们在 xs 表上的 SELECT 和 UPDATE 权限。

```
grant select,update
    on  xs
    to  liu@localhost identified by 'lpwd',
        zhang@localhost identified by 'zpwd';
```

（2）授予列权限

对于列权限，priv_type 的值只能取 SELECT、INSERT 和 UPDATE。权限的后面需要加上列名 column_list。

【例 8.7】授予 ken 在 xs 表上的学号列和姓名列的 UPDATE 权限。

```
use xscj
grant update(姓名, 学号)
    on  xs
    to  ken@localhost;
```

2．授予数据库权限

表权限适用于一个特定的表。MySQL 还支持针对整个数据库的权限。例如，在一个特定的数据库中创建表和视图的权限。

授予数据库权限时，priv_type 可以是以下值：

① SELECT：使用 SELECT 语句访问特定数据库中所有表和视图的权利。
② INSERT：使用 INSERT 语句向特定数据库中所有表添加行的权利。
③ DELETE：使用 DELETE 语句删除特定数据库中所有表的行的权利。
④ UPDATE：使用 UPDATE 语句更新特定数据库中所有表的值的权利。
⑤ REFERENCES：创建指向特定的数据库中的表外键的权利。
⑥ CREATE：使用 CREATE TABLE 语句在特定数据库中创建新表的权利。
⑦ ALTER：使用 ALTER TABLE 语句修改特定数据库中所有表的权利。
⑧ INDEX：在特定数据库中的所有表上定义和删除索引的权利。
⑨ DROP：删除特定数据库中所有表和视图的权利。
⑩ CREATE TEMPORARY TABLES：在特定数据库中创建临时表的权利。
⑪ CREATE VIEW：在特定数据库中创建新的视图的权利。
⑫ SHOW VIEW：查看特定数据库中已有视图的视图定义的权利。
⑬ CREATE ROUTINE：为特定的数据库创建存储过程和存储函数的权利。
⑭ ALTER ROUTINE：更新和删除数据库中已有的存储过程和存储函数的权利。
⑮ EXECUTE ROUTINE：调用特定数据库的存储过程和存储函数的权利。
⑯ LOCK TABLES：锁定特定数据库的已有表的权利。
⑰ ALL 或 ALL PRIVILEGES：表示以上所有权限名。

在 GRANT 语法格式中，授予数据库权限时 ON 关键字后面跟"*"和"数据库.*"。"*"表示当前数据库中的所有表;"数据库.*"表示某个数据库中的所有表。

【例 8.8】授予 ken 在 xscj 数据库中的所有表的 SELECT 权限。

```
grant select
   on xscj.*
   to ken@localhost;
```

这个权限适用于所有已有的表,以及此后添加到 xscj 数据库中的任何表。

【例 8.9】授予 ken 在 xscj 数据库中所有的数据库权限。

```
use xscj;
grant all
   on *
   to ken@localhost;
```

和表权限类似,授予一个数据库权限也不意味着拥有另一个权限。如果用户被授予可以创建新表和视图的权限,但是还不能访问它们。要访问它们,它还需要单独被授予 SELECT 权限或更多权限。

3. 授予用户权限

最有效率的权限就是用户权限,对于需要授予数据库权限的所有语句,也可以定义在用户权限上。例如,在用户级别上授予某人 CREATE 权限,这个用户可以创建一个新的数据库,也可以在所有(而不是特定)的数据库中创建新表。

MySQL 授予用户权限时 priv_type 还可以是以下值。

① CREATE USER:给予用户创建和删除新用户的权利。

② SHOW DATABASES:给予用户使用 SHOW DATABASES 语句查看所有已有的数据库的定义的权利。

在 GRANT 语法格式中,授予用户权限时 ON 子句中使用 "*.*",表示所有数据库的所有表。

【例 8.10】授予 peter 对所有数据库中的所有表的 CREATE、ALTERT 和 DROP 权限。

```
grant create ,alter ,drop
   on *.*
   to peter@localhost identified by 'ppwd';
```

【例 8.11】授予 peter 创建新用户的权利。

```
grant create user
   on *.*
   to peter@localhost;
```

为了概括权限,表 8.1 列出了可以在哪些级别授予某条 SQL 语句权限。

表 8.1 权限一览

语 句	用户权限	数据库权限	表权限	列权限
SELECT	Yes	Yes	Yes	No
INSERT	Yes	Yes	Yes	No
DELETE	Yes	Yes	Yes	Yes
UPDATE	Yes	Yes	Yes	Yes
REFERENCES	Yes	Yes	Yes	Yes
CREATE	Yes	Yes	Yes	No

续表

语　　句	用户权限	数据库权限	表权限	列权限
ALTER	Yes	Yes	Yes	No
DROP	Yes	Yes	Yes	No
INDEX	Yes	Yes	Yes	Yes
CREATE TEMPORARY TABLES	Yes	Yes	No	No
CREATE VIEW	Yes	Yes	No	No
SHOW VIEW	Yes	Yes	No	No
CREATE ROUTINE	Yes	Yes	No	No
ALTER ROUTINE	Yes	Yes	No	No
EXECUTE ROUTINE	Yes	Yes	No	No
LOCK TABLES	Yes	Yes	No	No
CREATE USER	Yes	No	No	No
SHOW DATABASES	Yes	No	No	No
FILE	Yes	No	No	No
PROCESS	Yes	No	No	No
RELOAD	Yes	No	No	No
REPLICATION CLIENT	Yes	No	No	No
REPLICATION SLAVE	Yes	No	No	No
SHUTDOWN	Yes	No	No	No
SUPER	Yes	No	No	No
USAGE	Yes	No	No	No

8.2.2　权限转移和限制

GRANT 语句的最后可以使用 WITH 子句。如果指定为 WITH GRANT OPTION，则表示 TO 子句中指定的所有用户都有把自己所拥有的权限授予其他用户的权利，而不管其他用户是否拥有该权限。

【例 8.12】授予 caddy 在 xs 表上的 SELECT 权限，并允许其将该权限授予其他用户。

首先在 root 用户下授予 caddy 用户 SELECT 权限：

```
grant select
   on xscj.xs
   to caddy@localhost identified by '19830925'
   with grant option;
```

接着，以 caddy 用户身份登录 MySQL，登录方式如下。

（1）打开命令行窗口，进入 MySQL 安装目录下的 bin 目录：

```
cd C:\Program Files\MySQL\MySQL Server 5.6\bin
```

（2）登录，输入命令：

```
mysql -hlocalhost -ucaddy -p19830925
```

其中，-h 后为主机名，-u 后为用户名，-p 后为密码。

登录后，caddy 用户只有查询 xscj 数据库中 xs 表的权利，它可以把这个权限传递给其他用户，这里假设用户 Jim 已经创建：

```
grant select
   on xscj.xs
```

```
    to Jim@localhost;
```

使用了 WITH GRANT OPTION 子句后,如果 caddy 在该表上还拥有其他权限,可以将其他权限也授予 Jim 而不仅限于 SELECT。

WITH 子句也可以对一个用户授予使用限制,其中,

MAX_QUERIES_PER_HOUR count:表示每小时可以查询数据库的次数;

MAX_CONNECTIONS_PER_HOUR count:表示每小时可以连接数据库的次数;

MAX_UPDATES_PER_HOUR count:表示每小时可以修改数据库的次数。例如,某人每小时可以查询数据库多少次。

MAX_USER_CONNECTIONS count:表示同时连接 MySQL 的最大用户数。count 是一个数值,对于前三个指定,count 如果为 0 则表示不起限制作用。

【例 8.13】授予 Jim 每小时只能处理一条 SELECT 语句的权限。
```
grant select
  on  xs
  to  Jim@localhost
  with  max_queries_per_hour 1;
```

8.2.3 权限回收

要从一个用户回收权限,但不从 user 表中删除该用户,可以使用 REVOKE 语句,这条语句和 GRANT 语句格式相似,但具有相反的效果。要使用 REVOKE,用户必须拥有 mysql 数据库的全局 CREATE USER 权限或 UPDATE 权限,其语法格式如下:
```
REVOKE priv_type [(列)] ...
    ON  {表名或视图名| * | *.* | 数据库名.*}
    FROM 用户...
```

或者:
```
REVOKE ALL PRIVILEGES, GRANT OPTION
FROM 用户 ...
```

第一种格式用来回收某些特定的权限,第二种格式回收所有该用户的权限。

【例 8.14】回收用户 caddy 在 xs 表上的 SELECT 权限。
```
use xscj
revoke select
  on  xs
  from  caddy@localhost;
```

由于 caddy 用户对 xs 表的 SELECT 权限被回收了,那么包括直接或间接地依赖于它的所有权限也回收了,在这个例子中,Jim 也失去了对 xs 表的 SELECT 权限。但以上语句执行之后 WITH GRANT OPTION 还保留,当再次授予 caddy 对于同一个表的表权限时,它会立刻把这个权限传递给 Jim。

8.3 表维护语句

MySQL 支持几条与维护和管理数据库相关的 SQL 语句,统称为表维护语句,下面就来介绍它们。

8.3.1 索引列可压缩性语句:ANALYZE TABLE

在一个定义了索引的列上不同值的数目被称为该索引列的可压缩性,可以使用"SHOW INDEX FROM 表名"语句来显示它。

一个索引列的可压缩性不是自动更新的。就是说,用户在某列创建了一个索引,而该列的可压缩性是不会立即计算出来的。这时需要使用 ANALYZE TABLE 语句来更新它,其语法格式如下:

```
ANALYZE [LOCAL | NO_WRITE_TO_BINLOG]
    TABLE 表名 ...
```

在 MySQL 上执行的所有更新都将写入到一个二进制日志文件中。这里如果直接使用 ANALYZE TABLE 语句,结果数据也会写入日志文件中。如果指定了 NO_ERITE_TO_BINLOG 选项,则关闭这个功能(LOCAL 是 NO_ERITE_TO_BINLOG 的同义词),这样 ANALYZE TABLE 语句也将会更快完成。

【例 8.15】更新表 xs 的索引的可压缩性,并随后显示。

```
analyze table xs;
show index from xs;
```

执行结果如图 8.2 所示。

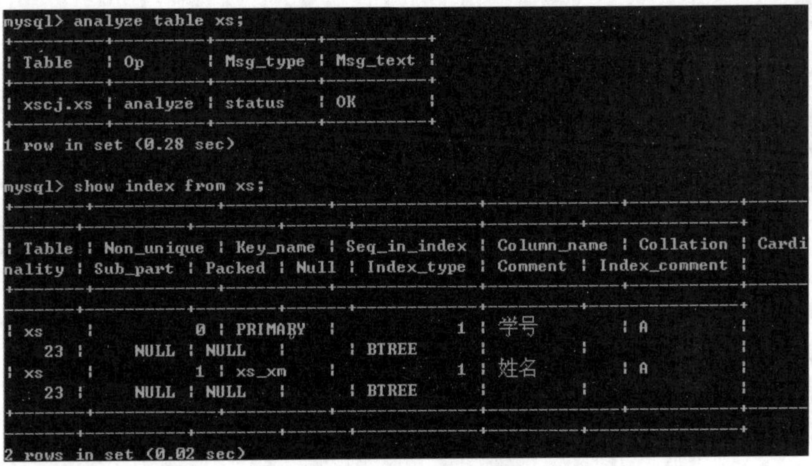

图 8.2 执行如果

8.3.2 检查表是否有错语句:CHECK TABLE

这条语句用来检查一个或多个表是否有错误,只对 MyISAM 和 InnoDB 表起作用。
语法格式:

```
CHECK TABLE 表名 ... [option] ...
```
Option 格式为：
```
QUICK | FAST | MEDIUM | EXTENDED | CHANGED
```

- QUICK：不扫描行，不检查错误的链接，这是最快的方法。
- FAST：检查表是否已经正确关闭。
- CHANGED：检查上次检查后被更改的表，以及没有被正确关闭的表。
- MEDIUM：扫描行，以验证被删除的链接是有效的。也可以计算各行的关键字校验和，并使用计算出的校验和验证这一点。
- EXTENDED：对每行的所有关键字进行全面的关键字查找。这可以确保表是完全一致的，但是花的时间较长。

【例 8.16】 检查 xs 表是否正确。
```
check table xs;
```
执行结果如图 8.3 所示。

图 8.3　执行结果

该语句返回的是一个状态表。Table 为表名称；Op 为进行的动作，此处是 check；Msg_type 是状态、错误、信息或错误之一；Msg_text 是返回的消息，这里为 OK，说明表是正确的。

8.3.3　获得表校验和语句：CHECKSUM TABLE

对于数据库中的每一个表，用户都可以使用 CHECKSUM TABLE 语句获得一个校验和，其语法格式如下：
```
CHECKSUM TABLE 表名 ... [ QUICK | EXTENDED ]
```

如果表是 MyISAM 表，指定了 QUICK，则报告表校验和，否则报告 NULL。指定 EXTENDED 则表示无论表是否是 MyISAM 表，都只计算检验和。

【例 8.17】 获得表 xs 的校验和的值。
```
checksum table xs;
```
执行结果如图 8.4 所示。

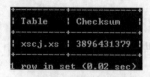

图 8.4　执行结果

8.3.4 优化表语句：OPTIMIZE TABLE

如果用户不断地使用 DELETE、INSERT 和 UPDATE 语句更新一个表，那么表的内部结构就会出现很多碎片和未利用的空间。这时可以使用 OPTIMIZE TABLE 语句来重新利用未使用的空间，并整理数据文件的碎片。OPTIMIZE TABLE 语句只对 MyISAM、BDB 和 InnoDB 表起作用。

语法格式：

```
OPTIMIZE [LOCAL | NO_WRITE_TO_BINLOG] TABLE 表名 ...
```

【例 8.18】优化 xs 表。

```
optimize table kc;
```

8.3.5 修复表语句：REPAIR TABLE

如果一个表或索引已经损坏，可以使用 REPAIR TABLE 语句尝试修复它。REPAIR TABLE 只对 MyISAM 和 ARCHIVE 表起作用。

```
REPAIR [LOCAL | NO_WRITE_TO_BINLOG] TABLE 表名 ...
    [QUICK] [EXTENDED] [USE_FRM]
```

REPAIR TABLE 语句支持以下选项。
- QUICK：如果指定了该选项，则 REPAIR TABLE 会尝试只修复索引树。
- EXTENDED：使用该选项，则 MySQL 会一行一行地创建索引行，代替使用分类一次创建一个索引。
- USE_FRM：如果 MYI 索引文件缺失或标题被破坏，则必须使用此选项。

另外，还有两个表维护语句：BACKUP TABLE 和 RESTORE TABLE 语句。

（1）使用 BACKUP TABLE 语句可以对一个或多个 MyISAM 表备份，其语法格式如下：

```
BACKUP TABLE 表名 ... TO '/path/to/backup/directory'
```

（2）使用 RESTORE TABLE 语句可以获取 BACKUP TABLE 创建的一个或多个表的备份，将数据读取到数据库中，其语法格式如下：

```
RESTORE TABLE 表名 ... FROM '/path/to/backup/directory'
```

但是这两条语句不是很理想，已经不推荐使用了，这里读者只需大概了解一下即可。

习 题

1. MySQL 采用哪些措施实现数据库的安全管理？
2. 用户角色分为哪几类？每类都有哪些权限？
3. 数据库角色分为哪几类？每类又有哪些操作权限？
4. 如何给一个数据库角色、用户赋予操作权限？
5. 举例说明用户权限授予、转移、限制和回收等操作，并分别说明如何查看效果。
6. 说明界面工具操作用户和权限。
7. MySQL 支持哪些表维护语句？举例说明它们的用法。

第 9 章 MySQL 事务管理

本书到目前为止都假设数据库只有一个用户在使用,但实际情况往往是多个用户共享数据库。本章将介绍多用户使用 MySQL 数据库的情况。

在 MySQL 环境中,事务由作为单独单元的一个或多个 SQL 语句组成。这个单元中的每个 SQL 语句是互相依赖的,而且单元作为一个整体是不可分割的。如果单元中的一个语句不能完成,整个单元就会回滚(撤销),所有影响到的数据将返回到事务开始以前的状态。因而,只有事务中的所有语句都成功地执行才能说这个事务被成功地执行。例如,公司雇员在部门之间调动,在雇员数据库中为在原来部门删除一条记录和在新部门创建一条新记录二项任务构成了一个事务,其中任何一个任务的失败都会导致整个事务被撤销,系统将返回到以前的状态。

MySQL 并不是所有的存储引擎都支持事务,如 InnoDB 和 BDB 支持,但 MyISAM 和 MEMORY 不支持,这种系统中的事务只能通过直接的表锁定实现。

本章假设使用了一个支持事务的存储引擎来创建表。

9.1 事务属性

MySQL 事务系统能够完全满足事务安全的 ACID 测试。术语"ACID"是一个简称,每个事务的处理必须满足 ACID 原则,即原子性(A)、一致性(C)、隔离性(I)和持久性(D)。

1. 原子性

原子性意味着每个事务都必须被看作是一个不可分割的单元。假设一个事务由两个或者多个任务组成,其中的语句必须同时成功才能认为整个事务是成功的。如果事务失败,系统将会返回到该事务以前的状态。

2. 一致性

不管事务是成功完成还是中途失败,当事务使系统处于一致的状态时存在一致性。例如从雇员数据库中删除了一个雇员,则所有和该雇员相关的数据,包括工资记录、职务变动记录也要被删除。

在 MySQL 中,一致性主要由 MySQL 的日志机制处理,它记录了数据库的所有变化,为事务恢复提供了跟踪记录。如果系统在事务处理中间发生错误,MySQL 恢复过程将使用这些日志来发现事务是否已经完全成功地执行,是否需要返回。因而一致性属性保证了数据库从不返回一个未处理完的事务。

3. 隔离性

隔离性是指每个事务在它自己的空间发生，和其他发生在系统中的事务隔离，而且事务的结果只有在它完全被执行时才能看到。即使在这样的一个系统中同时发生了多个事务，隔离性原则保证某个特定事务在完全完成之前，其结果是看不见的。

当系统支持多个同时存在的用户和连接时，这就尤为重要。如果系统不遵循这个基本规则，就可能导致大量数据的破坏，如每个事务的各自空间的完整性很快地被其他冲突事务所侵犯。

获得绝对隔离性的唯一方法是保证在任意时刻只能有一个用户访问数据库。当处理像 MySQL 这样多用户的 RDBMS 时，这不是一个实际的解决方法。但是，大多数事务系统使用页级锁定或行级锁定隔离不同事务之间的变化，这是要以降低性能为代价的。

4. 持久性

持久性是指即使系统崩溃，一个提交的事务仍然存在。当一个事务完成，数据库的日志已经被更新时，持久性就开始发生作用。大多数 RDBMS 产品通过保存所有行为的日志来保证数据的持久性，这些行为是指在数据库中以任何方法更改数据。数据库日志记录了所有对于表的更新、查询、报表等。

如果系统崩溃或者数据存储介质被破坏，通过使用日志，系统能够恢复在重启前进行的最后一次成功的更新，日志反映了在崩溃时处于过程的事务的变化。

MySQL 通过保存一条记录事务过程中系统变化的二进制事务日志文件来实现持久性。如果遇到硬件破坏或者突然的系统关机，在系统重启时，通过使用最后的备份和日志就可以很容易地恢复丢失的数据。

默认情况下，InnDB 表是完全持久的。MyISAM 表提供部分持久性，所有在最后一个 FLUSH TABLES 命令前进行的变化都能保证被存盘。

9.2 事务处理

大家知道，事务是由一组 SQL 语句构成的，它由一个用户输入，并以修改成持久或者回滚到原来状态而终结。在 MySQL 中，当一个会话开始时，系统变量 AUTOCOMMIT 值为 1，即自动提交功能是打开的，当用户每执行一条 SQL 语句后，该语句对数据库的修改就立即被提交成为持久性修改保存到磁盘上，一个事务也就结束了。因此，用户必须关闭自动提交，事务才能由多条 SQL 语句组成，使用如下语句：

```
SET @@AUTOCOMMIT=0;
```

执行此语句后，必须明确地指示每个事务的终止，事务中的 SQL 语句对数据库所做的修改才能成为持久化修改。

例如，执行如下语句：

```
delete from xs where 学号='081101';
select * from xs;
```

从执行结果中发现，表中已经删去了一行。但是，这个修改并没有持久化，因为自动提交已经关闭了。用户可以通过 ROLLBACK 撤销这一修改，或者使用 COMMIT 语句持久化这一修改。下面将具体介绍如何处理一个事务。

1. 开始事务

当一个应用程序的第一条 SQL 语句或者在 COMMIT 或 ROLLBACK 语句（后面介绍）后的第一条 SQL 语句执行后，一个新的事务也就开始了。另外还可以使用一条 START TRANSACTION 语句来显式地启动一个事务，其语法格式如下：

```
START TRANSACTION | BEGIN WORK
```

一条 BEGIN WORK 语句可以用来替代 START TRANSACTION 语句，但是 START TRANSACTION 更常用些。

2. 结束事务

COMMIT 语句是提交语句，它使得自从事务开始以来所执行的所有数据修改成为数据库的永久部分，也标志一个事务的结束，其语法格式如下：

```
COMMIT [WORK] [AND [NO] CHAIN] [[NO] RELEASE]
```

可选的 AND CHAIN 子句会在当前事务结束时，立刻启动一个新事务，并且新事务与刚结束的事务有相同的隔离等级。RELEASE 子句在终止了当前事务后，会让服务器断开与当前客户端的连接。包含 NO 关键词可以抑制 CHAIN 或 RELEASE 完成。

MySQL 使用的是平面事务模型，因此嵌套的事务是不允许的。在第一个事务里使用 START TRANSACTION 命令后，当第二个事务开始时，自动提交第一个事务。同样，下面的这些 MySQL 语句运行时都会隐式地执行一个 COMMIT 命令：

```
1. DROP DATABASE / DROP TABLE
2. CREATE INDEX / DROP INDEX
3. ALTER TABLE / RENAME TABLE
4. LOCK TABLES / UNLOCK TABLES
5. SET AUTOCOMMIT=1
```

3. 撤销事务

ROLLBACK 语句是撤销语句，它撤销事务所做的修改，并结束当前这个事务，其语法格式如下：

```
ROLLBACK [WORK] [AND [NO] CHAIN] [[NO] RELEASE]
```

在前面的举例中，若在最后加上以下这条语句：

```
rollback work;
```

执行完这条语句后，前面的删除动作将被撤销，可以使用 SELECT 语句查看该行数据是否还原。

4. 回滚事务

除了撤销整个事务，用户还可以使用 ROLLBACK TO 语句使事务回滚到某个点，在这之前需要使用 SAVEPOINT 语句来设置一个保存点。

SAVEPOINT 的语法格式如下：

```
SAVEPOINT identifier
```

其中，identifier 为保存点的名称。

ROLLBACK TO SAVEPOINT 语句会向已命名的保存点回滚一个事务。如果在保存点被设置后，当前事务对数据进行了更改，则这些更改会在回滚中被撤销。

ROLLBACK TO SAVEPOINT 语句的语法格式如下：

```
ROLLBACK [WORK] TO SAVEPOINT identifier
```

当事务回滚到某个保存点后，在该保存点之后设置的保存点将被删除。

RELEASE SAVEPOINT 语句会从当前事务的一组保存点中删除已命名的保存点，不出现提交或回滚。如果保存点不存在，会出现错误。

RELEASE SAVEPOINT 语句的语法格式如下：

```
RELEASE SAVEPOINT identifier
```

下面几个语句说明了有关事务的处理过程：

```
1. START TRANSACTION
2. UPDATE …
3. DELETE…
4. SAVEPOINT S1;
5. DELETE…
6. ROLLBACK WORK TO SAVEPOINT S1;
7. INSERT…
8. COMMIT WORK;
```

说明　　在以上语句中，第一行语句开始了一个事务；第 2、3 行语句对数据进行了修改，但没有提交；第 4 行设置了一个保存点；第 5 行删除了数据，但没有提交；第 6 行将事务回滚到保存点 S1，这时第 5 行所做修改被撤销了；第 7 行修改了数据；第 8 行结束了这个事务，这时第 2、3、7 行对数据库做的修改被持久化。

9.3　事务隔离级

每一个事务都有一个所谓的隔离级，它定义了用户彼此之间隔离和交互的程度。

为了理解隔离的重要性，有必要花些时间来考虑如果不强加隔离会发生什么。如果没有事务的隔离性，不同的 SELECT 语句将会在同一个事务的环境中检索到不同的结果，因为在这期间，基本上数据已经被其他事务所修改。这将导致不一致性，同时很难有准确的结果集，从而不能以查询结果作为计算的基础。因而隔离性强制对事务进行某种程度的隔离，保证应用程序在事务中看到一致的数据。

基于 ANSI/ISO SQL 规范，MySQL 提供了下面 4 种隔离级：序列化（SERIALIZABLE）、可重复读（REPEATABLE READ）、提交读（READ COMMITTED）、未提交读（READ UNCOMMITTED）。

只有支持事务的存储引擎才可以定义一个隔离级。定义隔离级可以使用 SET TRANSACTION 语句，其语法格式如下：

```
SET [GLOBAL | SESSION] TRANSACTION ISOLATION LEVEL
    SERIALIZABLE
    | REPEATABLE READ
    | READ COMMITTED
    | READ UNCOMMITTED
```

说明　　如果指定 GLOBAL，那么定义的隔离级将适用于所有的 SQL 用户；如果指定 SESSION，则隔离级只适用于当前运行的会话和连接。MySQL 默认为 REPEATABLE READ 隔离级。

- 序列化：SERIALIZABLE

如果隔离级为序列化，用户之间通过一个接一个顺序地执行当前的事务的方式提供了事务之间最大限度的隔离。

- 可重复读：REPEATABLE READ

在这一级上，事务不会被看成是一个序列。不过，当前在执行事务的变化仍然不能看到，也就是说，如果用户在同一个事务中执行同条 SELECT 语句数次，结果总是相同的。

- 提交读：READ COMMITTED

在这一级上，不仅处于这一级的事务可以看到其他事务添加的新记录，而且其他事务对现存记录做出的修改一旦被提交，也可以看到。也就是说，这意味着在事务处理期间，如果其他事务修改了相应的表，那么同一个事务的多个 SELECT 语句可能返回不同的结果。

- 未提交读：READ UNCOMMITTED

处于这个隔离级的事务可以读到其他事务还没有提交的数据，如果这个事务使用其他事务不提交的变化作为计算的基础，然后那些未提交的变化被它们的父事务撤销，这就导致了大量的数据变化。

系统变量 TX_ISOLATION 中存储了事务的隔离级，可以使用 SELECT 随时获得当前隔离级的值，如图 9.1 所示。

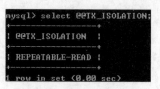

图 9.1　隔离级的值

默认情况下，这个系统变量的值是基于每个会话设置的，但是可以通过向 SET 命令行添加 GLOBAL 关键字修改该全局系统变量的值。

当用户从无保护的 READ UNCOMMITTED 隔离级转移到更安全的 SERIALIZABLE 级时，RDBMS 的性能也要受到影响。原因很简单：用户要求系统提供越强的数据完整性，系统就越需要做更多的工作，运行的速度也就越慢。因此，需要在 RDBMS 的隔离性需求和性能之间协调。

MySQL 默认为 REPEATABLE READ 隔离级，这个隔离级适用于大多数应用程序，只有在应用程序有具体的对于更高或更低隔离级的要求时才需要改动。没有一个标准公式来决定哪个隔离级适用于应用程序——大多数情况下，这是一个主观的决定，它是基于应用程序的容错能力和应用程序开发者对于潜在数据错误的影响的判断。隔离级的选择对于每个应用程序也是没有标准的。

习　题

1. 什么是事务？简述事务 ACID 各属性的含义。
2. 如何具体处理一个事务，有哪几个典型步骤？
3. 为什么要使用锁定，MySQL 提供了哪几种锁模式？
4. 什么是死锁，产生的机理是怎样的？
5. 多用户并发访问数据库时会出现哪些问题？

第 2 篇　MySQL 实验

实验 1　MySQL 的使用
实验 2　创建数据库和表
实验 3　表数据插入、修改和删除
实验 4　数据库的查询和视图
实验 5　索引和数据完整性
实验 6　MySQL 语言
实验 7　存储过程函数触发器事件
实验 8　数据库备份与恢复
实验 9　用户权限维护

实验 1
MySQL 的使用

目的与要求

（1）掌握 MySQL 服务器的安装方法；
（2）基本了解数据库及其对象。

实验准备

（1）了解 MySQL 安装的软硬件要求；
（2）了解 MySQL 支持的身份验证模式；
（3）了解 MySQL 各组件的主要功能；
（4）基本了解数据库、表、数据库对象。

实验内容

1. 安装 MySQL 服务器和界面工具

（1）按照本书第 1 章中的介绍，安装并配置 MySQL 服务器。
（2）安装 MySQL 界面工具。

2. MySQL 客户端访问数据库

（1）MySQL 客户端需经由命令行进入，单击"开始"→"所有程序"→"附件"→"命令提示符"，进入 Windows 命令行，输入：

```
cd C:\Program Files\MySQL\MySQL Server 5.7\bin
```

然后输入：

```
mysql.exe -uroot -p
```

即可启动 MySQL 客户端，登录后界面如图实验 1.1 所示。

（2）在客户端中输入"help"或"\h"，查看 MySQL 帮助菜单，仔细阅读帮助菜单的内容。
（3）使用 SHOW 语句查看系统中已有（包括用户自己创建）的数据库：

```
show databases;
```

执行结果如图实验 1.2 所示。

除了 3 个系统库，还有 2 个（test 和 xscj）数据库是本书讲解实例涉及的需要自行创建的用户数据库。

（4）使用 USE 语句选择 mysql 数据库为当前数据库：

```
use mysql;
```

执行结果如图实验 1.3 所示。

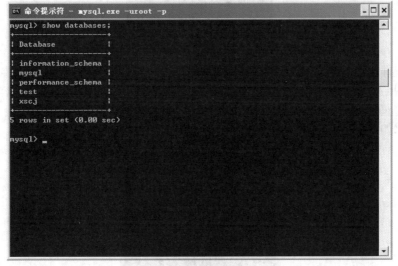

图实验 1.1　MySQL 客户端界面

图实验 1.2　查看系统中已有数据库

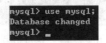

图实验 1.3　执行结果

语句执行后即选择了 mysql 为当前数据库，执行 SQL 语句时如果不指明数据库，则表示在当前数据库中进行操作。

（5）使用 SHOW TABLES 语句查看当前数据库中的表。

```
show tables;
```

由于当前数据库为 mysql，所以语句的查询结果即 mysql 数据库中的表。

通过这条 SHOW 语句结果可以看出，mysql 数据库中有 28 个表，如图实验 1.4 所示。

图实验 1.4　数据库中的表

这些表中都包含了有关 MySQL 的系统信息。

（6）使用一条 SELECT 语句查看 mysql 数据库中存储用户信息的表 user 的内容。

```
select user from user;
```

执行结果如图实验 1.5 所示。

图实验 1.5　执行结果

由结果可知，当前数据库中除了管理员用户 root，还有很多其他用户，都是在本书各章演示实例的时候陆续创建的。

【思考与练习】

使用 USE 语句将当前数据库设定为 information_schema，并查看该系统库中有哪些表。

3．MySQL 界面工具

根据上述命令操作（部分）功能，试验用 MySQL 界面工具完成。

实验 2
创建数据库和表

目的与要求

（1）了解 MySQL 数据库的存储引擎的分类；
（2）了解表的结构特点；
（3）了解 MySQL 的基本数据类型；
（4）了解空值概念；
（5）学会在 MySQL 界面工具中创建数据库和表；
（6）学会使用 SQL 语句创建数据库和表。

实验准备

（1）明确能够创建数据库的用户必须是系统管理员，或是被授权使用 CREATE DATABASE 语句的用户；
（2）确定数据库包含哪些表，以及所包含的各表的结构，还要了解 MySQL 的常用数据类型，以创建数据库的表；
（3）了解两种常用的创建数据库、表的方法，即使用 CREATE DATABASE 语句创建和在界面管理工具中创建。

实验内容

1. 实验题目

创建用于企业管理的员工管理数据库，数据库名为 YGGL，包含员工的信息、部门信息及员工的薪水信息。数据库 YGGL 包含下列 3 个表：

（1）Employees：员工信息表；
（2）Departments：部门信息表；
（3）Salary：员工薪水情况表。

各表的结构如表实验 2.1、表实验 2.2、表实验 2.3 所示。

表实验 2.1　　　　　　　　　　　Employees 表结构

列　名	数据类型	长　度	是否允许为空值	说　明
EmployeeID	char	6	×	员工编号，主键
Name	char	10	×	姓名

续表

列 名	数据类型	长 度	是否允许为空值	说 明
Education	Char	4	×	学历
Birthday	date	16	×	出生日期
Sex	char	2	×	性别
WorkYear	tinyint	1	√	工作时间
Address	varchar	20	√	地址
PhoneNumber	char	12	√	电话号码
DepartmentID	char	3	×	员工部门号,外键

表实验 2.2　　　　　　　　　　　Departments 表结构

列 名	数据类型	长 度	是否允许为空值	说 明
DepartmentID	字符型（char）	3	×	部门编号,主键
DepartmentName	字符型（char）	20	×	部门名
Note	文本（text）	16	√	备注

表实验 2.3　　　　　　　　　　　Salary 表结构

列 名	数据类型	长 度	是否允许为空值	说 明
EmployeeID	字符型（char）	6	×	员工编号,主键
InCome	浮点型（float）	8	×	收入
OutCome	浮点型（float）	8	×	支出

2. 命令行方式创建数据库

以管理员身份登录 MySQL 客户端，使用 CREATE 语句创建 YGGL 数据库：

```
create database YGGL;
```

执行结果如图实验 2.1 所示。

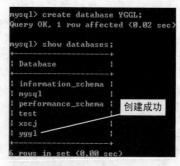

图实验 2.1　执行结果

3. SQL 语句创建表

执行创建表 Employees 的 SQL 语句：

```
use YGGL
create table Employees
(
    EmployeeID    char(6) not null,
```

```
    Name          char(10)not null,
    Education     char(4) not null,
    Birthday      date    not null,
    Sex           char(2) not null default '1',
    WorkYear      tinyint(1),
    Address   varchar(20),
    PhoneNumber char(12),
    DepartmentID char(3) not null,
    primary key(EmployeeID)
)engine=innodb;
```

用同样的方法在数据库 YGGL 中创建表 Salary。

创建一个与 Employees 表结构相同的空表 Employees0：

```
create table Employees0 like Employees;
```

4. SQL 语句删除表和数据库

删除表 Employees：

```
drop table Employees;
```

删除数据库 YGGL：

```
drop database YGGL;
```

【思考与练习】

a. 在 YGGL 数据库存在的情况下，使用 CREATE DATABASE 语句新建数据库 YGGL，查看错误信息，再尝试加上 IF NOT EXISTS 关键词创建 YGGL，看看有什么变化。

b. 使用命令行方法创建数据库 YGGL1，要求数据库字符集为 utf8，校对规则为 utf8_general_ci。

c. 使用界面方法在 YGGL1 数据库中新建表 Employees1，要求使用存储引擎为 MyISAM，表的结构与 Employees 相同。

d. 分别使用命令行方式和界面方式将表 Employees1 中的 EmailAddress 列删除，并将 Sex 列的默认值修改为"男"。

5. MySQL 界面工具

根据上述命令操作（部分）功能，试验用 MySQL 界面工具完成。

实验 3
表数据插入、修改和删除

目的与要求

（1）学会在界面管理工具中对数据库表进行插入、修改和删除数据操作；
（2）学会使用 SQL 语句对数据库表进行插入、修改和删除数据操作；
（3）了解数据更新操作时要注意数据完整性；
（4）了解 SQL 语句对表数据操作的灵活控制功能。

实验准备

（1）了解对表数据的插入、删除、修改都属于表数据的更新操作；
（2）掌握 SQL 中用于对表数据进行插入、修改和删除的命令分别是 INSERT、UPDATE 和 DELETE（或 TRANCATE TABLE）；
（3）要特别注意在执行插入、删除和修改等数据更新操作时，必须保证数据完整性；

在实验 2 中，用于实验的 YGGL 数据库中的 3 个表已经建立，现在要将各表的样本数据添加到表中。样本数据如表实验 3.1、表实验 3.2 和表实验 3.3 所示。

表实验 3.1　　　　　　　　　　Employees 表数据样本

编号	姓名	学历	出生日期	性别	工作时间	住址	电话	部门号
000001	王林	大专	1966-01-23	1	8	中山路 32-1-508	83355668	2
010008	伍容华	本科	1976-03-28	1	3	北京东路 100-2	83321321	1
020010	王向容	硕士	1982-12-09	1	2	四牌楼 10-0-108	83792361	1
020018	李丽	大专	1960-07-30	0	6	中山东路 102-2	83413301	1
102201	刘明	本科	1972-10-18	1	3	虎距路 100-2	83606608	5
102208	朱俊	硕士	1965-09-28	1	2	牌楼巷 5-3-106	84708817	5
108991	钟敏	硕士	1979-08-10	0	4	中山路 10-3-105	83346722	3
111006	张石兵	本科	1974-10-01	1	1	解放路 34-1-203	84563418	5
210678	林涛	大专	1977-04-02	1	2	中山北路 24-35	83467336	3
302566	李玉珉	本科	1968-09-20	1	3	热和路 209-3	58765991	4
308759	叶凡	本科	1978-11-18	1	2	北京西路 3-7-52	83308901	4
504209	陈林琳	大专	1969-09-03	0	5	汉中路 120-4-12	84468158	4

表实验 3.2　　　　　　　　　　Departments 表数据样本

部门号	部门名称	备注	部门号	部门名称	备注
1	财务部	NULL	4	研发部	NULL
2	人力资源部	NULL	5	市场部	NULL
3	经理办公室	NULL			

表实验 3.3　　　　　　　　　　Salary 表数据样本

编号	收入	支出	编号	收入	支出
000001	2100.8	123.09	108991	3259.98	281.52
010008	1582.62	88.03	020010	2860.0	198.0
102201	2569.88	185.65	020018	2347.68	180.0
111006	1987.01	79.58	308759	2531.98	199.08
504209	2066.15	108.0	210678	2240.0	121.0
302566	2980.7	210.2	102208	1980.0	100.0

实验内容

1．实验题目

使用 SQL 语句，向在实验 2 建立的数据库 YGGL 的 3 个表 Employees、Departments 和 Salary 中插入多行数据记录，然后修改和删除一些记录。使用 SQL 进行有限制的修改和删除。

2．初始化数据库表的数据

（1）打开 YGGL 数据库。

（2）向 Employees 表中加入表实验 3.1 中的记录。

（3）向 Departments 表和 Salary 表中分别插入表实验 3.2 和表实验 3.3 中的记录。

注意　　插入的数据要符合列的类型。试着在 INT 型的列中插入字符型数据（如字母），查看发生的情况。

不能插入两行有相同主键的数据，例如，如果编号 000001 的员工信息已经在 Employees 中存在，则不能向 Employees 表再插入编号为 000001 的数据行。

说明　　可以在界面工具中观察数据的变化，验证操作是否成功。

3．修改数据库表数据

（1）删除表 Employees 的第 1 行和表 Salary 的第 1 行。注意进行删除操作时，作为两表主键的 EmployeeID 的值，以保持数据完整性。

（2）将表 Employees 中编号为 020018 的记录的部门号（DepartmentID 字段）改为 4。

说明　　可以在界面工具中观察数据的变化，验证操作是否成功。

4．插入表数据

（1）向表 Employees 中插入步骤 2 中删除的一行数据：

```
insert into Employees values('000001','王林','大专','1966-01-23','1', 8,'中山路32-1-508', '83355668', '2');
```

（2）向表 Salary 插入步骤 2 中删除的一行数据：

```
insert into Salary set EmployeeID ='000001', InCome =2100.8, OutCome=123.09;
```

（3）使用 REPLACE 语句向 Departments 表插入一行数据：

```
replace into Departments values('1','广告部','负责推广产品');
```

执行完该语句后使用 SELECT 语句进行查看，可见原有的 1 号部门已经被新插入的一行数据替换了，效果如图实验 3.1 所示。

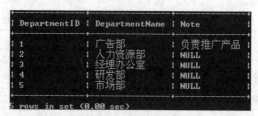

图实验 3.1　执行结果

【思考与练习】

a. 由于本实验没有创建可以插入图片的数据类型，无法演示如何插入图片。读者可以自行验证如何使用命令行和界面方式插入图片数据。

b. INSERT INTO 语句还可以通过 SELECT 子句来添加其他表中的数据，但是 SELECT 子句中的列要与添加表的列数目和数据类型都一一对应。假设有另一个空表 Employees2，结构和 Employees 表完全相同，使用 INSERT INTO 语句将 Employees 表中数据添加到 Employees2 中，语句如下：

```
insert into Employees2 select * from Employees;
```

查看 Employees2 表中的变化，如图实验 3.2 所示。

图实验 3.2　执行结果

可见，这时表 Employees2 中已经有了表 Employees 的全部数据。

5. SQL 语句修改表数据

（1）使用 SQL 命令修改表 Salary 中的某个记录的字段值：

```
update Salary set InCome = 2890
    where EmployeeID = '102201';
```

执行上述语句，将编号为 102201 的职工收入改为 2890。

（2）将所有职工收入增加 100：

```
update Salary
    set InCome = InCome + 100;
```

可以在界面工具中观察数据的变化，验证操作是否成功。

（3）使用 SQL 命令删除表 Employees 中编号为 102201 的职工信息：

```
delete from Employees where EmployeeID= '102201';
```

（4）删除所有收入大于 2500 的员工信息：

```
delete from Employees
    where EmployeeID=(select EmployeeID from Salary where InCome>2500);
```

（5）使用 TRANCATE TABLE 语句删除表中所有行：

```
trancate table Salary;
```

执行上述语句，将删除 Salary 表中的所有行。

实验时不要轻易做这个操作，因为后面实验还要用到这些数据。如要实验该命令的效果，可建一个临时表，输入少量数据后进行。

可以在界面工具中观察数据的变化，验证操作是否成功。

【思考与练习】

使用 INSERT、UPDATE 语句将实验 3 中所有对表的修改恢复到原来的状态，方便在以后的实验中使用。

实验 4
数据库的查询和视图

实验 4.1 查询

目的与要求

（1）掌握 SELECT 语句的基本语法；
（2）掌握子查询的表示；
（3）掌握连接查询的表示；
（4）掌握 SELECT 语句的 GROUP BY 子句的作用和使用方法；
（5）掌握 SELECT 语句的 ORDER BY 子句的作用和使用方法；
（6）掌握 SELECT 语句的 LIMIT 子句的作用和使用方法。

实验准备

（1）了解 SELECT 语句的基本语法格式；
（2）了解 SELECT 语句的执行方法；
（3）了解子查询的表示方法；
（4）了解连接查询的表示；
（5）了解 SELECT 语句的 GROUP BY 子句的作用和使用方法；
（6）了解 SELECT 语句的 ORDER BY 子句的作用；
（7）了解 SELECT 语句的 LIMIT 子句的作用。

实验内容

1. 基本查询

（1）对于实验 2 给出的数据库表结构，查询每个雇员的所有数据。
使用以下的 SQL 语句：

```
use YGGL
select * from Employees;
```

【思考与练习】

用 SELECT 语句查询 Departments 和 Salary 表的所有记录。

（2）查询每个雇员的姓名、地址和电话。

使用以下的 SQL 语句：

```
select Name, Address, PhoneNumber
    from Employees;
```

执行结果如图实验 4.1 所示。

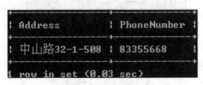

图实验 4.1　执行结果

【思考与练习】

a. 用 SELECT 语句查询 Departments 和 Salary 表的一列或若干列。

b. 查询 Employees 表中部门号和性别，要求使用 DISTINCT 消除重复行。

（3）查询 EmployeeID 为 000001 的雇员的地址和电话。

使用以下的 SQL 语句：

```
select Address,PhoneNumber
    from Employees
    where EmployeeID= '000001';
```

执行结果如图实验 4.2 所示。

图实验 4.2　执行结果

【思考与练习】

a. 查询月收入高于 2000 元的员工号码。

b. 查询 1970 年以后出生的员工的姓名和住址。

c. 查询所有财务部的员工的号码和姓名。

（4）查询 Employees 表中女雇员的地址和电话，使用 AS 子句将结果中各列的标题分别指定为地址、电话。

使用以下的 SQL 语句：

```
select Address as 地址, PhoneNumber as 电话
```

```
    from Employees
    where sex = '0';
```
执行结果如图实验 4.3 所示。

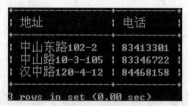

图实验 4.3　执行结果

【思考与练习】

查询 Employees 表中男员工的姓名和出生日期，要求将各列标题用中文表示。

（5）查询 Employees 表中员工的姓名和性别，要求 Sex 值为 1 时显示为"男"，为 0 时显示为"女"。

```
select Name as 姓名,
    case
        when Sex= '1' then '男'
        when Sex= '0' then '女'
    end as 性别
    from Employees;
```

执行结果如图实验 4.4 所示。

图实验 4.4　执行结果

【思考与练习】

查询 Employees 员工的姓名、住址和收入水平，2000 元以下显示为低收入，2000～3000 元显示为中等收入，3000 元以上显示为高收入。

（6）计算每个雇员的实际收入。

使用以下的 SQL 语句：

```
select EmployeeID, InCome-OutCome as 实际收入
    from Salary;
```

执行结果如图实验 4.5 所示。

图实验 4.5　执行结果

【思考与练习】

使用 SELECT 语句进行简单的计算。

（7）获得员工总数。

```
select COUNT(*)
    from Employees;
```

执行结果如图实验 4.6 所示。

图实验 4.6　执行结果

【思考与练习】

a．计算 Salary 表中员工月收入的平均数。

b．获得 Employees 表中最大的员工号码。

c．计算 Salary 表中所有员工的总支出。

d．查询财务部雇员的最高和最低实际收入。

（8）找出所有姓王的雇员的部门号。

使用以下的 SQL 语句：

```
select DepartmentID
    from Employees
    where name like '王%';
```

执行结果如图实验 4.7 所示。

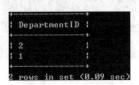

图实验 4.7　执行结果

【思考与练习】

a．找出所有地址中含有"中山"的雇员的号码及部门号。

b．查找员工号码中倒数第二个数字为 0 的姓名、地址和学历。

（9）找出所有收入在 2000～3000 元之间的员工号码。

使用以下的 SQL 语句：

```
select EmployeeID
    from Salary
    where InCome between 2000 and 3000;
```

执行结果如图实验 4.8 所示。

图实验 4.8　执行结果

【思考与练习】

找出所有在部门"1"或"2"工作的雇员的号码。

 在 SELECT 语句中 LIKE、BETWEEN…AND、IN、NOT 及 CONTAIN 谓词的作用。

2．子查询

（1）查找在财务部工作的雇员的情况。

使用以下的 SQL 语句：

```
select * from Employees
    where DepartmentID =
        ( select DepartmentID
            from Departments
            where DepartmentName = '广告部' );
```

执行结果如图实验 4.9 所示。

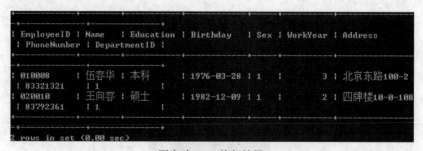

图实验 4.9　执行结果

【思考与练习】

用子查询的方法查找所有收入在 2500 元以下的雇员的情况。

（2）查找研发部年龄不低于市场部所有雇员年龄的雇员的姓名。

输入如下的语句并执行：

```
select Name
  from Employees
  where DepartmentID in
    ( select DepartmentID
        from Departments
        where DepartmentName = '研发部' )
  and
  Birthday <= ALL
        ( select Birthday
            from Employees
            where DepartmentID in
              ( select DepartmentID
                  from Departments
                  where DepartmentName = '市场部')
        );
```

执行结果如图实验 4.10 所示。

图实验 4.10　执行结果

【思考与练习】

用子查询的方法查找研发部比市场部所有雇员收入都高的雇员的姓名。

（3）查找比广告部所有的雇员收入都高的雇员的姓名。

使用以下的 SQL 语句：

```
select Name
  from Employees
  wherE  EmployeeID in
    ( select EmployeeID
        from Salary
        where InCome >
        all ( select InCome
                from Salary
                where EmployeeID in
                  ( select EmployeeID
                      from Employees
                      where DepartmentID =
                        ( select DepartmentID
                            from Departments
                            where DepartmentName = '广告部')
                  )
            )
    );
```

执行结果如图实验 4.11 所示。

图实验 4.11　执行结果

【思考与练习】

用子查询的方法查找年龄比市场部所有雇员年龄都大的雇员的姓名。

3．连接查询

（1）查询每个雇员的情况及其薪水的情况。

使用以下的 SQL 语句：

```
select Employees.* , Salary.*
    from Employees, Salary
    where Employees.EmployeeID = Salary.EmployeeID;
```

【思考与练习】

查询每个雇员的情况及其工作部门的情况。

（2）使用内连接的方法查询名字为"王林"的员工所在的部门。

```
select DepartmentName
    from Departments join Employees
        on Departments. DepartmentID=Employees.DepartmentID
    where Employees.Name='王林';
```

执行结果如图实验 4.12 所示。

图实验 4.12　执行结果

【思考与练习】

a．使用内连接方法查找不在广告部工作的所有员工信息。

b．使用外连接方法查找所有员工的月收入。

（3）查找广告部收入在 2000 元以上的雇员姓名及其薪水详情。

使用以下的 SQL 语句：

```
select Name,InCome,OutCome
   from Employees , Salary , Departments
   where Employees.EmployeeID = Salary.EmployeeID
        and
            Employees.DepartmentID= Departments.DepartmentID
        and
            DepartmentName = '广告部'
        and
            InCome>2000;
```

执行结果如图实验 4.13 所示。

图实验 4.13　执行结果

【思考与练习】

查询研发部在 1966 年以前出生的雇员姓名及其薪水详情。

4．分组、排序和输出行

（1）查找 Employees 中男性和女性的人数。

```
select Sex, COUNT(Sex)
    from Employees
    group by Sex;
```

执行结果如图实验 4.14 所示。

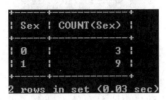

图实验 4.14　执行结果

【思考与练习】

a．按部门列出在该部门工作的员工的人数。

b．按员工的学历分组，列出本科、大专和硕士的人数。

（2）查找员工数超过 2 人的部门名称和员工数量。

```
select DepartmentName, COUNT(*) AS 人数
    from Employees, Departments
    where Employees.DepartmentID=Departments.DepartmentID
    group by Employees.DepartmentID
    having COUNT(*)>2;
```

执行结果如图实验 4.15 所示。

图实验 4.15　执行结果

【思考与练习】

按员工的工作年份分组，统计各个工作年份的人数，如工作 1 年的多少人，工作 2 年的多少人。

（3）将 Employees 表中的员工号码由大到小排列。

使用以下的 SQL 语句：

```
select EmployeeID
   from Employees
   order by EmployeeID DESC;
```

执行结果如图实验 4.16 所示。

图实验 4.16　执行结果

【思考与练习】

a. 将员工信息按出生日期从小到大排列。

b. 在 ORDER BY 子句中使用子查询，查询员工姓名、性别和工龄信息，要求按实际收入从大到小排列。

（4）返回 Employees 表中的前 5 位员工的信息。

```
select *
    from Employees
    limit 5;
```

执行结果如图实验 4.17 所示。

图实验 4.17　执行结果

【思考与练习】

返回 Employees 表中从第 3 位员工开始计算的 5 个员工的信息。

实验 4.2　视图

目的与要求

（1）熟悉视图的概念和作用；

（2）掌握视图的创建方法；

(3) 掌握如何查询和修改视图。

实验准备

(1) 了解视图的概念；
(2) 了解创建视图的方法；
(3) 了解对视图的操作。

实验内容

1. 创建视图

(1) 创建 YGGL 数据库上的视图 DS_VIEW，视图包含 Departments 表的全部列。

```
create or replace
    view DS_VIEW
    as select * from Departments;
```

(2) 创建 YGGL 数据库上的视图 Employees_view，视图包含员工号码、姓名和实际收入。使用以下的 SQL 语句：

```
create or replace
    view Employees_view(EmployeeID, Name, RealIncome)
    as
        select Employees.EmployeeID, Name, InCome-OutCome
            from Employees, Salary
            where Employees.EmployeeID= Salary.EmployeeID;
```

【思考与练习】

a. 在创建视图时 SELECT 语句有哪些限制？
b. 在创建视图时有哪些注意点？
c. 创建视图，包含员工号码、姓名、所在部门名称和实际收入这几列。

2. 查询视图

(1) 从视图 DS_VIEW 中查询出部门号为 3 的部门名称。

```
select DepartmentName
    from DS_VIEW
    where DepartmentID='3';
```

执行结果如图实验 4.18 所示。

图实验 4.18　执行结果

(2) 从视图 Employees_view 查询出姓名为"王林"的员工的实际收入。

```
select RealIncome
    from Employees_view
    where Name='王林';
```

执行结果如图实验 4.19 所示。

图实验 4.19　执行结果

【思考与练习】

a. 若视图关联了某表中的所有字段,此时该表中添加了新的字段,视图中能否查询到该字段?

b. 自己创建一个视图,并查询视图中的字段。

3. 更新视图

在更新视图前需要了解可更新视图的概念,了解什么视图是不可以进行修改的。更新视图真正更新的是与视图关联的表。

(1) 向视图 DS_VIEW 中插入一行数据:6, 财务部, 财务管理。

```
insert into DS_VIEW values('6', '财务部', '财务管理');
```

执行完该命令使用 SELECT 语句分别查看视图 DS_VIEW 和基本表 Departments 中发生的变化。

尝试向视图 Employees_view 中插入一行数据,看看会发生什么情况。

(2) 修改视图 DS_VIEW,将部门号为 5 的部门名称修改为"生产车间"。

```
update DS_VIEW
    set DepartmentName='生产车间'
    where DepartmentID='5';
```

执行完该命令使用 SELECT 语句分别查看视图 DS_VIEW 和基本表 Departments 中发生的变化。

(3) 修改视图 Employees_view 中号码为 000001 的雇员的姓名为"王浩"。

```
update Employees_view
    set Name='王浩'
    where EmployeeID='000001';
```

(4) 删除视图 DS_VIEW 中部门号为"1"的数据。

```
delete from DS_VIEW
    where DepartmentID='1';
```

【思考与练习】

视图 Employees_view 中无法插入和删除数据,其中的 RealIncome 字段也无法修改,为什么?

4. 删除视图

删除视图 DS_VIEW。

```
drop view DS_VIEW;
```

5. 使用界面工具操作视图

【思考与练习】

总结视图与基本表的差别。

实验 5
索引和数据完整性

目的与要求

（1）掌握索引的使用方法；
（2）掌握数据完整性的实现方法。

实验准备

（1）了解索引的作用与分类；
（2）掌握索引的创建方法；
（3）理解数据完整性的概念及分类；
（4）掌握各种数据完整性的实现方法。

实验内容

1. 创建索引

（1）使用 CREATE INDEX 语句创建索引

① 对 YGGL 数据库的 Employees 表中的 DepartmentID 列建立索引。在 MySQL 客户端输入如下命令并执行：

```
create index depart_ind
    on Employees(DepartmentID);
```

② 在 Employees 表的 Name 列和 Address 列上建立复合索引。

```
create index Ad_ind
    on Employees(Name, Address);
```

③ 对 Departments 表上的 DepartmentName 列建立唯一性索引。

```
create unique index Dep_ind
    on Departments(DepartmentName);
```

【思考与练习】

a. 索引创建完后可以使用 SHOW INDEX FROM tbl_name 语句查看表中的索引。
b. 对 Employees 表的 Address 列进行前缀索引。
c. 使用 CREATE INDEX 语句能创建主键吗？

（2）使用 ALTER TABLE 语句向表中添加索引

① 向 Employees 表中的出生日期列添加一个唯一性索引，姓名列和性别列上添加一个复合索引。使用如下 SQL 语句：

```
alter table Employees
    add unique index date_ind(Birthday),
    add index na_ind(Name,Sex);
```

② 假设 Departments 表中没有主键，使用 ALTER TABLE 语句将 DepartmentID 列设为主键。使用如下 SQL 语句：

```
alter table Employees
    add primary key(DepartmentID);
```

【思考与练习】

添加主键和添加普通索引有什么区别？

（3）在创建表时创建索引

创建与 Departments 表相同结构的表 Departments1，将 DepartmentName 设为主键，DepartmentID 上建立一个索引。

```
create table Departments1
(
    DepartmentID      CHAR(3),
    DepartmentName    CHAR(20),
    Note              TEXT,
    primary key(DepartmentName),
    index DID_ind(DepartmentID)
);
```

【思考与练习】

创建一个数据量很大的新表，看看使用索引和不使用索引的区别。

（4）界面方式创建索引

【思考与练习】

a．使用界面方式创建一个复合索引。

b．掌握索引的分类，体会索引对查询的影响。

2．删除索引

（1）使用 DROP INDEX 语句删除表 Employees 上的索引 depart_ind，使用如下 SQL 语句。

```
drop index depart_ind on Employees;
```

（2）使用 ALTER TABLE 语句删除 Departments 上的主键和索引 Dep_ind。

```
alter table Departments
    drop primary key,
    drop index Dep_ind;
```

【思考与练习】

如果删除了表中的一个或多个列，该列上的索引也会受到影响。如果组成索引的所有列都被删除，则该索引也被删除。

3．数据完整性

（1）创建一个表 Employees3，只含 EmployeeID、Name、Sex 和 Education 列。将 Name 设为主键，作为列 Name 的完整性约束。EmployeeID 为替代键，作为表的完整性约束。

```
create table Employees3
(
    EmployeeID    char(6)      not null,
    Name          char(10)     not null primary key,
    Sex           tinyint(1),
    Education     char(4),
    unique(EmployeeID)
```

);

【思考与练习】

创建一个新表，使用一个复合列作为主键，作为表的完整性约束。

（2）创建一个表 Salary1，要求所有 Salary 表上出现的 EmployeeID 都要出现在 Salary1 表中，利用完整性约束实现，要求当删除或修改 Salary 表上的 EmployeeID 列时，Salary1 表中的 EmployeeID 值也会随之变化。

使用如下 SQL 语句：

```
create table Salary1
(
    EmployeeID    char(6)       not null primary key,
    InCome        float(8)      not null,
    OutCome       float(8)      not null,
    foreign key(EmployeeID)
        references Salary(EmployeeID)
            on update cascade
            on delete cascade
);
```

【思考与练习】

a．创建完 Salary1 表后，初始化该表的数据与 Salary 表相同。删除 Salary 表中一行数据，再查看 Salary1 表的内容，看看会发生什么情况。

b．使用 ALTER TABLE 语句向 Salary 表中的 EmployeeID 列添加一个外键，要求当 Empolyees 表中要删除或修改与 EmployeeID 值有关的行时，检查 Salary 表有没有该 EmployeeID 值，如果存在则拒绝更新 Employees 表。

（3）创建表 student，只考虑学号和性别两列，性别只能包含男或女。

```
create table student
(
    学号 char(6) not null,
    性别 char(1) not null
        check(性别 in ('男', '女'))
);
```

【思考与练习】

创建表 student2，只考虑学号和出生日期两列，出生日期必须大于 1990 年 1 月 1 日。

注意　　　　CHECK 完整性约束在目前的 MySQL 版本中只能被解析，而不能实现该功能。

实验 6 MySQL 语言

目的与要求

（1）掌握变量的分类及其使用；
（2）掌握各种运算符的使用；
（3）掌握系统内置函数的使用。

实验准备

（1）了解 MySQL 支持的各种基本数据类型；
（2）了解 MySQL 各种运算符的功能及使用方法；
（3）了解 MySQL 系统内置函数的作用。

实验内容

1. 常量

（1）计算 194 和 142 的乘积，使用如下 SQL 语句：

```
select 194*142;
```

执行结果如图实验 6.1 所示。

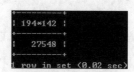

图实验 6.1　执行结果

（2）获取以下这串字母的值：'I\nlove\nMySQL'。

```
select 'I\nlove\nMySQL';
```

执行结果如图实验 6.2 所示。

图实验 6.2　执行结果

【思考与练习】

熟悉其他类型的常量，掌握不同类型的常量的用法。

2. 系统变量

（1）获得现在使用的 MySQL 版本。

```
select @@VERSION;
```

执行结果如图实验 6.3 所示。

图实验 6.3　执行结果

（2）获得系统当前的时间。

```
select CURRENT_TIME;
```

执行结果如图实验 6.4 所示。

图实验 6.4　执行结果

【思考与练习】

了解各种常用系统变量的功能及用法。

3. 用户变量

（1）对于实验 2 给出的数据库表结构，创建一个名为 female 的用户变量，并在 SELECT 语句中，使用该局部变量查找表中所有女员工的编号、姓名。

```
use YGGL
set @female=0;
```

变量赋值完毕，使用以下的语句查询：

```
select EmployeeID, Name
    from Employees
    where sex=@female;
```

执行结果如图实验 6.5 所示。

图实验 6.5　执行结果

（2）定义一个变量，用于获取号码为 102201 的员工的电话号码。

```
set @phone=(select PhoneNumber
    from Employees
    where EmployeeID='102201');
```

执行完该语句后使用 SELECT 语句查询变量 phone 的值，执行结果如图实验 6.6 所示。

图实验 6.6　执行结果

【思考与练习】

定义一个变量，用于描述 YGGL 数据库中的 Salary 表员工 000001 的实际收入，然后查询该变量。

4．运算符

（1）使用算术运算符"–"查询员工的实际收入。

```
select InCome-OutCome
    from Salary;
```

执行结果如图实验 6.7 所示。

图实验 6.7　执行结果

（2）使用比较运算符">"查询 Employees 表中工作时间大于 5 年的员工信息。

```
select *
    from Employees
    where WorkYear > 5;
```

执行结果如图实验 6.8 所示。

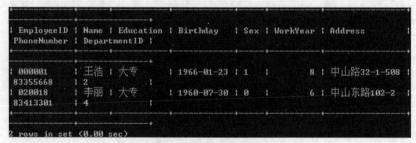

图实验 6.8　执行结果

（3）使用逻辑运算符"AND"查看以下语句的结果。

```
select (7>6) AND ('A'=' B');
```

执行结果如图实验 6.9 所示。

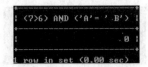

图实验 6.9 执行结果

【思考与练习】

熟悉各种常用运算符的功能和用法，如 LIKE、BETWEEN 等。

5. 系统内置函数

（1）获得一组数值的最大值和最小值。

```
select GREATEST(5, 76, 25.9), LEAST(5, 76, 25.9);
```

执行结果如图实验 6.10 所示。

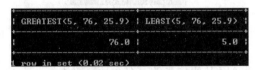

图实验 6.10 执行结果

【思考与练习】

a. 使用 ROUND()函数获得一个数的四舍五入的整数值。

b. 使用 ABS()函数获得一个数的绝对值。

c. 使用 SQRT()函数返回一个数的平方根。

（2）求广告部雇员的总人数。

```
select COUNT( EmployeeID ) as 广告部人数
    from Employees
    where DepartmentID =
      ( select DepartmentID
          from Departments
          where DepartmentName = '广告部');
```

执行结果如图实验 6.11 所示。

图实验 6.11 执行结果

【思考与练习】

a. 求广告部收入最高的员工姓名。

b. 查询员工收入的平均数。

c. 聚合函数如何与 GROUP BY()函数一起使用？

（3）使用 CONCAT()函数连接两个字符串。

```
select CONCAT('Ilove', 'MySQL');
```

执行结果如图实验 6.12 所示。

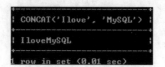

图实验 6.12　执行结果

（4）使用 ASCII 函数返回字符表达式最左端字符的 ASCII 值。

```
select ASCII('abc');
```

执行结果如图实验 6.13 所示。

图实验 6.13　执行结果

【思考与练习】

a. 使用 CHAR()函数将 ASCII 码代表的字符组成字符串。

b. 使用 LEFT()函数返回从字符串'abcdef'左边开始的 3 个字符。

（5）获得当前的日期和时间。

```
select NOW();
```

执行结果如图实验 6.14 所示。

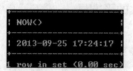

图实验 6.14　执行结果

（6）查询 YGGL 数据库中员工号为 000001 的员工出生的年份：

```
select YEAR(Birthday)
    from Employees
    where EmployeeID= '000001';
```

执行结果如图实验 6.15 所示。

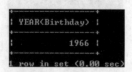

图实验 6.15　执行结果

【思考与练习】

a. 使用 DAYNAME()函数返回当前时间的星期名。

b. 列举出其他的时间日期函数。

（7）使用其他类型的系统内置函数，如格式化函数、控制流函数、系统信息函数等。

实验 7
存储过程函数触发器事件

目的与要求

（1）掌握存储过程创建和调用的方法；
（2）掌握 MySQL 中程序片段的组成；
（3）掌握游标的使用方法；
（4）掌握存储函数创建和调用的方法；
（5）掌握触发器的使用方法；
（6）掌握事件的创建和使用方法。

实验准备

（1）了解存储过程体中允许的 SQL 语句类型和参数的定义方法；
（2）了解存储过程的调用方法；
（3）了解存储函数的定义和调用方法；
（4）了解触发器的作用和使用方法；
（5）了解事件的作用和定义方法。

实验内容

1．存储过程

（1）创建存储过程，使用 Employees 表中的员工人数来初始化一个局部变量，并调用这个存储过程。

```
USE YGGL
DELIMITER $$
CREATE PROCEDURE TEST(OUT NUMBER1 INTEGER)
BEGIN
    DECLARE NUMBER2 INTEGER;
    SET NUMBER2=(SELECT COUNT(*) FROM Employees);
    SET NUMBER1=NUMBER2;
END$$
DELIMITER ;
```

调用该存储过程：
```
CALL TEST(@NUMBER);
```
查看结果：

```
select @NUMBER;
```
执行结果如图实验 7.1 所示。

图实验 7.1　执行结果

（2）创建存储过程，比较两个员工的实际收入，若前者比后者高就输出 0，否则输出 1。

```
DELIMITER $$
CREATE PROCEDURE
    COMPA(IN ID1 CHAR(6), IN ID2 CHAR(6), OUT BJ INTEGER)
BEGIN
    DECLARE SR1,SR2 FLOAT(8);
    SELECT InCome-OutCome INTO SR1 FROM Salary WHERE EmployeeID=ID1;
    SELECT InCome-OutCome INTO SR2 FROM Salary WHERE EmployeeID=ID2;
    IF ID1>ID2 THEN
        SET BJ=0;
    ELSE
        SET BJ=1;
    END IF;
END$$
DELIMITER ;
```

调用该存储过程：

```
CALL COMPA('000001', '108991',@BJ);
```

查看结果：

```
select @BJ;
```

执行结果如图实验 7.2 所示。

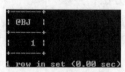

图实验 7.2　执行结果

（3）创建存储过程，使用游标确定一个员工的实际收入是否排在前三名。结果为 TRUE 表示是，结果为 FALSE 表示否。

```
DELIMITER $$
CREATE PROCEDURE
TOP_THREE (IN EM_ID CHAR(6), OUT OK BOOLEAN)
BEGIN
    DECLARE X_EM_ID CHAR(6);
    DECLARE ACT_IN,SEQ INTEGER;
    DECLARE FOUND BOOLEAN;
    DECLARE SALARY_DIS CURSOR FOR                /*声明游标*/
        SELECT EmployeeID, InCome-OutCome
        FROM Salary
        ORDER BY 2 DESC;
    DECLARE CONTINUE HANDLER FOR NOT FOUND       /*处理程序*/
    SET FOUND=FALSE;
    SET SEQ=0;
```

```
        SET FOUND=TRUE;
        SET OK=FALSE;
        OPEN SALARY_DIS;
        FETCH SALARY_DIS INTO X_EM_ID, ACT_IN;           /*读取第一行数据*/
        WHILE FOUND AND SEQ<3 AND OK=FALSE DO            /*比较前三行数据*/
            SET SEQ=SEQ+1;
            IF X_EM_ID=EM_ID THEN
                SET OK=TRUE;
            END IF;
            FETCH SALARY_DIS INTO X_EM_ID, ACT_IN;
        END WHILE;
        CLOSE SALARY_DIS;
END $$
DELIMITER;
```

【思考与练习】

a. 创建存储过程，要求当一个员工的工作年份大于 6 年时将其转到经理办公室工作。

b. 创建存储过程，使用游标计算本科及以上学历的员工在总员工数中所占的比例。

2. 存储函数

（1）创建一个存储函数，返回员工的总人数。

```
CREATE FUNCTION EM_NUM()
    RETURNS INTEGER
    RETURN(SELECT COUNT(*) FROM Employees);
```

调用该存储函数：

```
select EM_NUM();
```

执行结果如图实验 7.3 所示。

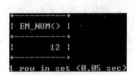

图实验 7.3 执行结果

（2）创建一个存储函数，删除在 Salary 表中有但在 Employees 表中不存在的员工号。若在 Employees 表中存在返回 FALSE，若不存在则删除该员工号并返回 TRUE。

```
DELIMITER $$
CREATE FUNCTION DELETE_EM(EM_ID CHAR(6))
    RETURNS BOOLEAN
BEGIN
    DECLARE EM_NAME CHAR(10);
    SELECT Name INTO EM_NAME FROM Employees WHERE EmployeeID=EM_ID;
    IF EM_NAME IS NULL THEN
        DELETE FROM Salary WHERE EmployeeID=EM_ID;
        RETURN TRUE;
    ELSE
        RETURN FALSE;
    END IF;
END$$
DELIMITER ;
```

调用该存储函数：

```
select DELETE_EM('000001');
```

执行结果如图实验 7.4 所示。

图实验 7.4　执行结果

【思考与练习】

a. 创建存储函数，判断员工是否在研发部工作，若是则返回其学历，若不是则返回字符串 "NO"。

b. 创建一个存储函数，将工作时间满 4 年的员工收入增加 500 元。

3. 触发器

（1）创建触发器，在 Employees 表中删除员工信息的同时将 Salary 表中该员工的信息删除，以确保数据完整性。

```
CREATE TRIGGER DELETE_EM AFTER DELETE
    ON Employees FOR EACH ROW
    DELETE FROM Salary
    WHERE EmployeeID=OLD. EmployeeID;
```

创建完后删除 Employees 表中的一行数据，然后查看 Salary 表中的变化情况。

（2）假设 Departments2 表和 Departments 表的结构和内容都相同，在 Departments 上创建一个触发器，如果添加一个新的部门，该部门也会添加到 Departments2 表中。

```
DELIMITER $$
CREATE TRIGGER Departments_Ins
    AFTER INSERT ON Departments FOR EACH ROW
BEGIN
    INSERT INTO Departments2 VALUES(NEW. DepartmentID, NEW. Department Name,NEW.Note);
END$$
DELIMITER ;
```

（3）当修改表 Employees 时，若将 Employees 表中员工的工作时间增加 1 年，则将收入增加 500 元，增加 2 年则增加 1000 元，依次增加。若工作时间减少则无变化。

```
DELIMITER $$
CREATE TRIGGER ADD_SALARY
    AFTER UPDATE ON Employees FOR EACH ROW
BEGIN
    DECLARE YEARS  INTEGER;
    SET YEARS= NEW.WorkYear-OLD.WorkYear;
    IF YEARS>0 THEN
        UPDATE Salary SET InCome=InCome+500*YEARS
            WHERE EmployeeID=NEW.EmployeeID;
    END IF;
END$$
DELIMITER ;
```

【思考与练习】

a. 创建 UPDATE 触发器，当 Departments 表中部门号发生变化时，Employees 表中员工所属的部门号也将改变。

b. 创建 UPDATE 触发器，当 Salary 表中的 InCome 值增加 500 时，OutCome 值则增加 50。

4. 事件

（1）创建一个立即执行的事件，查询 Employees 表的信息。

```
CREATE EVENT direct_happen
    ON SCHEDULE  AT NOW()
    DO
        SELECT * FROM Employees;
```

（2）创建一个时间，每天执行一次，它从明天开始直到 2018 年 12 月 31 日结束。

```
DELIMITER $$
CREATE EVENT every_day
   ON SCHEDULE  EVERY 1 DAY
       STARTS CURDATE()+INTERVAL 1 DAY
       ENDS '2018-12-31'
   DO
   BEGIN
       SELECT * FROM Employees;
   END$$
DELIMITER ;
```

【思考与练习】

a．创建一个 2018 年 11 月 25 日上午 11 点执行的事件。

b．创建一个从下个月 20 日开始到 2018 年 5 月 20 日结束，每个月执行一次的事件。

实验 8
数据库备份与恢复

目的与要求

（1）掌握使用 SQL 语句进行数据库完全备份的方法；
（2）掌握使用客户端程序进行完全备份的方法。

实验准备

了解在 MySQL Administrator 中进行数据库备份操作的方法。

实验内容

1. SQL 语句数据库备份和恢复

使用 SQL 语句只能备份和恢复表的内容，如果表的结构损坏，则要先恢复表的结构才能恢复数据。

（1）备份

备份 YGGL 数据库中的 Employees 表到 D 盘 file 文件夹下，使用如下语句：

```
use YGGL
select * from Employees
    into outfile 'D:/file/Employees.txt';
```

执行完后查看 D 盘 file 文件夹下是否有 Employees.txt 文件。

（2）恢复

为了方便说明问题，先删去 Employees 表中的几行数据，再使用 SQL 语句恢复 Employees 表，语句如下：

```
load data infile 'D:/file/Employees.txt'
    replace into table Employees;
```

执行完后使用 SELECT 查看 Employees 表的变化。

【思考与练习】

使用 SQL 语句备份并恢复 YGGL 数据库中的其他表，并使用不同的符号来表示字段之间和行之间的间隔。

2. 客户端工具备份和恢复表

使用客户端工具首先要打开客户端工具的运行环境，即打开命令行窗口，进入 MySQL 的 bin 目录，使用如下命令：

```
cd C:\Program Files\MySQL\MySQL Server 5.6\bin
```

如图实验 8.1 所示。

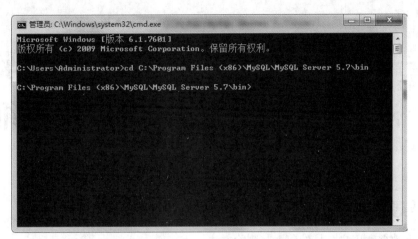

图实验 8.1　客户端程序运行环境

客户端命令就在此运行。

（1）使用 mysqldump 备份表和数据库。

mysqldump 工具备份的文件中包含了创建表结构的 SQL 语句，要备份数据库 YGGL 中的 Salary 表，在客户端输入以下命令：

```
mysqldump -hlocalhost -uroot -p19830925 YGGL Salary>D:/file/Salary.sql
```

查看 D 盘 file 目录下是否有名为 Salary.sql 的文件。

要备份整个 YGGL 数据库，可以使用以下命令：

```
mysqldump -uroot -p19830925 --databases YGGL>D:/file/YGGL.sql
```

（2）使用 mysql 恢复数据库。

为了方便查看效果，先删除 YGGL 数据库中的 Employees 表，然后使用以下命令：

```
mysql -uroot -p19830925 YGGL<D:/file/YGGL.sql
```

打开 MySQL Administrator 查看 Employees 表是否恢复，恢复表结构也使用相同的方法。

（3）使用 mysqlimport 恢复表数据。

mysqlimport 的功能和 LOAD DATA INFILE 语句是一样的，假设原来的 Salary 表内容已经备份成 Salary.txt 文件，如果 Salary 表中的数据发生了变动，恢复可以使用以下命令：

```
mysqlimport -uroot -p19830925 --low-priority --replace YGGL D:/file/Salary.txt
```

【思考与练习】

使用客户端程序 mysqldump 的 "--tab=" 选项，将数据库 YGGL 中的所有表的表结构和表内容分开备份。使用 mysql 程序恢复表 Salary 的结构，使用 mysqlimport 恢复表的内容。

3. 使用界面工具对数据库完全备份和恢复

过程略。

实验 9 用户权限维护

目的与要求

（1）掌握数据库用户账号的建立与删除方法；
（2）掌握数据库用户权限的授予方法。

实验准备

（1）了解数据库安全的重要性；
（2）了解数据库用户账号的建立与删除的方法；
（3）了解数据库用户权限的授予与回收方法。

实验内容

1. 数据库用户

（1）创建数据库用户 user_1 和 user_2，密码都为 1234（假设服务器名为 localhost）。
在 MySQL 客户端中使用以下的 SQL 语句：

```
CREATE USER
    'user_1'@'localhost' IDENTIFIED BY '1234',
    'user_2'@'localhost' IDENTIFIED BY '1234';
```

（2）将用户 user_2 的名称修改为 user_3。

```
RENAME USER
    'user_2'@'localhost' TO 'user_3'@'localhost';
```

（3）将用户 user_3 的密码修改为 123456。

```
SET PASSWORD FOR 'user_3'@'localhost' = PASSWORD('123456');
```

（4）删除用户 user_3。

```
DROP USER user_3;
```

（5）以 user_1 用户身份登录 MySQL。
打开另一个新的命令行窗口，然后进入 mysql 安装目录的 bin 目录下，输入命令：

```
mysql -hlocalhost -uuser_1 -p1234
```

【思考与练习】

a. 刚刚创建的用户有什么样的权限？
b. 创建一个用户，并以该用户的身份登录。

2. 用户权限的授予与回收

（1）授予用户 user_1 对 YGGL 数据库中 Employees 表的所有操作权限及查询操作权限。

以系统管理员（root）身份输入以下 SQL 语句：

```
USE YGGL
GRANT ALL ON Employees TO user_1@localhost;
GRANT SELECT ON Employees TO user_1@localhost;
```

（2）授予用户 user_1 对 Employees 表进行插入、修改、删除操作权限。

```
USE YGGL
GRANT INSERT,UPDATE,DELETE
    ON Employees
    TO user_1@localhost;
```

（3）授予用户 user_1 对数据库 YGGL 的所有权限。

```
USE YGGL
GRANT ALL
    ON *
    TO user_1@localhost;
```

（4）授予 user_1 在 Salary 表上的 SELECT 权限，并允许其将该权限授予其他用户。

以系统管理员（root）身份执行以下语句：

```
GRANT SELECT
    ON YGGL.Salary
    TO user_1@localhost IDENTIFIED BY '1234'
    WITH GRANT OPTION;
```

执行完后可以以 user_1 用户身份登录 MySQL，user_1 用户可以使用 GRANT 语句将自己在该表上所拥有的全部权限授予其他用户。

（5）回收 user_1 的 Employees 表上的 SELECT 权限。

```
REVOKE SELECT
    ON Employees
    FROM user_1@localhost;
```

【思考与练习】

a. 思考表权限、列权限、数据库权限和用户权限的不同之处。

b. 授予用户 user_1 所有的用户权限。

c. 取消用户 user_1 所有的权限。

3. 使用界面工具创建用户并授予权限

过程略。

第 3 篇　MySQL 综合应用实习

实习 0　创建实习数据库
实习 1　PHP 5/MySQL 5.7 学生成绩管理系统
实习 2　Java EE 7/MySQL 5.7 学生成绩管理系统
实习 3　Visual C# 2015/MySQL 5.7 学生成绩管理系统

实习 0
创建实习数据库

（实习 0）

本书实习部分对 MySQL 5.7 数据库的操作均采用 Navicat 工具进行，有关 Navicat 操作的入门知识请参看附录 B。

实习 0.1　创建数据库及其对象

1. 创建数据库

数据库名称：pxscj。

启动 Navicat，连接到数据库服务器。在主界面左侧"连接"栏右击连接"mysql01"→"新建数据库"，打开图 P0.1 所示的"新建数据库"窗口。

图 P0.1　"新建数据库"窗口

在"数据库名"栏中填写要创建的数据库名称（pxscj），选择"字符集""排序规则"如图 p0.1 所示，单击【确定】按钮，数据库创建成功。

2. 创建表

在"连接"栏，展开连接"mysql01"目录，右击"pxscj"数据库目录下的"表"项，在弹出菜单中选择"新建表"，打开表设计窗口，如图 P0.2 所示。

图 P0.2　表设计窗口

本书实习部分用到学生表、课程表、成绩表以及学生成绩预览表，结构分别设计如下。
（1）学生表：xs，结构如表 P0.1 所示。

表 P0.1　　　　　　　　　　　　　学生表（xs）结构

项　目　名	列　　　名	数 据 类 型	可　　空	说　　明
姓名	XM	char(8)	×	主键
性别	XB	Tinyint		
出生时间	CSSJ	date		
已修课程数	KCS	Int		
备注	BZ	text		
照片	ZP	blob		

（2）课程表：kc，结构如表 P0.2 所示。

表 P0.2　　　　　　　　　　　　　课程表（kc）结构

项　目　名	列　　　名	数 据 类 型	可　　空	说　　明
课程名	KCM	char(20)	×	主键
学时	XS	tinyint		
学分	XF	tinyint		

（3）成绩表：cj，结构如表 P0.3 所示。

表 P0.3　　　　　　　　　　　　　成绩表（cj）结构

项　目　名	列　　　名	数 据 类 型	可　　空	说　　明
姓名	XM	char(8)	×	主键
课程名	KCM	char(20)	×	主键
成绩	CJ	Int		0<=CJ<=100

（4）学生成绩预览表：xmcj_view，结构如表 P0.4 所示。

表 P0.4　　　　　　　　　　学生成绩预览表（xmcj_view）结构

项 目 名	列　　名	数 据 类 型	可　　空	说　　明
课程名	KCM	char(20)	×	主键
成绩	CJ	int		0<=CJ<=100

根据以上设计好的表结构，在图 P0.2 的表设计窗口中分别输入（选择）各列的列名、数据类型、是否允许空值等属性。在各列的属性均编辑完成后，单击工具栏的 ■ 按钮保存，出现"表名"对话框，输入表名称，单击【确定】按钮即可创建表。

3. 创建触发器

在"连接"栏，展开连接"mysql01"目录，右击"pxscj"数据库目录下的"表"项中的"cj"表，在弹出的菜单中选择"设计表"，在打开的 cj 表设计窗口中切换到"触发器"选项页，单击工具栏上的 添加触发器 按钮，给触发器命名、设置触发类型及输入定义语句，如图 P0.3 所示。

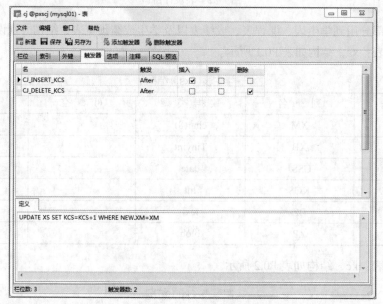

图 P0.3　创建触发器

本书实习要创建两个触发器，其作用及定义语句分别如下。

（1）触发器 CJ_INSERT_KCS。

作用：在成绩表（cj）中插入一条记录的同时，在学生表（xs）中对应该学生记录的已修课程数（kcs）字段加 1。

定义的语句如下：

```
UPDATE XS SET KCS=KCS+1 WHERE NEW.XM=XM
```

（2）触发器 CJ_DELETE_KCS。

作用：在成绩表（cj）中删除一条记录，则在学生表（xs）中对应该学生记录的已修课程数（kcs）字段减 1。

定义的语句如下：

```
UPDATE XS SET KCS=KCS-1 WHERE XM=OLD.XM
```

输入完成后，单击工具栏的 🔲 按钮保存即可。

4. 创建完整性

本书实习用数据库的完整性包括以下两点：

（1）在成绩表（cj）中插入一条记录，如果学生表（xs）中没有该姓名对应的记录，则不插入。

（2）在学生表（xs）中删除某学生记录，同时也会删除成绩表（cj）中对应该生的所有记录。

创建完整性的操作步骤如下。

第 1 步：在"连接"栏，展开连接"mysql01"目录，右击"pxscj"数据库目录下的"表"项中的"cj"表，在弹出的菜单中选择"设计表"，在打开的 CJ 表设计窗口中切换到"外键"选项页，单击工具栏上的 🔲添加外键 按钮，创建一个名为 FK_CJ_XS 的外键，如图 P0.4 所示。

图 P0.4　添加外键

第 2 步：设置该外键的"栏位"为 XM，"参考数据库"为 pxscj，"参考表"为 xs，如图 P0.4 所示。

第 3 步：单击图 P0.4 中外键"参考栏位"右边的 🔲 按钮，从弹出对话框中选择参考栏位名为 XM。

第 4 步：选择设置该外键的"删除时"属性为 CASCADE、"更新时"属性为 NO ACTION，最终生成的外键条目如图 P0.5 所示，单击工具栏的 🔲 按钮保存设置。至此，完整性参照关系创建完成，读者可通过在主表（xs）和从表（cj）中插入、删除数据，来验证它们之间的参照关系。

5. 创建存储过程

单击 Navicat 工具栏上的 🔲 按钮，再单击其左下方的 🔲新建查询 按钮，打开查询编辑器窗口，如图 P0.6 所示，在其中输入要创建的存储过程代码。

本书实习要创建的存储过程如下。

过程名：CJ_PROC。

参数：姓名 1（xm1）。

实现功能：更新 xmcj_view 表。

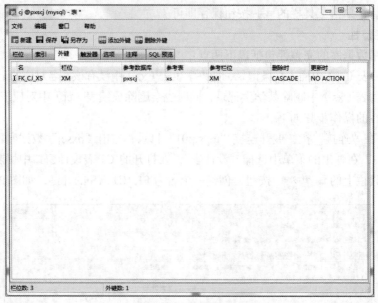

图 P0.5 设置参照完整性

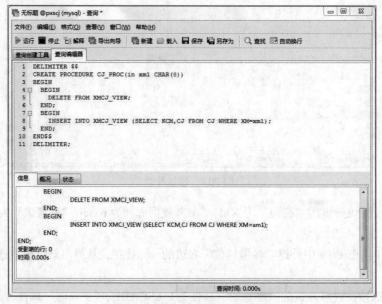

图 P0.6 编辑创建存储过程的代码

xmcj_view 表用于暂存查询成绩表（cj）得到的某个学生的成绩单，查询条件：姓名=xm1；返回字段：课程名，成绩。

创建存储过程的代码如下：

```
DELIMITER $$
CREATE PROCEDURE CJ_PROC(in xm1 CHAR(8))
BEGIN
    BEGIN
        DELETE FROM XMCJ_VIEW;
    END;
    BEGIN
```

```
        INSERT INTO XMCJ_VIEW (SELECT KCM,CJ FROM CJ WHERE XM=xm1);
    END;
END$$
DELIMITER;
```

输入完单击 ▶运行 按钮，若执行成功则创建完成。

实习 0.2　功能和界面

1. 系统主页

本实习"学生成绩管理系统"的主页，如图 P0.7 所示。

图 P0.7　"学生成绩管理系统"主页

它由上、中、底 3 部分构成：上部是网页头，中间为页面主体，底部显示版权信息。其中，中间部分又分为左右两块区域，左边是"功能导航"页，用户可单击【学生管理】、【成绩管理】按钮分别进入到系统不同的功能界面，在右边内容页加载显示相应界面。

2. "学生管理"功能界面

主要实现对学生信息的管理操作，界面如图 P0.8 所示。

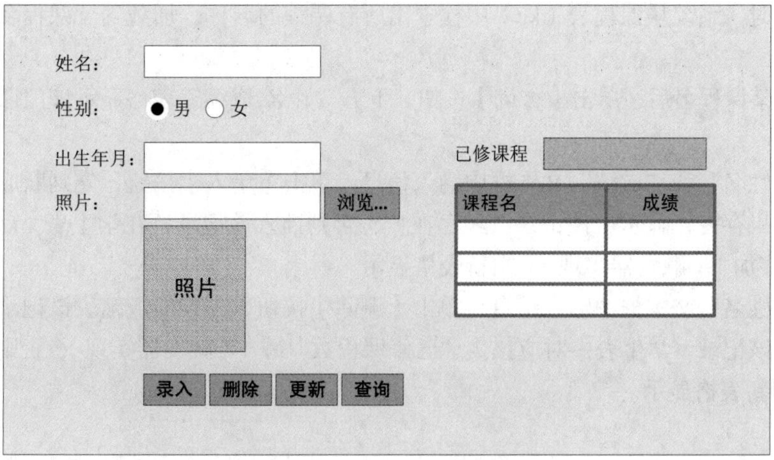

图 P0.8　"学生管理"功能界面

在表单中填写学生姓名、性别、出生年月等信息，单击【浏览...】按钮，弹出对话框，选择学生照片上传。

（1）单击【录入】按钮，如果学生表（xs）尚无该学生（姓名字段没有找到），则往学生表中插入一条记录，各字段填入表单数据内容。若选择了照片，还要将照片以二进制形式存入数据库（学生表 ZP 字段）。

（2）单击【查询】按钮，以表单姓名栏内容为搜索字段，从学生表中查找出该生各项信息，结果数据显示在表单中，若 ZP 字段存有数据，还要显示该学生的照片。"课程名-成绩"表格用于显示该生成绩单，其数据通过调用存储过程产生。

（3）如果学生表中存在该生记录（姓名字段找到），单击【删除】按钮，就删除该生的记录，同时删除成绩表（cj）中该生的所有成绩记录（完整性保证）。否则提示"该学生不存在"。

（4）单击【更新】按钮，将表单中修改的新信息写入学生表，但已修课程栏为只读，不可改。

3. "成绩管理"功能界面

实现学生成绩的查询、录入和删除操作，界面如图 P0.9 所示。

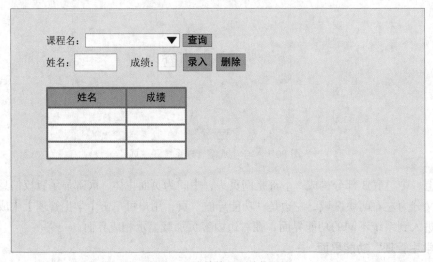

图 P0.9 "成绩管理"功能界面

（1）初始时，系统从课程表（kc）中检索出所有课程的名称，加载到"课程名"后下拉列表中供用户选择。

（2）选择某课程名后，单击【查询】按钮，下方"姓名-成绩"表格显示该门课所有学生的成绩表。

（3）在"姓名"和"成绩"文本框中输入信息，单击【录入】按钮，先判断成绩表中该记录是否存在。如果存在，显示"该记录已经存在!"，否则插入该记录，在学生表（xs）中对应该生"已修课程数"加 1（触发器实现）。刷新表格显示。

（4）在"姓名"文本框中输入信息，单击【删除】按钮，先判断成绩表该记录是否存在。如果存在，删除该记录，学生表中对应该生"已修课程数"减 1（触发器实现），否则显示"该记录不存在!"。刷新表格显示。

实习 1
PHP 5/MySQL 5.7 学生成绩管理系统

（实习 1）

本系统是在 Windows 7 环境下，基于 PHP 脚本语言实现的学生成绩管理系统，Web 服务器使用 Apache 2.2，后台数据库使用 MySQL 5.7。

实习 1.1　PHP 开发平台搭建

实习 1.1.1　创建 PHP 环境

1. 操作系统准备

由于 PHP 环境需要使用操作系统 80 端口，而 Windows 7 的 80 端口默认被 PID 为 4 的系统进程占用，为扫除障碍，必须预先对操作系统进行如下设置。

打开 Windows 7 注册表（方法：单击 Windows "开始"→"所有程序"→"附件"→"命令提示符"，输入 "regedit" 后回车，调出注册表编辑器），找到 HKEY_LOCAL_MACHINE\SYSTEM\CurrentControlSet\Services\HTTP，找到一个 DWORD 项 Start，将其值改为 0，如图 P1.1 所示。

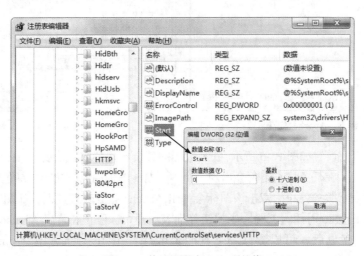

图 P1.1　修改注册表 Start 项的值

然后，将 Start 项所在的 HTTP 文件夹 SYSTEM 的权限设为拒绝，具体操作如图 P1.2 所示。

经以上设置，Windows 7 系统进程对 80 端口的占用被解除，接下来就可以非常顺利地安装 Apache 服务器和 PHP 了。

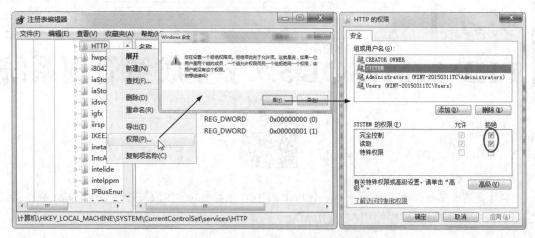

图 P1.2 设置 SYSTEM 的权限

2. 安装 Apache 服务器

Apache 是开源软件，用户可以在其官网免费下载：http://httpd.apache.org/download.cgi。本书选用 openssl 安装版，下载得到的安装包文件名为 httpd-2.2.25-win32-x86-openssl-0.9.8y，双击启动安装向导，如图 P1.3 所示。单击【Next】按钮进入图 P1.4 所示的软件协议对话框，选择同意安装协议，单击【Next】按钮。

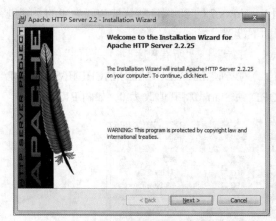

图 P1.3 Apache 安装向导　　　　　　　　　图 P1.4 软件协议对话框

服务器信息页的设置如图 P1.5 所示，安装过程的其余步骤都取默认设置，跟着向导安装即可。Apache 安装成功后，在任务栏右下角会出现一个 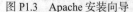 图标，图标内的三角形为绿色时表示服务正在运行，为红色时表示服务停止。双击该图标会弹出 Apache 服务管理界面，如图 P1.6 所示。

单击【Start】、【Stop】和【Restart】按钮分别表示开始、停止和重启 Apache 服务。

Apache 安装完成后，可以测试一下看能否运行。在 IE 地址栏输入 http://localhost 或 http://127.0.0.1 后回车，如果测试成功会出现显示"It works!"的页面。

实习1 PHP 5/MySQL 5.7 学生成绩管理系统

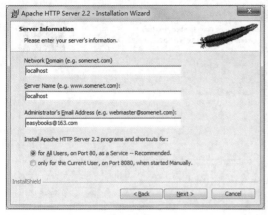

图 P1.5　服务器信息页的设置

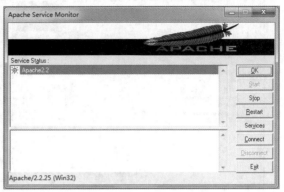

图 P1.6　Apache 服务管理界面

3. 安装 PHP 插件

Apache 安装完成后，还需要为其安装 PHP 插件。PHP 官网有时只提供源代码或压缩包，若想获得可在 Windows 下直接安装 installer 包，最好访问 Windows 版 PHP 下载站：http://windows.php.net/download/，目前支持的最高版本为 PHP 5.3.29。下载得到的安装文件名为 php-5.3.29-Win32-VC9-x86，双击进入安装向导，如图 P1.7 所示。单击【Next】按钮进入图 P1.8 所示的安装协议对话框，选择同意安装协议。

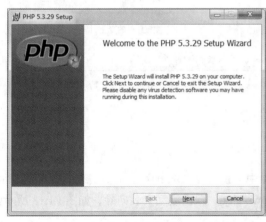

图 P1.7　PHP 安装向导　　　　　　　　　图 P1.8　PHP 安装协议

按向导的指引继续操作，直至进入服务器选择对话框，如图 P1.9 所示，选择"Apache 2.2.x Module"选项。

单击【Next】按钮，进入服务器配置目录对话框，此处要把 Apache 安装路径的 conf 文件夹的路径填写到对话框的文本框中。单击【Browse】按钮，找到 conf 文件夹，如图 P1.10 所示，单击【OK】按钮确定修改。

修改配置目录后，单击【Next】按钮进入安装选项对话框，建议初学者安装所有的组件，如图 P1.11 所示，单击树状结构中 ×▼ 右边的箭头，在展开菜单中选择"Entire feature will be installed on local hard drive"即可。

安装完后重启 Apache 服务管理器，其下方的状态栏会显示"Apache/2.2.25 (Win32) PHP/5.3.29"，如图 P1.12 所示（注意与图 P1.6 比较），这说明 PHP 已经安装成功了！

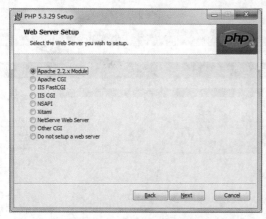

图 P1.9　PHP 服务器选择　　　　　图 P1.10　定位 Apache 配置路径

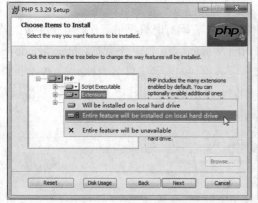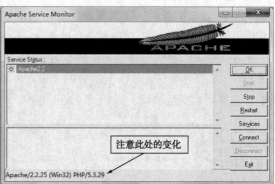

图 P1.11　安装全部功能组件　　　　图 P1.12　Apache 已支持 PHP

实习 1.1.2　Eclipse 安装与配置

1．安装 JRE

Eclipse 需要 JRE 的支持，而 JRE 包含在 JDK 中，故安装 JDK 即可。本书安装的版本是 JDK 8 Update 121，安装可执行文件为 jdk-8u121-windows-i586，双击启动安装向导，如图 P1.13 所示。

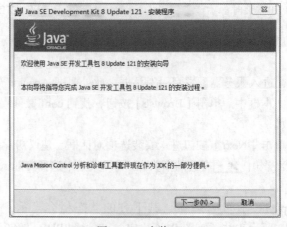

图 P1.13　安装 JDK

按照向导的步骤操作，完成后，JRE 安装到了目录"C:\Program Files\Java\jre1.8.0_121"。

2. 安装 Eclipse PDT

Eclipse PDT 下载地址：http://www.zend.com/en/company/community/pdt/downloads/。本书选择 Zend Eclipse PDT 3.2.0（Windows 平台），即 Eclipse 和 PDT 插件的打包版，将下载的文件解压到 D:\eclipse 文件夹，双击其中 zend-eclipse-php 文件即可运行 Eclipse。

Eclipse 启动画面如图 P1.14 所示。软件启动后会自动进行配置，并提示选择工作空间，如图 P1.15 所示，单击【Browse...】按钮可修改 Eclipse 的工作空间。

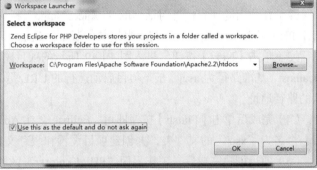

图 P1.14　Eclipse 启动画面　　　　　　图 P1.15　Eclipse 工作空间选择

本书开发使用的路径为"C:\Program Files\Apache Software Foundation\Apache2.2\htdocs"。单击【OK】按钮，进入 Eclipse 的主界面，如图 P1.16 所示。

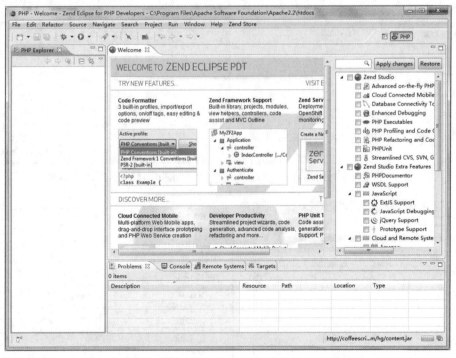

图 P1.16　Eclipse 主界面

实习 1.2　PHP 开发入门

实习 1.2.1　PHP 项目的建立

（1）启动 Eclipse，选择主菜单"File"→"New"→"Local PHP Project"项，如图 P1.17 所示。

（2）在弹出的项目信息对话框的"Project Name"栏中输入项目名"xscj"，如图 P1.18 所示，所用 PHP 版本选"php5.3"（与本书安装的版本一致）。

（3）单击【Next】按钮，进入图 P1.19 所示的项目路径信息对话框，系统默认项目位于本机 localhost，基准路径为/xscj，于是项目启动运行的 URL 是 http://localhost/xscj/，本例就采用这个默认的路径地址。

（4）完成后单击【Finish】按钮即可，Eclipse 会在 Apache 安装目录的 htdocs 文件夹下自动创建一个名为"xscj"的文件夹，并创建项目设置和缓存文件。

（5）项目创建完成后，工作界面"PHP Explorer"区域会出现一个"xscj"项目树，右击选择"New"→"PHP File"，如图 P1.20 所示，就可以创建.php 源文件。

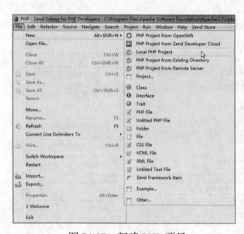

图 P1.17　新建 PHP 项目

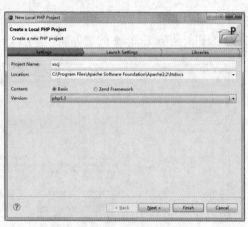

图 P1.18　项目信息对话框

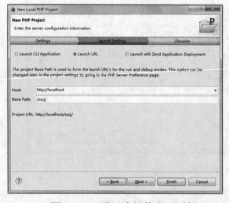

图 P1.19　项目路径信息对话框

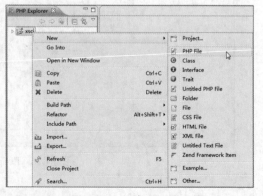

图 P1.20　新建 PHP 源文件

实习 1.2.2　PHP 项目的运行

创建新项目的时候，Eclipse 默认已经在项目树下建立了一个 index.php 文件供用户编写 PHP 代码，当然用户也可以自己创建源文件。这里先使用现成的 index.php 做测试，打开，在其中输入 PHP 代码：

```
<?php
   phpinfo();
?>
```

接下来修改 PHP 的配置文件，打开 C:\Program Files\PHP 下的文件 php.ini，在其中找到如下一段内容：

```
short_open_tag = Off
; Allow ASP-style <% %> tags
; http://php.net/asp-tags
asp_tags = Off
```

将其中 Off 都改为 On，以使 PHP 能支持<??>和<%%>标记方式。确认修改后，保存配置文件，重启 Apache 服务。

单击工具栏中的 按钮，在弹出的对话框中单击【OK】按钮，在中央主工作区就显出 PHP 版本信息页，为图 P1.21 所示的"运行方法①"。也可以单击 按钮右边的下箭头，从菜单中选"Run As"→"PHP Web Application"运行程序，如图 P1.21 所示的"运行方法②"。

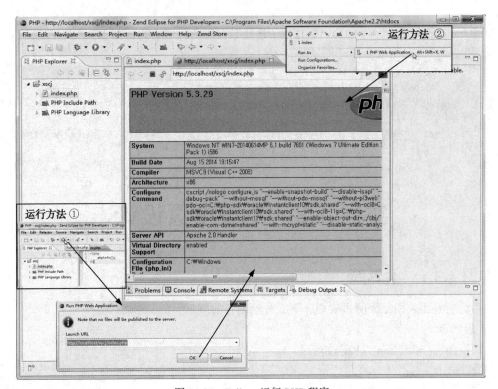

图 P1.21　Eclipse 运行 PHP 程序

除了使用 Eclipse 在 IDE 中运行 PHP 程序外，还可以直接从浏览器运行。打开 IE，输入 http://localhost/xscj/index.php 后回车，浏览器中也显示出 PHP 的版本信息页。

实习 1.2.3　PHP 连接 MySQL 5.7

本实习采用 PHP 的 PDO 方式来访问 MySQL 5.7 数据库，PHP 本身就自带 MySQL 的 PDO 驱动，无需额外安装。

打开 IE，输入 http://localhost/xscj/index.php 后回车，如图 P1.22 所示，可查看 PHP 默认支持的所有 PDO。

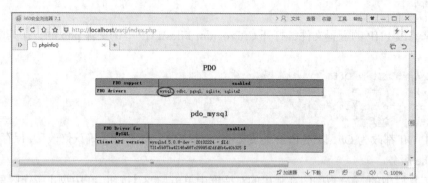

图 P1.22　PHP 5 内置了 MySQL 的 PDO

可以发现，PDO 支持的驱动中有一项"mysql"（在图 P1.22 中圈出），这表示 MySQL 的 PDO 驱动。

新建 fun.php 源文件，可在其中编写用于连接数据库的代码，具体如下：

```php
<?php
    try {
        //创建 MySQL 5.7 的 PDO 对象
        $db = new PDO("mysql:host=localhost;dbname=PXSCJ", "root", "njnu123456");
    }catch(PDOException $e) {
        echo "数据库连接失败：".$e->getMessage();              //若失败则输出异常信息
    }
?>
```

实习 1.3　系统主页设计

实习 1.3.1　主界面

本系统主界面采用框架网页实现，下面先给出各前端页面的 html 源码。

1. 启动页

启动页面为 index.html，代码如下：

```html
<html>
<head>
    <title>学生成绩管理系统</title>
</head>
<body topMargin="0" leftMargin="0" bottomMargin="0" rightMargin="0">
 <table  width="675"  border="0"  align="center"  cellpadding="0"  cellspacing="0" style="width: 778px; ">
```

```
        <tr>
            <td><img src="images/学生成绩管理系统.gif" width="790" height="97"></td>
        </tr>
        <tr>
            <td><iframe src="main_frame.html" width="790" height="313"></iframe></td>
        </tr>
        <tr>
            <td><img src="images/底端图片.gif" width="790" height="32"></td>
        </tr>
    </table>
</body>
</html>
```

页面分上中下三部分，其中，上下两部分都只是一张图片，中间部分为一框架页（加黑代码为源文件名），运行时往框架页中加载具体的导航页和相应功能界面。

2. 框架页

框架页为 main_frame.html，代码如下：

```
<html>
<head>
    <meta http-equiv="Content-type" content="text/html; charset=GB2312"/>
    <title>学生成绩管理系统</title>
</head>
<frameset cols="217,*">
    <frame frameborder=0 src="http://localhost/xscj/main.php" name="frmleft" scrolling="no" noresize>
    <frame frameborder=0 src="body.html" name="frmmain" scrolling="no" noresize>
</frameset>
</html>
```

其中，加黑处 "http://localhost/xscj/main.php" 就是系统导航页的启动 URL，页面装载后位于框架左区。

框架右区则用于显示各个功能界面，初始默认为 body.html，源代码如下：

```
<html>
<head>
    <title>内容网页</title>
</head>
<body topMargin="0" leftMargin="0" bottomMargin="0" rightMargin="0">
    <img src="images/主页.gif" width="678" height="500">
</body>
</html>
```

这只是一个填充了背景图片的空白页，在运行时，系统会根据用户操作，往框架右区中动态加载不同功能的 PHP 页面来替换该页。

在项目根目录下创建 images 文件夹，其中放入用到的三幅图片资源："学生成绩管理系统.gif" "底端图片.gif" 和 "主页.gif"。

实习 1.3.2 功能导航

本系统的导航页上有两个按钮，单击可以分别进入"学生管理"和"成绩管理"两个不同功能的界面，如图 P1.23 所示。

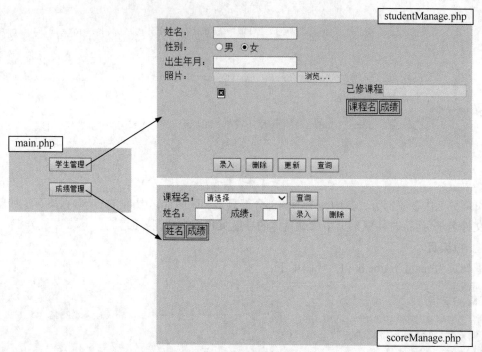

图 P1.23　功能导航

源文件 main.php 实现功能导航页面，代码如下：

```
<html>
<head>
    <title>功能选择</title>
</head>
<body bgcolor="D9DFAA">
 <table bgcolor="D9DFAA" width="200" height="85">
 <tr>
     <td align="center">
      <input type="button" value=" 学 生 管 理 " onclick=parent.frmmain.location=
"studentManage.php">
     </td>
 </tr>
 <tr>
     <td align="center">
      <input type="button" value=" 成 绩 管 理 " onclick=parent.frmmain.location=
"scoreManage.php">
     </td>
 </tr>
 </table>
</body>
</html>
```

其中，加黑处是两个导航按钮分别要定位到的 PHP 源文件：studentManage.php 实现"学生管理"功能界面，scoreManage.php 实现"成绩管理"功能界面，它们的具体实现将在稍后介绍。

打开 IE，在地址栏输入：http://localhost/xscj/index.html，显示如图 P1.24 所示的页面。

图 P1.24 "学生成绩管理系统"主页

实习 1.4 学 生 管 理

实习 1.4.1 界面设计

"学生管理"功能界面，如图 P1.25 所示。

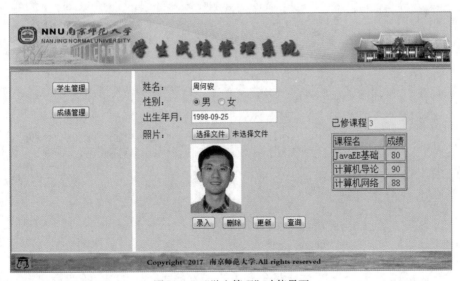

图 P1.25 "学生管理"功能界面

它由源文件 studentManage.php 实现，代码如下：

```
<?php
    session_start();              //启动 SESSION 会话
?>
<html>
```

```
            <head>
                <title>学生管理</title>
            </head>
            <body bgcolor="D9DFAA">
            <?php
                //接收会话传回的变量值以便在页面显示
                $XM = $_SESSION['XM'];                          //姓名
                $XB = $_SESSION['XB'];                          //性别
                $CSSJ = $_SESSION['CSSJ'];                      //出生时间
                $KCS = $_SESSION['KCS'];                        //已修课程数
                $StuName = $_SESSION['StuName'];                //姓名变量用于查找显示照片
            ?>
            <form method="post" action="studentAction.php" enctype="multipart/form-data">
                <table>
                    <tr>
                        <td>
                            <table>
                                <tr>
                                    <td>姓名：</td><td><input type="text" name="xm" value="<?php echo @$XM;?>"/></td>
                                </tr>
                                <tr>
                                    <td>性别：</td>
                                    <?php
                                        if(@$XB == 1) {    //变量值1表示"男"
                                    ?>
                                    <td>
                                        <input type="radio" name="xb" value="1" checked="checked">男
                                        <input type="radio" name="xb" value="0">女
                                    </td>
                                    <?php
                                        }else {           //变量值0表示"女"
                                    ?>
                                    <td>
                                        <input type="radio" name="xb" value="1">男
                                        <input type="radio" name="xb" value="0" checked="checked">女
                                    </td>
                                    <?php
                                        }
                                    ?>
                                </tr>
                                <tr>
                                    <td>出生年月：</td><td><input type="text" name="cssj" value="<?php echo @$CSSJ;?>"/></td>
                                </tr>
                                <tr>
                                    <td>照片：</td><td><input name="photo" type="file"></td>
                                </tr>
                                <tr>
                                    <td></td>
```

```html
                    <td>
                        <!-- 使用 img 控件调用 showpicture.php 页面用于显示照片，
studentname 用于保存当前学生姓名值，time()函数用于产生一个时间戳，防止服务器读取缓存中的内容-->
                        <?php
                            echo "<img src='showpicture.php?studentname=$StuName&time=".time()."' width=90 height=120 />";
                        ?>
                    </td>
                </tr>
                <tr>
                    <td></td>
                    <td>
                        <input name="btn" type="submit" value="录入">
                        <input name="btn" type="submit" value="删除">
                        <input name="btn" type="submit" value="更新">
                        <input name="btn" type="submit" value="查询">
                    </td>
                </tr>
            </table>
        </td>
        <td>
            <table>
                <tr>
                    <td>已修课程<input type="text" name="kcs" size="6" value="<?php echo @$KCS;?>" disabled/></td>
                </tr>
                <tr>
                    <td align="left">
                        <?php
                            include "fun.php";                //包含连接数据库的 PHP 文件
                            $cj_sql = "call CJ_PROC('$StuName')";   //执行存储过程
                            $result = $db->query(iconv('GB2312', 'UTF-8', $cj_sql));

                            $xmcj_sql = "select * from XMCJ_VIEW";
                                            //从 XMCJ_VIEW 表中查询出学生成绩信息
                            $cj_rs = $db->query($xmcj_sql);
                            //输出表格
                            echo "<table border=1>";
                            echo "<tr bgcolor=#CCCCC0>";
                            echo "<td>课程名</td><td align=center>成绩</td></tr>";
                            //获取成绩结果集
                            while(list($KCM, $CJ) = $cj_rs->fetch(PDO::FETCH_NUM)) {
                                $KC = iconv('UTF-8', 'GB2312', $KCM);
                                            //课程名中文转换编码
                                echo "<tr><td>$KC </td><td align=center>$CJ</td></tr>";
                                            //在表格中显示输出"课程名-成绩"信息
                            }
                            echo "</table>";
                        ?>
                    </td>
                </tr>
            </table>
```

```
                </td>
            </tr>
        </table>
    </form>
</body>
</html>
```

从上段代码中的两个加黑处可见，在"姓名"栏输入学生姓名后单击【查询】按钮，可以将数据提交到 studentAction.php 页面，并将该生的信息显示在页面表单中。显示照片时调用 showpicture.php 文件。

showpicture.php 文件通过接收学生姓名变量值查找到该生的照片并显示，代码如下：

```php
<?php
    header('Content-type: image/jpg');                          //输出 HTTP 头信息
    require "fun.php";                                          //包含连接数据库的 PHP 文件
    //以 GET 方法从 studentManage.php 页面 img 控件的 src 属性中获取学生姓名值
    $StuXm = $_GET['studentname'];
    $sql = "select ZP from XS where XM ='$StuXm'";              //根据姓名查找照片
    $result = $db->query(iconv('GB2312', 'UTF-8', $sql));       //执行查询
    list($ZP) = $result->fetch(PDO::FETCH_NUM);                 //获取照片数据
    $image = base64_decode($ZP);                                //使用 base64_decode()函数解码
    echo $image;                                                //返回输出照片
?>
```

因本程序插入照片的操作先通过 PHP 的 base64_encode()函数将图片文件编码后存入 MySQL 数据库，故在显示照片时也要在 showpicture.php 文件中使用 base64_decode()函数将数据解码后才能显示。如果不是图片类型数据且不是通过 base64_encode()函数编码而保存，在显示时就不需要使用 base64_decode()函数解码。

实习 1.4.2 功能实现

本实习的学生管理功能专门由 studentAction.php 实现，该页以 POST 方式接收 studentManage.php 页面提交的表单数据，对学生信息进行增、删、改、查等各种操作，同时将操作后的更新数据保存在 SESSION 会话中传回前端加以显示。

源文件 studentAction.php 的代码如下：

```php
<?php
    include "fun.php";                                          //包含连接数据库的 PHP 文件
    include "studentManage.php";                                //包含前端界面的 PHP 页
    $StudentName = @$_POST['xm'];                               //姓名
    $Sex = @$_POST['xb'];                                       //性别
    $Birthday = @$_POST['cssj'];                                //出生年月
    $tmp_file = @$_FILES["photo"]["tmp_name"];                  //文件被上传后在服务端储存的临时文件
    $handle = @fopen($tmp_file,'rb');                           //打开文件
    $Picture = @base64_encode(fread($handle, filesize($tmp_file)));
                                                                //读取上传的照片变量并编码
    $s_sql = "select XM, KCS from XS where XM ='$StudentName'";
                                                                //查找姓名、已修课程数信息
    $s_result = $db->query(iconv('GB2312', 'UTF-8', $s_sql));   //执行查询
```

```php
/**以下为各学生管理操作按钮的功能代码*/
/**录入功能*/
    if(@$_POST["btn"] == '录入') {                    //单击【录入】按钮
        if($s_result->rowCount() != 0)                //要录入的学生姓名已经存在时提示
            echo "<script>alert('该学生已经存在!');location.href='studentManage.php';</script>";
        else {                                        //不存在才可录入
            if(!$tmp_file) {                          //没有上传照片的情况
                $insert_sql = "insert into XS values('$StudentName', $Sex, '$Birthday', 0, NULL, NULL)";
            }else {                                   //上传了照片
                $insert_sql = "insert into XS values('$StudentName', $Sex, '$Birthday', 0, NULL, '$Picture')";
            }
            $insert_result = $db->query(iconv('GB2312', 'UTF-8', $insert_sql));  //执行插入操作
            if($insert_result->rowCount() != 0) {     //返回值不为0表示插入成功
                $_SESSION['StuName'] = $StudentName;  //姓名变量存入会话
                echo "<script>alert('添加成功!');location.href='studentManage.php';</script>";
            }else                                     //返回值0表示操作失败
                echo "<script>alert('添加失败，请检查输入信息！');location.href='studentManage.php';</script>";
        }
    }

/**删除功能*/
    if(@$_POST["btn"] == '删除') {                    //单击【删除】按钮
        if($s_result->rowCount() == 0)                //要删除的学生姓名不存在时提示
            echo "<script>alert('该学生不存在!');location.href='studentManage.php';</script>";
        else {                                        //处理姓名存在的情况
            list($XM, $KCS) = $s_result->fetch(PDO::FETCH_NUM);
            if($KCS != 0)                             //学生有修课记录时提示
                echo "<script>alert('该生有修课记录，不能删！');location.href='studentManage.php';</script>";
            else {                                    //可以删除
                $del_sql = "delete from XS where XM ='$StudentName'";
                $del_affected = $db->exec(iconv('GB2312', 'UTF-8', $del_sql));  //执行删除操作
                if($del_affected) {                   //返回值不为0表示操作成功
                    $_SESSION['StuName'] = 0;         //会话中姓名变量置空
                    echo "<script>alert('删除成功！');location.href='studentManage.php';</script>";
                }
            }
        }
    }

/**更新功能*/
```

```php
            if(@$_POST["btn"] == '更新'){                //单击【更新】按钮
                $_SESSION['StuName'] = $StudentName;     //将用户输入的姓名用SESSION保存
                if(!$tmp_file)                           //若没有上传文件则不更新照片列
                    $update_sql = "update XS set XB =$Sex, CSSJ ='$Birthday' where XM ='$StudentName'";
                Else                                     //上传了新照片要更新
                    $update_sql = "update XS set XB =$Sex, CSSJ ='$Birthday', ZP='$Picture' where XM ='$StudentName'";
                $update_affected = $db->exec(iconv('GB2312', 'UTF-8', $update_sql)); //执行更新操作
                if($update_affected)                     //返回值不为0表示操作成功
                    echo "<script>alert('更新成功！');location.href='studentManage.php';</script>";
                else                                     //返回值为0操作失败
                    echo "<script>alert('更新失败，请检查输入信息！');location.href='studentManage.php';</script>";
            }

            /**查询功能*/
            if(@$_POST["btn"] == '查询') {               //单击【查询】按钮
                $_SESSION['StuName'] = $StudentName;     //将姓名传给其他页面
                $sql = "select XM, XB, CSSJ, KCS from XS where XM ='$StudentName'";
                                                         //查找姓名对应的学生信息
                $result = $db->query(iconv('GB2312', 'UTF-8', $sql)); //执行查询
                if($result->rowCount() == 0)             //返回值0表示没有该学生的记录
                    echo "<script>alert('该学生不存在！');location.href='studentManage.php';</script>";
                else {                                   //查询成功，将该生信息存储到会话中返回
                    list($XM, $XB, $CSSJ, $KCS) = $result->fetch(PDO::FETCH_NUM); //获取该生信息
                    $_SESSION['XM'] = iconv('UTF-8', 'GB2312', $XM);     //姓名中文转换编码
                    $_SESSION['XB'] = $XB;               //性别
                    $_SESSION['CSSJ'] = $CSSJ;           //出生时间
                    $_SESSION['KCS'] = $KCS;             //已修课程数
                    echo "<script>location.href='studentManage.php';</script>";  //返回前端页面，显示学生信息
                }
            }
        ?>
```

实习1.5 成 绩 管 理

实习1.5.1 界面设计

"成绩管理"功能界面，如图P1.26所示。

实习1　PHP 5/MySQL 5.7 学生成绩管理系统

图 P1.26　"成绩管理"功能界面

它由源文件 scoreManage.php 实现，代码如下：

```
<html>
<head>
    <title>成绩管理</title>
</head>
<body bgcolor="D9DFAA">
<form method="post">
<table>
    <tr>
        <td>
            课程名：
            <!-- 以下 JS 代码是为了保证在页面刷新后，下拉列表中仍然保持着之前的选中项 -->
            <script type="text/javascript">
            function setCookie(name, value) {
                var exp = new Date();
                exp.setTime(exp.getTime() + 24 * 60 * 60 * 1000);
                document.cookie = name + "=" + escape(value) + ";expires=" + exp.toGMTString();
            }
            function getCookie(name) {
                var regExp = new RegExp("(^| )" + name + "=([^;]*)(;|$)");
                var arr = document.cookie.match(regExp);
                if(arr == null) {
                    return null;
                }
                return unescape(arr[2]);
            }
            </script>
            <select    name="kcm"    id="select_1"    onclick="setCookie('select_1', this.selectedIndex)">
            <?php
                echo "<option>请选择</option>";
                require "fun.php";                       //包含连接数据库的 PHP 文件
                $kcm_sql = "select distinct KCM from KC";   //查找所有的课程名
                $kcm_result = $db->query($kcm_sql);         //执行查询
```

```
                    //输出课程名到下拉框中
                    while(list($KCM) = $kcm_result->fetch(PDO::FETCH_NUM)) {
                        $KC = iconv('UTF-8', 'GB2312', $KCM);    //课程名中文转换编码
                        echo "<option value=$KC>$KC</option>";   //添加到下拉列表中
                    }
                ?>
                </select>
                <script type="text/javascript">
                    var selectedIndex = getCookie("select_1");
                    if(selectedIndex != null) {
                        document.getElementById("select_1").selectedIndex       = selectedIndex;
                    }
                </script>
            </td>
            <td><input name="btn" type="submit" value="查询"></td>
        </tr>
        <tr>
            <td>
                姓名:
                <input type="text" name="xm" size="5"> 
                成绩:
                <input type="text" name="cj" size="2">
            </td>
            <td>
                <input name="btn" type="submit" value="录入">
                <input name="btn" type="submit" value="删除">
            </td>
        </tr>
        <tr>
            <td align="left">
                <table border=1>
                    <tr bgcolor=#CCCCC0>
                        <td align="center">姓名</td>
                        <td>成绩</td>
                    </tr>
                    <?php
                        include "fun.php";                  //包含连接数据库的 PHP 文件
                        if(@$_POST["btn"] == '查询') {       //单击【查询】按钮
                            $CourseName = $_POST['kcm'];    //获取用户选择的课程名
                            $cj_sql = "select XM, CJ from CJ where KCM ='$CourseName'";
                                                            //查找该课程对应的成绩单
                            $cj_result   =   $db->query(iconv('GB2312',   'UTF-8', $cj_sql));
                                                            //执行查询
                            while(list($XM, $CJ) = $cj_result->fetch(PDO::FETCH_NUM)) {
                                                            //获取查询结果集
                                $Name = iconv('UTF-8', 'GB2312', $XM);  //姓名中文转换编码
                                //在表格中显示输出"姓名-成绩"信息
                                echo "<tr><td>$Name </td><td
```

```
align=center>$CJ</td></tr>";
                                      }
                                }
                        ?>
                </table>
        </td>
        <td></td>
    </tr>
</table>
</form>
</body>
</html>
```

该页面上使用 PHP 脚本的操作在初始就从数据库课程表中查询出所有课程的名称将其加载到下拉列表中，方便用户操作选择。又用 JavaScript 脚本将用户当前的选项保存在 Cookie 中，以保证在页面刷新后"课程名"下拉列表中仍然保持着之前用户选中的课程名称。

实习 1.5.2 功能实现

本实习"成绩管理"模块主要实现对数据库成绩表（CJ）中学生成绩记录的录入和删除操作，其功能实现的代码也写在源文件 scoreManage.php 中（紧接着实习 1.5.1 节页面 html 代码之后），代码如下：

```
<?php
    $CourseName = $_POST['kcm'];          //获取提交的课程名
    $StudentName = $_POST['xm'];          //获取提交的姓名
    $Score = $_POST['cj'];                //获取提交的成绩
    $cj_sql = "select * from CJ where KCM ='$CourseName' and XM ='$StudentName'";
                                    //先从数据库中查询该生该门课的成绩
    $result = $db->query(iconv('GB2312', 'UTF-8', $cj_sql));        //执行查询

    /**以下为各成绩管理操作按钮的功能代码*/
    /**录入功能*/
    if (@$_POST["btn"] == '录入') {       //单击【录入】按钮
        if($result->rowCount() != 0)    //查询结果不为空，表示该成绩记录已经存在，不可重复录入
            echo "<script>alert('该记录已经存在！');location.href='scoreManage.php';
</script>";
        else {                          //不存在才可以添加
            $insert_sql = "insert into CJ(XM, KCM, CJ) values('$StudentName',
'$CourseName', '$Score')";
                                    //添加新记录
            $insert_result = $db->query(iconv('GB2312','UTF-8',$insert_sql));//执行操作
            if($insert_result->rowCount() != 0)              //返回值不为 0 表示操作成功
                echo "<script>alert(' 添加成功！');location.href='scoreManage.php';
</script>";
            else
                echo "<script>alert(' 添加失败，请确保有此学生！');location.href=
'scoreManage.php';</script>";
        }
    }
```

```php
/**删除功能*/
    if(@$_POST["btn"] == '删除') {              //单击【删除】按钮
        if($result->rowCount() != 0) {  //查询结果不为空，该成绩记录存在可删除
            $delete_sql = "delete from CJ where XM ='$StudentName' and KCM ='$CourseName'";
                                       //删除该记录
            $del_affected = $db->exec(iconv('GB2312','UTF-8',$delete_sql));  //执行操作
            if($del_affected)           //返回值不为 0 表示操作成功
                echo "<script>alert(' 删 除 成 功 ！ ');location.href='scoreManage.php';</script>";
            else
                echo "<script>alert(' 删 除 失 败，请 检 查 操 作 权 限 ！ ');location.href='scoreManage.php';</script>";
        }else                          //不存在该记录，无法删除
            echo "<script>alert(' 该 记 录 不 存 在 ！ ');location.href='scoreManage.php';</script>";
    }
?>
```

至此，这个基于 Windows 7 平台 PHP 5/MySQL 5.7 的"学生成绩管理系统"开发完成，读者还可以根据需要自行扩展其他的功能。

实习 2
Java EE 7/MySQL 5.7 学生成绩管理系统

本实习基于 Java EE 7（Struts 2.3）实现学生成绩管理系统，Web 服务器使用 Tomcat 9，访问 MySQL 5.7 数据库。

实习 2.1　Java EE 开发平台搭建

实习 2.1.1　安装软件

1. 安装 JDK 8

在实习 1 里已安装过 JDK，这里设置环境变量以便后面使用。下面是具体设置方法。

（1）打开"环境变量"对话框

右击桌面上的"计算机"图标，选择"属性"，在弹出的控制面板主页中单击"高级系统设置"链接项，在弹出的"系统属性"对话框中单击"环境变量"按钮，弹出"环境变量"对话框，操作如图 P2.1 所示。

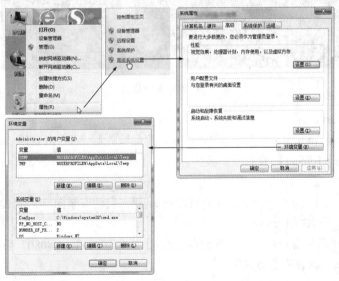

图 P2.1　打开"环境变量"对话框

（2）新建系统变量 JAVA_HOME

在"系统变量"列表下单击【新建】按钮，弹出"新建系统变量"对话框。在"变量名"栏中输入"JAVA_HOME"，在"变量值"栏中输入 JDK 安装路径"C:\Program Files\Java\jdk1.8.0_121"，如图 P2.2（a）所示，单击【确定】按钮。

（3）设置系统变量 Path

在"系统变量"列表中找到名为"Path"的变量，单击【编辑】按钮，在"变量值"字符串中加入路径"%JAVA_HOME%\bin;"，如图 P2.2（b）所示，单击【确定】按钮。

（a）新建 JAVA_HOME 变量　　　　　　　　　（b）编辑 Path 变量

图 P2.2　设置环境变量

选择任务栏中的【开始】→【运行】按钮，输入"cmd"后回车，在命令行中输入"java -version"，如果环境变量设置成功就会出现 Java 的版本信息，如图 P2.3 所示。

图 P2.3　JDK 8 安装成功

2. 安装 Tomcat 9

本实习采用最新 Tomcat 9 作为承载 Java EE 应用的服务器，可在其官网：http://tomcat.apache.org/下载。图 P2.4 是 Tomcat 的发布页，其中，Core 下的 Windows Service Installer（图上标注的）是一个安装版软件。

下载获得执行文件 apache-tomcat-9.0.0.M17.exe，双击启动安装向导，如图 P2.5 所示，安装过程均取默认选项，不再详细说明。

安装完 Tomcat 后会自行启动，打开浏览器输入"http://localhost:8080"后回车测试。若呈现图 P2.6 所示的页面，就表明安装成功。

实习 2　Java EE 7/MySQL 5.7 学生成绩管理系统

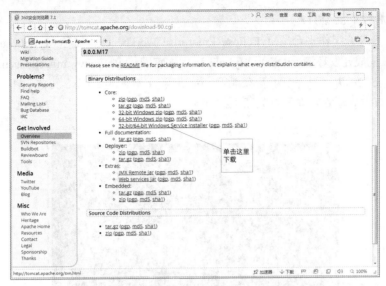

图 P2.4　Apache 官网上的 Tomcat 发布页

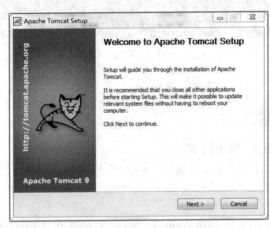

图 P2.5　Tomcat 9 安装向导

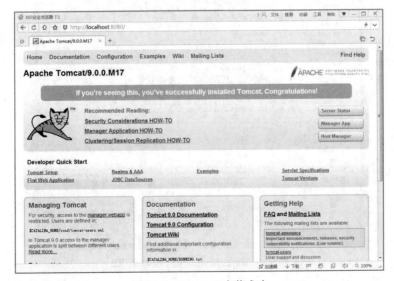

图 P2.6　Tomcat 9 安装成功

3. 安装 MyEclipse 2017

MyEclipse 企业级工作平台（MyEclipse Enterprise Workbench，简称 MyEclipse）是一个功能强大的 Java EE 集成开发环境（IDE），MyEclipse 中文官网：http://www.myeclipsecn.com/。本实习使用 MyEclipse 2017，从官网下载安装包执行文件 myeclipse-2017-ci-1-offline-installer-windows.exe，双击启动安装向导，如图 P2.7 所示。

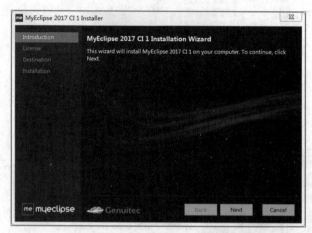

图 P2.7　MyEclipse 2017 安装向导

按照向导的指引往下操作，安装过程从略。

实习 2.1.2　环境整合

1. 配置 MyEclipse 2017 所用的 JRE

在 MyEclipse 2017 中内嵌了 Java 编译器，但为了使用我们安装的最新 JDK，需要手动配置。启动 MyEclipse 2017，选择主菜单 "Window" → "Preferences"，出现图 P2.8 所示的窗口。

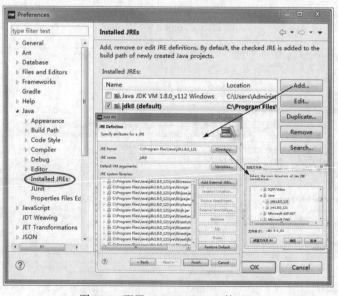

图 P2.8　配置 MyEclipse 2017 的 JRE

在展开的左侧项目树中选中"Java"→"Installed JREs"项，单击右边【Add...】按钮，添加自己安装的 JDK 并命名为 jdk8。

2. 集成 MyEclipse 2017 与 Tomcat 9

启动 MyEclipse 2017，选择主菜单"Window"→"Preferences"，在展开的左侧项目树中选中"Servers"→"Runtime Environments"项，单击右边【Add...】按钮，从弹出的"New Server Runtime Environment"对话框列表中选"Tomcat"→"Apache Tomcat v9.0"项，单击【Next】，如图 P2.9 所示。

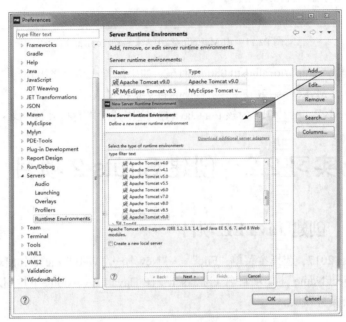

图 P2.9　配置 MyEclipse 2017 服务器

在"Tomcat Server"对话框中设置 Tomcat 9 的安装路径及所用 JRE（从下拉列表中选择前面刚设置的名为 jdk8 的 Installed JRE），如图 P2.10 所示。

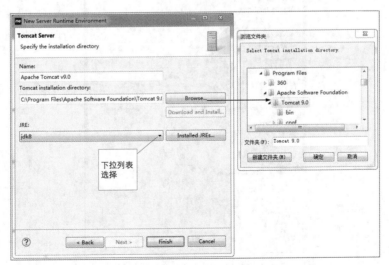

图 P2.10　配置 Tomcat 9 路径及所使用的 JRE

在 MyEclipse 2017 工具栏上单击复合按钮 ![] 右边的下拉箭头，选择 "Tomcat v9.0 Server at localhost" → "Start"，主界面下方控制台区就会输出 Tomcat 的启动信息，如图 P2.11 所示，说明服务器已开启。

图 P2.11　由 MyEclipse 2017 来启动 Tomcat 9

打开浏览器，输入 http://localhost:8080 后回车。如果配置成功，将出现与图 P2.6 所示一样的 Tomcat 8 首页，表示 MyEclipse 2017 已经与 Tomcat 9 紧密集成了。

至此，一个以 MyEclipse 2017 为核心的 Java EE 应用开发平台搭建成功。

实习 2.2　创建 Struts 2 项目

实习 2.2.1　创建 Java EE 项目

启动 MyEclipse 2017，选择主菜单 "File" → "New" → "Web Project"，出现图 P2.12 所示的对话框，填写 "Project Name" 栏（项目名）为 "xscj"，在 "Java EE version" 下拉列表中选择 "JavaEE 7 - Web 3.1"，其余保持默认。

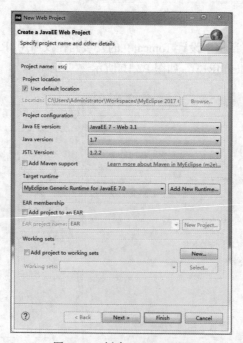

图 P2.12　创建 Java EE 项目

单击【Next】按钮继续，在"Web Module"页中勾选"Generate web.xml deployment descriptor"（自动生成项目的 web.xml 配置文件）；在"Configure Project Libraries"页中勾选"JavaEE 7.0 Generic Library"，同时取消选择"JSTL 1.2.2 Library"，如图 P2.13 所示。

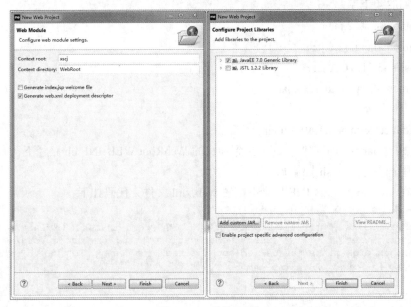

图 P2.13　项目设置

设置完成，单击【Finish】按钮，MyEclipse 会自动生成一个 Java EE 项目。

实习 2.2.2　加载 Struts 2 包

登录 http://struts.apache.org/ 下载 Struts 2 完整版，本实习使用的是 Struts 2.3.31。将下载的文件 struts-2.3.31-all.zip 解压缩，得到文件夹包含的目录如图 P2.14 所示。

图 P2.14　Struts 2.3.31 目录

其中：

apps：包含基于 Struts 2 的示例应用，对学习者来说是非常有用的资料；

docs：包含 Struts 2 的相关文档，如 Struts 2 的快速入门、Struts 2 的 API 文档等内容；

lib：包含 Struts 2 框架的核心类库，以及 Struts 2 的第三方插件类库；

src：包含 Struts 2 框架的全部源代码。

大部分时候，使用 Struts 2 的 Java EE 应用并不需要用到 Struts 2 的全部特性，开发 Struts 2 程序一般只需用到 lib 下的 10 个 jar 包，如下所示。

（1）传统 Struts 2 的 5 个基本类库：

① struts2-core-2.3.31.jar；

② xwork-core-2.3.31.jar；

③ ognl-3.0.19.jar；

④ commons-logging-1.1.3.jar；

⑤ freemarker-2.3.22.jar。

（2）附加的 4 个库：

① commons-io-2.2.jar；

② commons-lang3-3.2.jar；

③ javassist-3.11.0.GA.jar；

④ commons-fileupload-1.3.2.jar。

（3）数据库驱动：

mysql-connector-java-5.1.40-bin.jar。

一共是 10 个 jar 包，将它们一起复制到项目的\WebRoot\WEB-INF\lib 路径下，右击项目名，从弹出菜单中选择【Refresh】刷新即可。

然后，在 WebRoot/WEB-INF 目录下配置 web.xml 文件，代码如下：

```
<?xml version="1.0" encoding="UTF-8"?>
    <web-app xmlns:xsi="http://www.w3.org/2001/XMLSchema-instance" xmlns="http://xmlns.
jcp.org/xml/ns/javaee"          xsi:schemaLocation="http://xmlns.jcp.org/xml/ns/javaee
http://xmlns.jcp.org/xml/ns/javaee/web-app_3_1.xsd" id="WebApp_ID" version="3.1">
    <display-name>xscj</display-name>
    <filter>
        <filter-name>struts2</filter-name>
        <filter-class>org.apache.struts2.dispatcher.ng.filter.StrutsPrepareAndExecute
Filter</filter-class>
        <init-param>
            <param-name>actionPackages</param-name>
            <param-value>com.mycompany.myapp.actions</param-value>
        </init-param>
    </filter>
    <filter-mapping>
        <filter-name>struts2</filter-name>
        <url-pattern>/*</url-pattern>
    </filter-mapping>
    <welcome-file-list>
      <welcome-file>main.jsp</welcome-file>
    </welcome-file-list>
</web-app>
```

实习 2.2.3　连接 MySQL 5.7

1．配置数据库驱动

从网上下载得到 MySQL 5.7 的驱动包 mysql-connector-java-5.1.40-bin.jar，将其存放在某个文件夹中（本实习是存盘在 MyEclipse 2017 的工作区 C:\Users\Administrator\Workspaces\MyEclipse 2017 CI 中）。

启动 MyEclipse 2017，选择主菜单"Window"→"Perspective"→"Open Perspective"→"Database Explorer"，打开 DB Browser（数据库浏览器）模式，右击选择菜单项【New…】，出现如图 P2.15 所示的窗口，在其中编辑 SQL Server 2017 的连接驱动参数，单击【Add JARs】按钮，选择事先准备好的 mysql-connector-java-5.1.40-bin.jar 包，单击【Test Driver】按钮测试连接。

完成后，在 DB Browser 中右击打开连接 MySQL5.7，若能看到 pxscj 数据库中的表，就说明

MyEclipse 2017 已成功地与 MySQL 5.7 相连了。

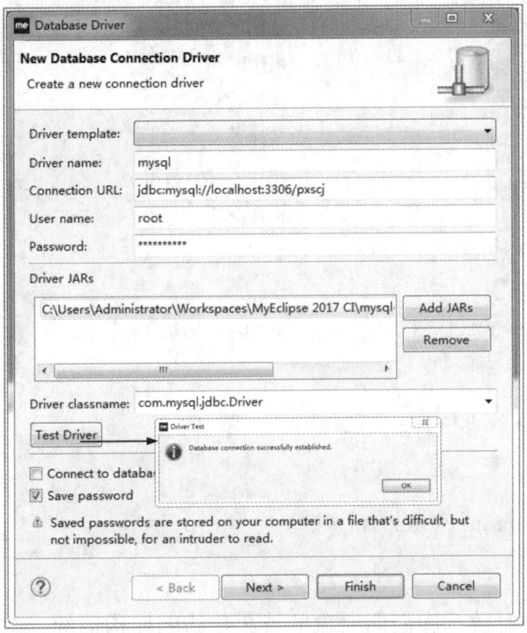

图 P2.15　配置 MySQL 5.7 驱动

2. 编写 JDBC 驱动类

接下来编写用于连接 MySQL 5.7 的 Java 类（JDBC 驱动类），在项目 src 下建立 org.easybooks.xscj.jdbc 包，包下创建 MySqlConn.java，代码如下：

```
package org.easybooks.xscj.jdbc;
import java.sql.*;
public class MySqlConn {
    public static Connection conns; //连接对象（定义为"public static"便于程序随时获取和使用该连接）
    static {
        try {
            /**加载并注册 MySQL5.7 的 JDBC 驱动*/
            Class.forName("com.mysql.jdbc.Driver");
            /**创建到 MySQL5.7 的连接*/
            conns = DriverManager.getConnection("jdbc:mysql://localhost:3306/pxscj?user=root&password=njnu123456&useUnicode=true&useSSL=false&characterEncoding=GBK");
        }catch(Exception e) {
            e.printStackTrace();
        }
    }
}
```

3. 构造值对象

为了能用 Java 面向对象方式访问数据库，要预先创建"学生""课程"和"成绩"的值对象，它们都位于 src 下 org.easybooks.xscj.vo 包中。

（1）"学生"值对象

Student.java 构建"学生"的值对象，代码如下：

```
package org.easybooks.xscj.vo;
```

```java
public class Student implements java.io.Serializable {
    private String xm;              //姓名
    private byte xb;                //性别
    private String cssj;            //出生时间
    private int kcs;                //课程数
    private String bz;              //备注
    private byte[] zp;              //照片(字节数组)
    public Student() { }            //构造方法
    /**各属性的getter/setter方法*/
    /*xm(姓名)属性*/
    public String getXm() {         //getter方法
        return this.xm;
    }
    public void setXm(String xm) {  //setter方法
        this.xm = xm;
    }
    //省略其余属性的getter/setter方法
    …
}
```

Java 值对象是为实现对数据库面向对象的持久化访问而构造的，它有着固定的格式，包括：属性声明、构造方法以及各个属性的 getter/setter 方法，其实质就是一个 JavaBean。值对象的属性成员变量一般要与数据库表的字段一一对应，这样就便于将 Java 对象操作映射为对数据库表的操作。各属性的 getter/setter 方法书写形式类同，为节省篇幅，这里省略不写，详见本书提供的完整源代码。

（2）"课程"值对象

Course.java 构建"课程"的值对象，代码如下：

```java
package org.easybooks.xscj.vo;
public class Course implements java.io.Serializable {
    private String kcm;             //课程名
    private int xs;                 //学时
    private int xf;                 //学分
    public Course() { }             //构造方法
    /**各属性的getter/setter方法*/
    …
}
```

（3）"成绩"值对象

Score.java 构建"成绩"的值对象，代码如下：

```java
package org.easybooks.xscj.vo;
public class Score implements java.io.Serializable {
    private String xm;              //姓名
    private String kcm;             //课程名
    private int cj;                 //成绩
    public Score() { }              //构造方法
    /**各属性的getter/setter方法*/
    …
}
```

实习 2.3　系统主页设计

实习 2.3.1　主界面

本系统主界面采用框架网页实现，下面先给出各前端网页的 html 源码。

1. 启动页

启动页面为 index.html，代码如下：

```html
<html>
<head>
    <title>学生成绩管理系统</title>
</head>
<body topMargin="0" leftMargin="0" bottomMargin="0" rightMargin="0">
    <table width="675" border="0" align="center" cellpadding="0" cellspacing="0" style="width: 778px; ">
        <tr>
            <td><img src="images/学生成绩管理系统.gif" width="790" height="97"></td>
        </tr>
        <tr>
            <td><iframe src="main_frame.html" width="790" height="313"></iframe></td>
        </tr>
        <tr>
            <td><img src="images/底端图片.gif" width="790" height="32"></td>
        </tr>
    </table>
</body>
</html>
```

页面分上中下三部分，其中上下两部分都只是一张图片，中间部分为一框架页（加黑代码为源文件名），运行时往框架页中加载具体的导航页和相应功能界面。

2. 框架页

框架页为 main_frame.html，代码如下：

```html
<html>
<head>
    <meta http-equiv="Content-type" content="text/html; charset=GB2312"/>
    <title>学生成绩管理系统</title>
</head>
<frameset cols="217,*">
    <frame frameborder=0 src="http://localhost:8080/xscj" name="frmleft" scrolling="no" noresize>
    <frame frameborder=0 src="body.html" name="frmmain" scrolling="no" noresize>
</frameset>
</html>
```

其中，加黑处"http://localhost:8080/xscj"默认装载的是系统导航页 main.jsp（因在之前 web.xml 文件中已配置了<welcome-file-list>元素的<welcome-file>），页面装载后位于框架左区。框架右区则用于显示各个功能界面，初始默认为 body.html，代码如下：

```html
<html>
```

```
<head>
    <title>内容网页</title>
</head>
<body topMargin="0" leftMargin="0" bottomMargin="0" rightMargin="0">
    <img src="images/主页.gif" width="678" height="500">
</body>
</html>
```

这只是一个填充了背景图片的空白页，在运行时，系统会根据用户操作，往框架右区中动态加载不同功能的 JSP 页面来替换该页。在项目\WebRoot 目录下创建 images 文件夹，其中放入用到的三幅图片资源："学生成绩管理系统.gif""底端图片.gif"和"主页.gif"。右击项目名，从弹出的菜单中选择【Refresh】刷新。

实习 2.3.2　功能导航

1．界面设计

本系统的导航页上有两个按钮，单击可以分别进入"学生管理"和"成绩管理"两个不同功能的界面，如图 P2.16 所示。

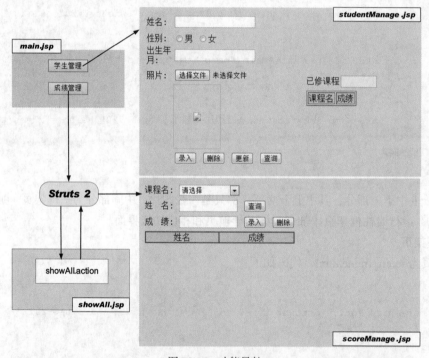

图 P2.16　功能导航

其中，"成绩管理"界面需要预先加载"课程名"下拉列表，这通过 showAll.jsp 页面上的一个 Action（showAll）来实现，当单击【成绩管理】按钮时会触发这个 Action，在 Struts 2 控制下，调用相应的程序模块来实现加载功能，完成后再由 Struts 2 控制页面跳转到"成绩管理"功能界面（scoreManage.jsp）。

源文件 main.jsp 实现功能导航页面，代码如下：
```
<%@ page language="java" pageEncoding="gb2312"%>
<html>
```

```
        <head>
            <title>功能选择</title>
        </head>
        <body bgcolor="D9DFAA">
        <table bgcolor="D9DFAA" width="200" height="85">
            <tr>
                <td align="center">
                 <input type="button" value="学生管理" onclick="parent.frmmain.location=
'studentManage.jsp'">
                </td>
            </tr>
            <tr>
                <td align="center">
                 <input type="button" value="成绩管理" onclick="parent.frmmain.location=
'showAll.jsp'">
                </td>
            </tr>
        </table>
        </body>
        </html>
```

其中，加黑处是两个导航按钮分别要定位到的 JSP 源文件：studentManage.jsp 实现"学生管理"功能界面（具体实现将在稍后介绍），showAll.jsp 上安置一个 Action（showAll），它的功能是往"成绩管理"界面上的"课程名"下拉列表中加载所有课程的名称。

编写 showAll.jsp 代码如下：

```
<%@ page language="java" pageEncoding="utf-8"%>
<%@ taglib prefix="s" uri="/struts-tags" %>
<html>
<head>
    <title>加载课程</title>
</head>
<body bgcolor="D9DFAA">
    <s:action name="showAll" executeResult="true"/>
</body>
</html>
```

在 src 下创建 struts.xml 文件，它是 Struts 2 的核心配置文件，负责管理各 Action 控制器到 JSP 页间的跳转，配置如下：

```
<?xml version="1.0" encoding="utf-8"?>
<!DOCTYPE struts PUBLIC
    "-//Apache Software Foundation//DTD Struts Configuration 2.0//EN"
    "http://struts.apache.org/dtds/struts-2.0.dtd">
<struts>
    <package name="default" extends="struts-default">
        <!-- 加载课程名 -->
        <action    name="showAll"    class="org.easybooks.xscj.action.ScoreAction"
method="showAll">
            <result name="result">/scoreManage.jsp</result>
        </action>
    </package>
    <constant name="struts.multipart.saveDir" value="/tmp"/>
    <constant name="struts.enable.DynamicMethodInvocation" value="true" />
</struts>
```

配置文件中定义了name为showAll的Action。当客户端发出showAll.actionURL请求时，Struts 2会根据class属性调用相应Action类（这里是org.easybooks.xscj.action包中的ScoreAction类）。method属性指定该类中有一个showAll()方法，将常量struts.enable.DynamicMethodInvocation的值设为true，Struts 2就会自动调用此方法来处理用户的请求，处理完后该方法返回"result"字符串，请求被转发到/scoreManage.jsp页（即"成绩管理"界面）。

2．Java EE项目部署运行

开发完成的Java EE项目必须先部署到Tomcat服务器上才能运行，项目部署的操作步骤如下。

第1步：单击MyEclipse 2017工具栏上的 按钮，打开"Manage Deployments"窗口，如图P2.17所示。

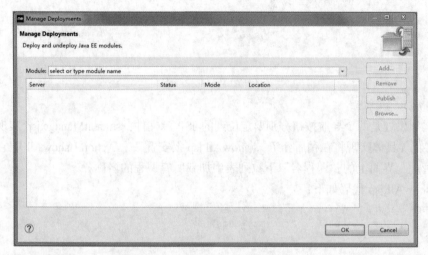

图P2.17 "Manage Deployments"窗口

第2步：在"Module"下拉列表栏选择要部署的项目（这里选xscj），单击右边【Add…】按钮，在弹出的"Deploy modules"对话框中，选中"Choose an existing server"选项，从下方列表中选择服务器"Tomcat v9.0 Server at localhost"，单击【Finish】按钮，如图P2.18所示。

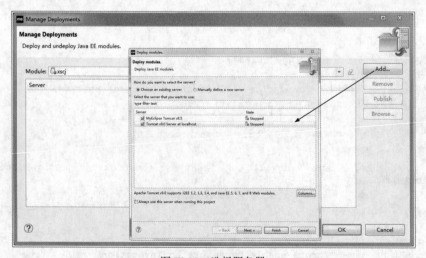

图P2.18 选择服务器

第 3 步：如果出现图 P2.19 所示的界面，表示项目已经成功部署到 Tomcat 9 服务器上，单击【OK】按钮即可。

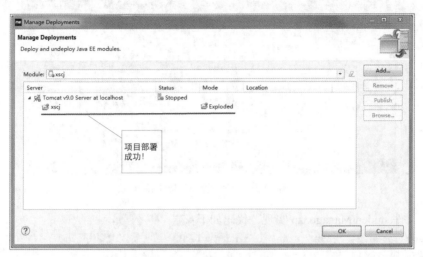

图 P2.19　项目部署成功

打开 IE，在地址栏中输入：http://localhost:8080/xscj/index.html，显示图 P2.20 所示的页面。

图 P2.20　"学生成绩管理系统"主页

实 习 2.4　学 生 管 理

实习 2.4.1　界面设计

"学生管理"功能界面，如图 P2.21 所示。

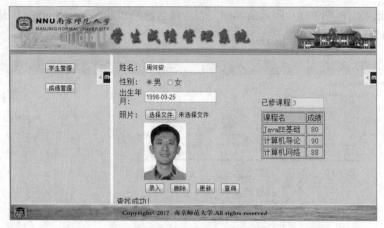

图 P2.21 "学生管理"功能界面

它由源文件 studentManage.jsp 实现,代码如下:

```jsp
<%@ page language="java" pageEncoding="utf-8"%>
<%@ taglib prefix="s" uri="/struts-tags" %>
<html>
<head>
    <title>学生管理</title>
</head>
<body bgcolor="D9DFAA">
<s:set name="student" value="#request.student"/>
<s:form name="frm" method="post" enctype="multipart/form-data">
    <table>
        <tr>
            <td>
                <table>
                    <tr>
                        <td> 姓 名 :</td><td><input type="text" name="xm" value="<s:property value="#student.xm"/>"/></td>
                    </tr>
                    <tr>
                        <td><s:radio list="#{1:' 男 ',0:' 女 '}" label=" 性别 " name="student.xb" value="#student.xb"/></td>
                    </tr>
                    <tr>
                        <td> 出 生 年 月 :</td><td><input type="text" name="student.cssj" value="<s:property value="#student.cssj"/>"/></td>
                    </tr>
                    <tr>
                        <s:file name="photo" accept="image/*" label=" 照片 " onchange="document.all['image'].src=this.value;"/>
                    </tr>
                    <tr>
                        <td></td>
                        <td><img src="**getImage.action**?xm=<s:property value="#student.xm"/>" width="90" height="120"/></td>
                    </tr>
                    <tr>
                        <td></td>
                        <td>
```

```
                                <input     name="btn1"    type="button"   value=" 录 入 "
onclick="add()">
                                <input     name="btn2"    type="button"   value=" 删 除 "
onclick="del()">
                                <input     name="btn3"    type="button"   value=" 更 新 "
onclick="upd()">
                                <input     name="btn4"    type="button"   value=" 查 询 "
onclick="que()">
                            </td>
                        </tr>
                    </table>
                </td>
                <td>
                    <table>
                        <tr>
                            <td>已修课程<input type="text" name="student.kcs" size="6"
value="<s:property value="#student.kcs"/>" disabled/></td>
                        </tr>
                        <tr>
                            <td align="left">
                                <table border=1>
                                    <tr bgcolor=#CCCCC0>
                                        <td>课程名</td>
                                        <td align=center>成绩</td>
                                    </tr>
                                    <s:iterator value="#request.scoreList" id="sco">
                                    <tr>
                                        <td><s:property value="#sco.kcm"/> </td>
                                        <td align="center"><s:property
value="#sco.cj"/></td>
                                    </tr>
                                    </s:iterator>
                                </table>
                            </td>
                        </tr>
                    </table>
                </td>
            </tr>
        </table>
        <s:property value="msg"/>
    </s:form>
</body>
</html>
<script type="text/javascript">
function add() {                                            //add()方法录入学生信息
    document.frm.action="addStu.action";                    //触发名为 addStu 的 Action
    document.frm.submit();
}
function del() {                                            //del()方法删除学生信息
    document.frm.action="delStu.action";                    //触发名为 delStu 的 Action
    document.frm.submit();
}
function upd() {                                            //upd()方法更新学生信息
```

```
            document.frm.action="updStu.action";              //触发名为 updStu 的 Action
            document.frm.submit();
        }
        function que() {                                      //que()方法查询学生信息
            document.frm.action="queStu.action";              //触发名为 queStu 的 Action
            document.frm.submit();
        }
</script>
```

这里，在紧接着网页 html 源码之后定义有一段 JavaScript 脚本，当用户单击页面上不同按钮时会调用不同的 JavaScript 函数，这些函数分别触发其对应的 Action（加黑处）的功能。页面上控制器 getImage.action（已加黑）则用于实时显示当前学生的照片，实现代码在 StudentAction 类的 getImage()方法中（稍后给出）。

实习 2.4.2 功能实现

1. 实现控制器

本实习的"学生管理"模块将把学生信息的增、删、改、查诸操作功能都统一集中在控制器 StudentAction 类中实现，其源文件 StudentAction.java 位于 src 下的 org.easybooks.xscj.action 包中，代码如下：

```
package org.easybooks.xscj.action;                //Action 所在的包
/**导入所需的类和包*/
import java.sql.*;
import java.util.*;
import org.apache.struts2.ServletActionContext;
import org.easybooks.xscj.jdbc.*;
import org.easybooks.xscj.vo.*;
import com.opensymphony.xwork2.*;
import java.io.*;
import javax.servlet.ServletOutputStream;
import javax.servlet.http.HttpServletResponse;
public class StudentAction extends ActionSupport {
    /** StudentAction 的属性声明*/
    private String xm;                            //姓名
    private String msg;                           //页面操作的消息提示文字
    private Student student;                      //学生对象
    private Score score;                          //成绩对象
    private File photo;                           //照片
    /** addStu()方法实现录入学生信息*/
    public String addStu() throws Exception {
        //先检查 XS 表中是否已经有该学生的记录
        String sql = "select * from XS where XM ='" + getXm() + "'";
                                                  //getXm()获取 xm 属性值（页面提交）
        Statement stmt = MySqlConn.conns.createStatement();//获取静态连接，创建 SQL 语句对象
        ResultSet rs = stmt.executeQuery(sql);    //执行查询，返回结果集
        if(rs.next()) {                           //如果结果集不为空表示该生记录已经存在
            setMsg("该学生已经存在！");
            return "result";
```

```java
            }
            StudentJdbc studentJ = new StudentJdbc();       //创建 JDBC 业务逻辑对象
            Student stu = new Student();                    //创建"学生"值对象
            /*通过"学生"值对象收集表单数据*/
            stu.setXm(getXm());
            stu.setXb(student.getXb());
            stu.setCssj(student.getCssj());
            stu.setKcs(student.getKcs());
            stu.setBz(student.getBz());
            if(this.getPhoto() != null) {    //如果有照片上传的情况
                FileInputStream fis = new FileInputStream(this.getPhoto());
                                             //创建文件输入流，用于读取图片内容
                byte[] buffer = new byte[fis.available()];
                                             //创建字节类型的数组，用于存放图片的二进制数据
                fis.read(buffer);            //将图片内容读入到字节数组中
                stu.setZp(buffer);           //给值对象设 zp（照片）属性值
            }
            if(studentJ.addStudent(stu) != null) {   //传给业务逻辑类以执行添加操作
                setMsg("添加成功！");
                Map request = (Map)ActionContext.getContext().get("request");//获取上下文请求对象
                request.put("student", stu); //将新加入的学生信息放到请求中，以便在页面上回显
            }else
                setMsg("添加失败，请检查输入信息！");
            return "result";
        }
        /** getImage()方法实现获取和显示当前学生照片*/
        public String getImage() throws Exception {
            HttpServletResponse response = ServletActionContext.getResponse();      // 创建 Servlet 响应对象
            StudentJdbc studentJ = new StudentJdbc();       //创建 JDBC 业务逻辑对象
            student = new Student();                        //创建"学生"值对象
            student.setXm(getXm());                         //用值对象获取学生姓名
            byte[] img = studentJ.getStudentZp(student);    //通过业务逻辑对象获取该生的照片
            response.setContentType("image/jpeg");          //设置响应的内容类型
            ServletOutputStream os = response.getOutputStream();    //Servlet 获取输出流
            if(img != null && img.length != 0) {            //如果存在照片数据
                for(int i = 0; i < img.length; i++) {
                    os.write(img[i]);                       //将照片数据写入输出流中
                }
                os.flush();
            }
            return NONE;
        }
        /** delStu()方法实现删除学生信息*/
        public String delStu() throws Exception {
            //先检查 XS 表中是否存在该学生的记录
            boolean exist = false;                          //验证存在标识
            String sql = "select * from XS where XM ='" + getXm() + "'";  //查询 SQL 语句
            Statement stmt = MySqlConn.conns.createStatement();     //获取静态连接，创建 SQL
```

语句对象
```java
        ResultSet rs = stmt.executeQuery(sql);        //执行查询, 返回结果集
        if(rs.next()) {                               //结果集不为空表示存在该学生
            exist = true;
        }
        if(exist) {                                   //如果存在即可进行删除操作
            StudentJdbc studentJ = new StudentJdbc();    //创建 JDBC 业务逻辑对象
            Student stu = new Student();              //创建"学生"值对象
            stu.setXm(getXm());                       //通过值对象获取要删的学生姓名
            if(studentJ.delStudent(stu) != null) {    //传给业务逻辑类以执行删除操作
                setMsg("删除成功! ");
            }else
                setMsg("删除失败, 请检查操作权限! ");
        }else {
            setMsg("该学生不存在! ");
        }
        return "result";
    }
    /** queStu()方法实现查询学生信息*/
    public String queStu() throws Exception {
        //先检查 XS 表中是否存在该学生的记录
        boolean exist = false;                        //验证存在标识
        String sql = "select * from XS where XM ='" + getXm() + "'";    //查询 SQL 语句
        Statement stmt = MySqlConn.conns.createStatement();    //获取静态连接,创建 SQL
```
语句对象
```java
        ResultSet rs = stmt.executeQuery(sql);        //执行查询, 返回结果集
        if(rs.next()) {                               //结果集不为空表示存在该学生
            exist = true;
        }
        if(exist) {                                   //存在即在表单中显示该生信息
            StudentJdbc studentJ = new StudentJdbc();    //创建 JDBC 业务逻辑对象
            Student stu = new Student();              //创建"学生"值对象
            stu.setXm(getXm());                       //通过值对象获取要查找的学生姓名
            if(studentJ.showStudent(stu) != null) {   //传给业务逻辑类以执行查询操作
                setMsg("查找成功! ");
                Map request = (Map)ActionContext.getContext().get("request");
                request.put("student",stu);//将查到的学生信息放到请求中,以便在页面上显示
                /*以下为进一步查询该生的成绩, 页面生成成绩单*/
                ScoreJdbc scoreJ = new ScoreJdbc();
                                         //该业务逻辑对象专门处理与成绩有关的 JDBC 操作
                Score sco = new Score();              //创建"成绩"值对象
                sco.setXm(getXm());                   //通过值对象获取要查询其成绩的学生姓名
                List<Score> scoList = scoreJ.showScore(sco);    //查询该生所有课程的
```
成绩, 存入列表
```java
                request.put("scoreList", scoList);    //将查到的成绩记录放到请求中,以便在
```
页面上显示成绩单
```java
            }else
                setMsg("查找失败, 请检查操作权限! ");
        }else
```

```java
            setMsg("该学生不存在！");
        return "result";
    }
    /** updStu()方法实现更新学生信息*/
    public String updStu() throws Exception {
        StudentJdbc studentJ = new StudentJdbc();       //创建JDBC业务逻辑对象
        Student stu = new Student();                    //创建"学生"值对象
        /*通过"学生"值对象收集表单数据*/
        stu.setXm(getXm());
        stu.setXb(student.getXb());
        stu.setCssj(student.getCssj());
        stu.setKcs(student.getKcs());
        stu.setBz(student.getBz());
        if(this.getPhoto() != null) {                   //如果有照片上传的情况
            FileInputStream fis = new FileInputStream(this.getPhoto());
                                                //创建文件输入流，用于读取图片内容
            byte[] buffer = new byte[fis.available()];  //创建字节类型的数组，用于存放
照片的二进制数据
            fis.read(buffer);                           //将照片数据读入到字节数组中
            stu.setZp(buffer);                          //值对象收集照片数据
        }
        if(studentJ.updateStudent(stu) != null) {       //传给业务逻辑类以执行更新操作
            setMsg("更新成功！");
            Map request = (Map)ActionContext.getContext().get("request");
            request.put("student", stu);       //将更新后的新信息放到请求中，以便在页面上回显
        }else
            setMsg("更新失败，请检查输入信息！");
        return "result";
    }
    /**以下为StudentAction各属性的getter/setter方法*/
    …
}
```

2. 实现业务逻辑

业务逻辑中的方法直接与 JDBC 接口打交道，以实现对 MySQL 5.7 的操作，它位于 org.easybooks.xscj.jdbc 包下，本实习中操作学生信息的业务逻辑都写在 StudentJdbc.java 中，代码如下：

```java
package org.easybooks.xscj.jdbc;                        //业务逻辑类所在的包
/**导入所需的类和包*/
import java.sql.*;
import org.easybooks.xscj.vo.*;
public class StudentJdbc {
    private PreparedStatement psmt = null;              //预处理SQL语句对象
    private ResultSet rs = null;                        //结果集对象
    /*录入学生*/
    public Student addStudent(Student student) {
        String sql = "insert into XS(XM, XB, CSSJ, KCS, BZ, ZP) values(?,?,?,?,?,?)";
                                                        //插入操作的SQL语句
        try {
            psmt = MySqlConn.conns.prepareStatement(sql);    //预编译语句
```

```java
            /*下面开始收集数据参数*/
            psmt.setString(1, student.getXm());        //姓名
            psmt.setByte(2, student.getXb());          //性别
            psmt.setString(3, student.getCssj());      //出生时间
            psmt.setInt(4, student.getKcs());          //已修课程数
            psmt.setString(5, student.getBz());        //备注
            psmt.setBytes(6, student.getZp());         //照片
            psmt.execute();                            //执行语句
        }catch(Exception e) {
            e.printStackTrace();
        }
        return student;                   //返回"学生"值对象给 Action（即 StudentAction）
    }
    /*获取某个学生的照片*/
    public byte[] getStudentZp(Student student) {
        String sql = "select ZP from XS where XM ='" + student.getXm() + "'";
                                          //该 SQL 语句从值对象中获取学生姓名
        try {
            psmt = MySqlConn.conns.prepareStatement(sql);    //获取静态连接，预编译语句
            rs = psmt.executeQuery();         //执行语句，返回所获得的学生照片
            if(rs.next()) {                   //不为空表示有照片
                student.setZp(rs.getBytes("ZP"));   //值对象获取照片数据
            }
        }catch(Exception e) {
            e.printStackTrace();
        }
        return student.getZp();               //通过值对象返回照片数据
    }
    /*删除学生*/
    public Student delStudent(Student student) {
        String sql = "delete from XS where XM ='" + student.getXm() + "'";
                                          //SQL 语句从值对象中获取要删的学生姓名
        try {
            psmt = MySqlConn.conns.prepareStatement(sql);    //预编译语句
            psmt.execute();                   //执行删除操作
        }catch(Exception e) {
            e.printStackTrace();
        }
        return student;                       //返回值对象
    }
    /*查询学生*/
    public Student showStudent(Student student) {
        String sql = "select * from XS where XM ='" + student.getXm() + "'";
                                          //SQL 语句从值对象中获取要查找的学生姓名
        try {
            psmt = MySqlConn.conns.prepareStatement(sql);    //预编译语句
            rs = psmt.executeQuery();         //执行语句，返回所查询的学生信息
            if(rs.next()) {                   //返回结果集不为空
                //用"学生"值对象保存查到的学生各项信息
                student.setXb(rs.getByte("XB"));          //性别
```

```java
                student.setCssj(rs.getString("CSSJ"));    //出生时间
                student.setKcs(rs.getInt("KCS"));         //已修课程数
                student.setZp(rs.getBytes("ZP"));         //照片
            }
        }catch(Exception e) {
            e.printStackTrace();
        }
        return student;                          //返回"学生"值对象给 Action(即 StudentAction)
    }
    /*更新学生信息*/
    public Student updateStudent(Student student) {
        String sql = "update XS set XM=?, XB=?, CSSJ=?, KCS=?, BZ=?, ZP=? where XM
='" + student.getXm() + "'";                    //更新操作的 SQL 语句
        try {
            psmt = MySqlConn.conns.prepareStatement(sql);    //预编译语句
            /*下面开始收集数据参数*/
            psmt.setString(1, student.getXm());   //姓名
            psmt.setByte(2, student.getXb());     //性别
            psmt.setString(3, student.getCssj()); //出生时间
            psmt.setInt(4, student.getKcs());     //已修课程数
            psmt.setString(5, student.getBz());   //备注
            psmt.setBytes(6, student.getZp());    //照片
            psmt.execute();                       //执行语句
        }catch(Exception e) {
            e.printStackTrace();
        }
        return student;                          //返回值对象给 Action
    }
}
```

3. 配置 struts.xml

在 struts.xml 中加入如下代码：

```xml
<!-- 录入学生 -->
<action    name="addStu"    class="org.easybooks.xscj.action.StudentAction"    method=
"addStu">
    <result name="result">/studentManage.jsp</result>
</action>
<!-- 获取照片 -->
<action    name="getImage"   class="org.easybooks.xscj.action.StudentAction"    method=
"getImage"/>
<!-- 删除学生 -->
<action    name="delStu"    class="org.easybooks.xscj.action.StudentAction"    method=
"delStu">
    <result name="result">/studentManage.jsp</result>
</action>
<!-- 查找学生 -->
<action    name="queStu"    class="org.easybooks.xscj.action.StudentAction"    method=
"queStu">
    <result name="result">/studentManage.jsp</result>
</action>
<!-- 更新学生 -->
<action    name="updStu"    class="org.easybooks.xscj.action.StudentAction"    method=
"updStu">
```

```
            <result name="result">/studentManage.jsp</result>
</action>
```

实习 2.5　成绩管理

实习 2.5.1　界面设计

"成绩管理"功能界面,如图 P2.22 所示。

图 P2.22　"成绩管理"功能界面

它由源文件 scoreManage.jsp 实现,代码如下:

```
<%@ page language="java" pageEncoding="utf-8"%>
<%@ taglib prefix="s" uri="/struts-tags" %>
<html>
<head>
    <title>成绩管理</title>
</head>
<body bgcolor="D9DFAA">
<s:set name="student" value="#request.student"/>
<s:form name="frm" method="post" enctype="multipart/form-data">
    <table>
        <tr>
            <td>
            课程名:
            <!-- 以下 JS 代码是为了保证在页面刷新后,下拉列表中仍然保持着之前的选中项 -->
            <script type="text/javascript">
            function setCookie(name, value) {
                var exp = new Date();
                exp.setTime(exp.getTime() + 24 * 60 * 60 * 1000);
                document.cookie = name + "=" + escape(value) + ";expires=" + exp.toGMTString();
            }
            function getCookie(name) {
                var regExp = new RegExp("(^| )" + name + "=([^;]*)(;|$)");
                var arr = document.cookie.match(regExp);
                if(arr == null) {
```

```
                    return null;
                }
                return unescape(arr[2]);
            }
        </script>
        <select    name="score.kcm"    id="select_1"    onclick="setCookie
('select_1',this.selectedIndex)">
                <option selected="selected">请选择</option>
                <s:iterator id="cou" value="#request.courseList">
                    <option value="<s:property value="#cou.kcm"/>">
                        <s:property value="#cou.kcm"/>
                    </option>
                </s:iterator>
        </select>
        <script type="text/javascript">
            var selectedIndex = getCookie("select_1");
            if(selectedIndex != null) {
                document.getElementById("select_1").selectedIndex    =
selectedIndex;
            }
        </script>
    </td>
</tr>
<tr>
    <td>
        姓  名:
        <input    type="text"    name="xm"    size="13"    value="<s:property
value="#student.xm"/>">
        <input name="btn1" type="button" value="查询" onclick="que()">
    </td>
</tr>
<tr>
    <td>
        成  绩:
        <input type="text" name="cj" size="13">
        <input name="btn2" type="button" value="录入" onclick="add()">
        <input name="btn3" type="button" value="删除" onclick="del()">
    </td>
</tr>
<tr>
    <td align="left" width="400">
        <table border=1 cellpadding="0" cellspacing="0" width="285">
            <tr bgcolor=#CCCCC0>
                <td align="center">姓名</td>
                <td align="center">成绩</td>
            </tr>
            <s:iterator value="#request.kcscoreList" id="kcsco">
            <tr>
                <td align="center"><s:property value="#kcsco.xm"/> 
</td>
                <td align="center"><s:property value="#kcsco.cj"/></td>
            </tr>
            </s:iterator>
        </table>
    </td>
</tr>
```

```
        </table>
        <s:property value="msg"/>
</s:form>
</body>
</html>
<script type="text/javascript">
function que() {                                        //que()方法查询某门课的成绩
    document.frm.action="queSco.action";                //触发名为 queSco 的 Action
    document.frm.submit();
}
function add() {                                        //add()方法录入学生成绩
    document.frm.action="addSco.action";                //触发名为 addSco 的 Action
    document.frm.submit();
}
function del() {                                        //del()方法删除学生成绩
    document.frm.action="delSco.action";                //触发名为 delSco 的 Action
    document.frm.submit();
}
</script>
```

这里同样用 JavaScript 脚本函数实现在同一个页面上多个按钮各自触发不同 Action 的功能。

实习 2.5.2　功能实现

1．实现控制器

本实习的"成绩管理"模块将把成绩记录的查询、录入和删除操作功能，都统一集中在控制器 ScoreAction 类中实现，其源文件 ScoreAction.java 也位于 src 下的 org.easybooks.xscj.action 包中，代码如下：

```
package org.easybooks.xscj.action;                      //Action 所在的包
/**导入所需的类和包*/
import java.util.*;
import java.sql.*;
import org.easybooks.xscj.jdbc.*;
import org.easybooks.xscj.vo.*;
import com.opensymphony.xwork2.*;
public class ScoreAction extends ActionSupport {
    /** ScoreAction 的属性声明*/
    private String xm;                                  //姓名
    private int cj;                                     //成绩
    private String msg;                                 //页面操作的消息提示文字
    private Score score;                                //成绩对象
    /**showAll()方法实现预加载课程名*/
    public String showAll() {
        Map request = (Map)ActionContext.getContext().get("request");
        request.put("courseList",allCou());//将查到的课程名放到请求中，以便在页面上加载
        return "result";
    }
    /** queSco()方法实现查询某门课的成绩*/
    public String queSco() {
        Map request = (Map)ActionContext.getContext().get("request");
        request.put("kcscoreList", curSco());           //将查到的成绩记录放到 Map 容器中
        return "result";
```

```java
    }
    /** addSco()方法实现录入成绩*/
    public String addSco() throws Exception {
        //先检查 CJ 表中是否已有该学生该门课成绩的记录
        String sql = "select * from CJ where XM ='" + getXm() + "' and KCM ='" + score.getKcm() + "'";                                //查询的 SQL 语句
        Statement stmt = MySqlConn.conns.createStatement();//获取静态连接,创建 SQL 语句对象

        ResultSet rs = stmt.executeQuery(sql);  //执行查询
        if(rs.next()) {                                     //返回结果不为空表示记录存在
            setMsg("该记录已经存在! ");
            return "reject";                                //拒绝录入,回到初始页
        }
        ScoreJdbc scoreJ = new ScoreJdbc();         //创建 JDBC 业务逻辑对象
        Score sco = new Score();                    //创建"成绩"值对象
        /*用"成绩"值对象存储和传递录入内容*/
        sco.setXm(getXm());
        sco.setKcm(score.getKcm());
        sco.setCj(getCj());
        if(scoreJ.addScore(sco) != null) {          //传给业务逻辑类以执行录入操作
            setMsg("录入成功! ");
        }else
            setMsg("录入失败,请确保有此学生! ");
        /**实时加载显示操作结果*/
        Map request = (Map)ActionContext.getContext().get("request");
        request.put("courseList", allCou());
        request.put("kcscoreList", curSco());
        return "result";
    }
    /** delSco()方法实现删除成绩*/
    public String delSco() throws Exception {
        //先检查 CJ 表中是否存在该学生该门课的成绩记录
        String sql = "select * from CJ where XM ='" + getXm() + "' and KCM ='" + score.getKcm() + "'";                                //查询的 SQL 语句
        Statement stmt = MySqlConn.conns.createStatement();  //获取静态连接,创建 SQL 语句对象

        ResultSet rs = stmt.executeQuery(sql);  //执行查询
        if(!rs.next()) {                                    //返回结果集为空表示记录不存在,无法删除
            setMsg("该记录不存在! ");
            return "reject";                                //拒绝删除操作,回初始页
        }
        //存在即可进行删除操作
        ScoreJdbc scoreJ = new ScoreJdbc();         //创建 JDBC 业务逻辑对象
        Score sco = new Score();                    //创建"成绩"值对象
        sco.setXm(getXm());
        sco.setKcm(score.getKcm());
        if(scoreJ.delScore(sco) != null) {          //传给业务逻辑类以执行删除操作
            setMsg("删除成功! ");
        }else
            setMsg("删除失败,请检查操作权限! ");
```

```java
        /**实时加载显示操作结果*/
        Map request = (Map)ActionContext.getContext().get("request");
        request.put("courseList", allCou());
        request.put("kcscoreList", curSco());
        return "result";
    }
    /*加载课程列表（用于刷新页面）*/
    public List allCou() {
        ScoreJdbc scoreJ = new ScoreJdbc();
        List<Course> couList = scoreJ.showCourse();      //查询所有的课程信息
        return couList;                                   //返回课程列表
    }
    public List curSco() {
        ScoreJdbc scoreJ = new ScoreJdbc();              //创建 JDBC 业务逻辑对象
        Score kcsco = new Score();                       //创建"成绩"值对象
        kcsco.setKcm(score.getKcm());                    //用值对象传递课程名
        List<Score> kcscoList = scoreJ.queScore(kcsco);  //查询符合条件的成绩记录，存入列表
        return kcscoList;                                //返回成绩表
    }
    /**以下为ScoreAction各属性的getter/setter 方法（略）*/
    ...
}
```

2. 实现业务逻辑

本实习中操作成绩记录的业务逻辑都写在 ScoreJdbc.java 中，代码如下：

```java
package org.easybooks.xscj.jdbc;                         //业务逻辑类所在的包
/**导入所需的类和包*/
import java.sql.*;
import java.util.*;
import org.easybooks.xscj.vo.*;
public class ScoreJdbc {
    private PreparedStatement psmt = null;               //预处理 SQL 语句对象
    private ResultSet rs = null;                         //结果集对象
    /**查询某学生的成绩*/
    public List showScore(Score score) {
        CallableStatement stmt = null;                   //可调用 SQL 语句对象
        try {
            stmt = MySqlConn.conns.prepareCall("{call CJ_PROC(?)}");
                                                         //调用 CJ_PROC 存储过程
            stmt.setString(1, score.getXm());            //输入存储过程参数
            stmt.executeUpdate();                        //执行存储过程
        }catch(Exception e) {
            e.printStackTrace();
        }
        String sql = "select * from XMCJ_VIEW";
        //创建一个 ArrayList 容器，将从 XMCJ_VIEW 表中查询的学生成绩记录存放在容器中
        List scoreList = new ArrayList();
        try {
            psmt = MySqlConn.conns.prepareStatement(sql);
            rs = psmt.executeQuery();                    //执行语句，返回所查询的学生成绩
            //读取 ResultSet 中的数据，放入 ArrayList 中
```

```java
            while(rs.next()) {
                Score kcscore = new Score();
                //用"成绩"值对象存储查询结果
                kcscore.setKcm(rs.getString("KCM"));
                kcscore.setCj(rs.getInt("CJ"));
                scoreList.add(kcscore);           //将 kcscore 对象放入 ArrayList 中
            }
        }catch(Exception e) {
            e.printStackTrace();
        }
        return scoreList;                          //返回成绩列表
    }
    /**查询所有课程*/
    public List showCourse() {
        String sql = "select * from KC";           //从 KC 表查询所有课程名称
        List courseList = new ArrayList();         //用于存放课程名列表的 List
        try {
            psmt = MySqlConn.conns.prepareStatement(sql);
            rs = psmt.executeQuery();              //执行查询
            /*读出所有课程名放入 courseList 中*/
            while(rs.next()) {
                Course course = new Course();     //创建"课程"值对象
                course.setKcm(rs.getString("KCM"));   //值对象存储课程名
                courseList.add(course);            //将课程信息加入到 ArrayList 中
            }
        }catch(Exception e) {
            e.printStackTrace();
        }
        return courseList;                         //返回课程列表
    }

    /**查询某门课的成绩*/
    public List queScore(Score score) {
        String sql = "select * from CJ where KCM ='" + score.getKcm() + "'";
        //创建一个 ArrayList 容器,将从 CJ 表中查询的成绩记录存放在容器中
        List kcscoreList = new ArrayList();
        try {
            psmt = MySqlConn.conns.prepareStatement(sql);
            rs = psmt.executeQuery();              //执行语句,返回查到的成绩信息
            //读取 ResultSet 中的数据,放入 ArrayList 中
            while(rs.next()) {
                Score kcscore = new Score();
                //用"成绩"值对象存储查询结果
                kcscore.setXm(rs.getString("XM"));
                kcscore.setKcm(rs.getString("KCM"));
                kcscore.setCj(rs.getInt("CJ"));
                kcscoreList.add(kcscore);          //将 kcscore 对象放入 ArrayList 中
            }
        }catch(Exception e) {
            e.printStackTrace();
        }
        return kcscoreList;                        //返回成绩列表
    }
```

```java
/**录入成绩*/
public Score addScore(Score score) {
    String sql = "insert into CJ(XM, KCM, CJ) values(?,?,?)";
                                                //插入的SQL语句
    try {
        psmt = MySqlConn.conns.prepareStatement(sql);    //预编译语句
        psmt.setString(1, score.getXm());        //姓名
        psmt.setString(2, score.getKcm());       //课程名
        psmt.setInt(3, score.getCj());           //成绩
        psmt.execute();                          //执行录入操作
    }catch(Exception e) {
        e.printStackTrace();
    }
    return score;
}
/**删除成绩*/
public Score delScore(Score score) {
    String sql = "delete from CJ where XM ='" + score.getXm() + "' and KCM ='" + score.getKcm() + "'";
                                                //删除的SQL语句
    try {
        psmt = MySqlConn.conns.prepareStatement(sql);    //预编译语句
        psmt.execute();                          //执行删除操作
    }catch(Exception e) {
        e.printStackTrace();
    }
    return score;
}
```

3. 配置 struts.xml

在 struts.xml 中加入如下代码：

```xml
<!-- 查询某门课成绩 -->
<action name="queSco" class="org.easybooks.xscj.action.ScoreAction" method="queSco">
    <result name="result">/showAll.jsp</result>
</action>
<!-- 录入成绩 -->
<action name="addSco" class="org.easybooks.xscj.action.ScoreAction" method="addSco">
    <result name="result">/scoreManage.jsp</result>
    <result name="reject">/showAll.jsp</result>
</action>
<!-- 删除成绩 -->
<action name="delSco" class="org.easybooks.xscj.action.ScoreAction" method="delSco">
    <result name="result">/scoreManage.jsp</result>
    <result name="reject">/showAll.jsp</result>
</action>
```

至此，这个基于 Java EE 7（Struts 2.3）/MySQL 5.7 的"学生成绩管理系统"开发完成，读者还可以根据需要自行扩展其他的功能。

实习 3
Visual C# 2015/MySQL 5.7 学生成绩管理系统

（实习 3）

近年来，微软.NET 越来越流行，已成为与 PHP、JavaEE 并驾齐驱的三大主流应用开发平台之一。前面实习 1 和 2 开发的系统都是 B/S 模式，而本实习使用 Windows 窗体应用程序，基于最新.NET 4.6，采用 Visual C# 2015 编程语言来设计实现"学生成绩管理系统"，开发工具用 Visual Studio 2015，仍以 MySQL 5.7 作为后台数据库。

实习 3.1 ADO.NET 架构原理

.NET 提供了 ADO.NET 技术，它提供了面向对象的数据库视图，封装了许多数据库属性和关系，隐藏了数据库访问的细节。.NET 应用程序可以在完全"不知道"这些细节的情况下连接到各种数据源，并检索、操作和更新数据。图 P3.1 所示为 ADO.NET 架构。

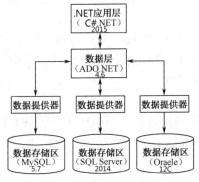

图 P3.1 ADO.NET 架构

在 ADO.NET 中，数据集（DataSet）与数据提供程序（Provider）是两个非常重要而又相互关联的核心组件。它们之间的关系如图 P3.2 所示，左图是数据提供程序的类对象结构，右图是数据集的类对象结构。

1. **数据集（DataSet）**

数据集相当于内存中暂存的数据库，不仅可以包括多张数据表，还可以包括数据表之间的关系和约束。ADO.NET 允许将不同类型的数据表复制到同一个数据集中，甚至还允许将数据表与 XML 文档组合到一起协同操作。

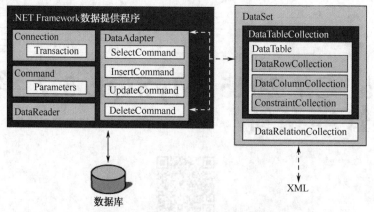

图 P3.2　数据集与数据提供程序关系图

一个 DataSet 由 DataTableCollection（数据表集合）和 DataRelationCollection（数据关系集合）两部分组成。其中，DataTableCollection 包含该 DataSet 中的所有 DataTable（数据表）对象，DataTable 类在 System.Data 命名空间中定义，表示内存驻留数据的单个表。每个 DataTable 对象都包含一个由 DataColumnCollection 表示的列集合以及由 ConstraintCollection 表示的约束集合，这两个集合共同定义了表的架构；此外还包含了一个由 DataRowCollection 表示的行集合，其中包含表中的数据。DataRelationCollection 则包含该 DataSet 中存在的所有表与表之间的关系。

2. **数据提供程序（Provider）**

.NET Framework 数据提供程序用于连接到数据库、执行命令和检索结果，用户可以使用它直接处理检索到的结果，或将其放入 ADO.NET 的 DataSet 对象，以便与来自多个源的数据或在层之间进行远程处理的数据组合在一起，以特殊方式向用户公开。

数据提供程序包含 4 种核心对象，详见图 P3.2 中的左图，它们的作用分别介绍如下。

（1）Connection。

Connection 是建立与特定数据源的连接。在进行数据库操作之前，首先要建立对数据库的连接，MySQL 5.7 数据库的连接对象为 MySqlConnection 类，其中包含了建立数据库连接所需要的连接字符串（ConnectionString）属性。

（2）Command。

Command 是对数据源操作命令的封装。MySQL 5.7 的.NET Framework 数据提供程序包括一个 MySqlCommand 对象，其中 Parameters 属性给出了 SQL 命令参数集合。

（3）DataReader。

使用 DataReader 可以实现对特定数据源中的数据进行高速、只读、只向前的数据访问。MySQL 5.7 数据提供程序包括一个 MySqlDataReader 对象。

（4）DataAdapter。

数据适配器（DataAdapter）利用连接对象（Connection）连接数据源，使用命令对象（Command）规定的操作（SelectCommand、InsertCommand、UpdateCommand 或 DeleteCommand）从数据源中检索出数据送往数据集，或者将数据集中经过编辑后的数据送回数据源。

MySQL 5.7 的数据提供程序使用 MySql.Data.MySqlClient 命名空间。

实习 3.2　创建 Visual C# 2015 项目

实习 3.2.1　Visual C# 2015 项目的建立

启动 Visual Studio 2015，选择"文件"→"新建"→"项目"，打开图 P3.3 所示的"新建项目"对话框。在窗口左侧"已安装"树状列表中展开"模板"→"Visual C#"类型节点，选中"Windows"子节点，在窗口中间区域选中"Windows 窗体应用程序"项，在下方"名称"栏中输入项目名"xscj"，单击【确定】按钮即可创建一个 Visual C# 2015 项目。

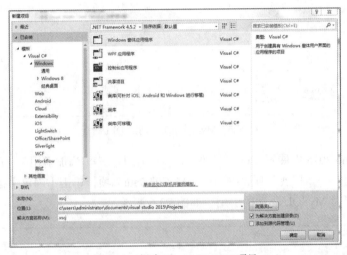

图 P3.3　创建 Visual C# 2015 项目

实习 3.2.2　安装 MySQL 5.7 的.NET 驱动

要使 Visual C# 2015 应用程序能顺利访问 MySQL 5.7 数据库，必须安装对应 MySQL 5.7 的.NET 驱动，该驱动的安装包可从 MySQL 官网下载，下载地址为：https://dev.mysql.com/downloads/conneccon/net/。下载得到的安装包名为 mysql-connector-net-6.9.9.msi，双击即可启动安装向导，如图 P3.4 所示。

图 P3.4　安装 MySQL 5.7 的.NET 驱动

读者只需按照向导的提示安装即可，过程从略。安装完后，可在 C:\Program Files\MySQL\MySQL Connector Net 6.9.9\Assemblies\v4.5 下看到一组 .dll 文件，如图 P3.5 所示，其中有一个名为 MySql.Data.dll 的文件即为 MySQL 的驱动库。

图 P3.5　MySQL 5.7 驱动的 DLL 库

在 Visual Studio 2015 中展开 xscj 项目树，右击"引用"→"添加引用"，打开"引用管理器"窗口，在"程序集"→"扩展"列表中勾选"MySql.Data"项，单击【确定】按钮，即往项目的命名空间中添加了对 MySQL 驱动的引用，如图 P3.6 所示。

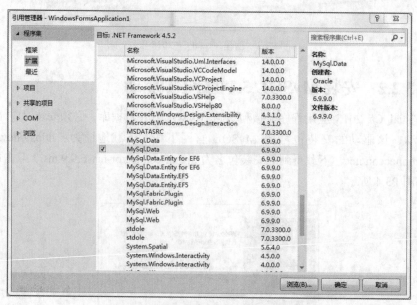

图 P3.6　添加对 MySQL 5.7 驱动的引用

经以上操作后，在编程时只需导入命名空间 MySql.Data.MySqlClient 即可编写连接、访问 MySQL 5.7 数据库的代码。

实习 3.3　系统界面设计

实习 3.3.1　主界面

本系统主界面采用 TabControl（选项页）控件实现，包含"学生管理"和"成绩管理"两个选项页，如图 P3.7 所示。

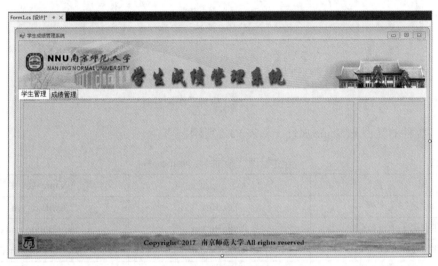

图 P3.7　系统主界面

主界面分上中下三部分，其中上下两部分都只是一个 PictureBox（图片框）控件，分别设置其 Image 属性，以项目资源文件的形式导入事先准备好的图片资源，如图 P3.8 所示。

图 P3.8　导入项目资源图片

中间部分 TabControl 控件两个选项页的 BackgroundImage 属性，均设为本书实习所用空白页背景图片资源"主页.gif"。开发时，再在背景上拖曳放置各种 C#控件组成功能界面。

实习 3.3.2 功能界面

本系统主界面 TabControl 控件有两个选项标签，单击可在"学生管理"和"成绩管理"两个不同功能的界面之间切换。

设计"学生管理"界面如图 P3.9 所示。

图 P3.9 "学生管理"功能界面

其上各控件的类型及 Name 属性，如表 P3.1 所示。

表 P3.1   "学生管理"界面控件 Name 属性

控 件 名	类 型	Name 属 性
"姓名"文本框	TextBox	textBox_xm
【性别男】单选按钮	RadioButton	radioButton_male
【性别女】单选按钮	RadioButton	radioButton_female
"出生年月"文本框	TextBox	textBox_cssj
【选择文件…】按钮	Button	button_selectphoto
"照片"图片框	PictureBox	pictureBox_photo
"已修课程"文本框	TextBox	textBox_kcs
"学生成绩"预览表格	DataGridView	dataGridView_xmcj
【录入】按钮	Button	button_addStu
【删除】按钮	Button	button_delStu
【更新】按钮	Button	button_updStu
【查询】按钮	Button	button_queStu

设计"成绩管理"界面如图 P3.10 所示。

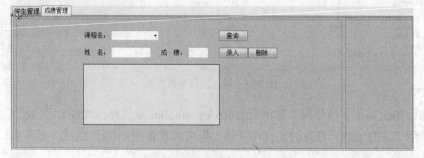

图 P3.10 "成绩管理"功能界面

其上各控件的类型及 Name 属性，如表 P3.2 所示。

表 P3.2 "成绩管理"界面控件 Name 属性

控 件 名	类 型	Name 属性
"课程名"下拉列表框	ComboBox	comboBox_kcm
"姓名"文本框	TextBox	textBox_name
"成绩"文本框	TextBox	textBox_cj
【查询】按钮	Button	button_queSco
【录入】按钮	Button	button_addSco
【删除】按钮	Button	button_delSco
"课程成绩"预览表格	DataGridView	dataGridView_kccj

以上两个界面上都各有一个 DataGridView（数据网格视图）控件，分别用于预览某学生的成绩表及某门课程所有学生的成绩表，为了达到理想的显示效果，需要对 DataGridView 控件的属性进行一系列设置，本实习所用的这两个 DataGridView 属性设置完全一样，主要对以下这些属性进行了人为定制，如表 P3.3 所示。

表 P3.3 本实习 DataGridView 控件的定制属性

属 性 名	取 值
AllowUserToResizeColumns	False
AllowUserToResizeRows	False
AutoSizeColumnsMode	Fill
AutoSizeRowsMode	DisplayedCells
BackgroundColor	ButtonFace
ColumnHeadersHeightSizeMode	AutoSize
ReadOnly	True
RowHeadersVisible	False
ScrollBars	Vertical

表中未列出的属性都取系统默认值。

实习 3.4　系统代码架构

在 Visual Studio 2015 中展开 xscj 项目树，右击 "Form1.cs" → "查看代码"，进入代码编辑窗口，如图 P3.11 所示。

为了让读者对本实习的项目程序结构有个清晰的认识，这里先给出系统代码的整体架构。项目的全部代码皆位于 Form1.cs 文件中。

源文件 Form1.cs，代码如下：

```
using System;
using System.Collections.Generic;
using System.ComponentModel;
using System.Data;
using System.Drawing;
```

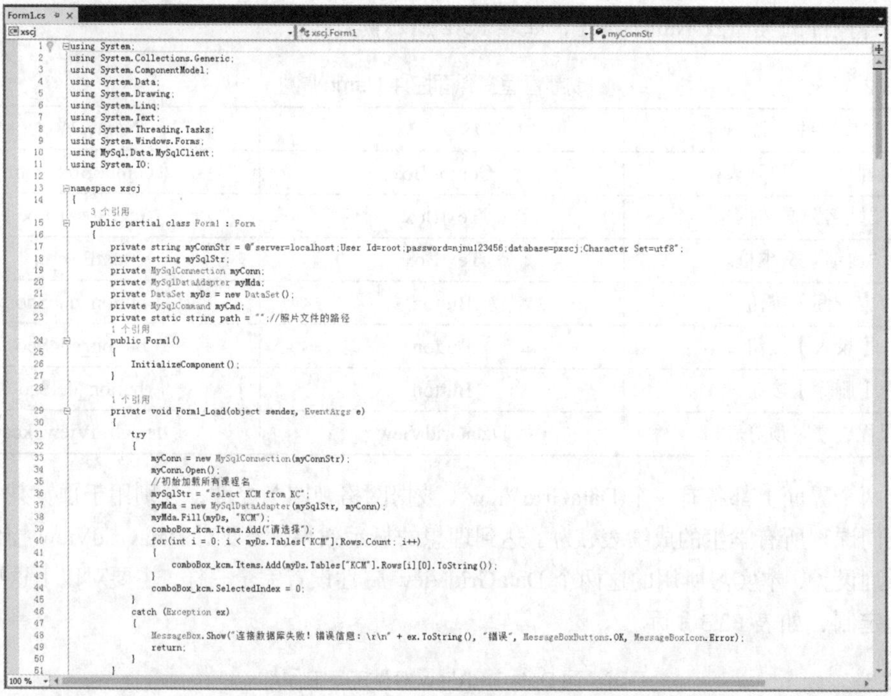

图 P3.11　Visual Studio 2015 项目代码编辑窗口

```
using System.Linq;
using System.Text;
using System.Threading.Tasks;
using System.Windows.Forms;
using MySql.Data.MySqlClient;                     //引入 MySQL 驱动的命名空间
using System.IO;                                  //输入输出流（用于读写照片）

namespace xscj
{
    public partial class Form1 : Form
    {
        private string myConnStr = @"server=localhost;User Id=root;password=njnu123456;database=pxscj;Character Set=utf8";   //MySQL 5.7 数据库连接字符串
        private string mySqlStr;                  //存储 SQL 语句
        private MySqlConnection myConn;           //MySQL 连接对象
        private MySqlDataAdapter myMda;           //MySQL 数据适配器（用于读取数据）
        private DataSet myDs = new DataSet();     //数据集（用于存放读取的数据）
        private MySqlCommand myCmd;               //MySQL 操作命令对象
        private static string path = "";          //照片文件的路径
        public Form1()
        {
            InitializeComponent();
        }

        private void Form1_Load(object sender, EventArgs e)
        {
            try
            {
```

```csharp
            myConn = new MySqlConnection(myConnStr);
            myConn.Open();
            //初始加载所有课程名
            mySqlStr = "select KCM from KC";
            myMda = new MySqlDataAdapter(mySqlStr, myConn);
            myMda.Fill(myDs, "KCM");
            comboBox_kcm.Items.Add("请选择");
            for(int i = 0; i < myDs.Tables["KCM"].Rows.Count; i++)
            {
                comboBox_kcm.Items.Add(myDs.Tables["KCM"].Rows[i][0].ToString());
            }
            comboBox_kcm.SelectedIndex = 0;
        }
        catch (Exception ex)
        {
            MessageBox.Show("连接数据库失败!错误信息: \r\n" + ex.ToString(), "错误",
MessageBoxButtons.OK, MessageBoxIcon.Error);
            return;
        }
    }

    /**----------------------------学生管理功能----------------------------*/
                        ...                        //该部分代码详细稍后给出

    /**----------------------------成绩管理功能----------------------------*/
                        ...                        //该部分代码详细稍后给出
    }
}
```

程序初始启动时,在 Form1_Load 过程中连接数据库,并且读取、加载数据库中所有的课程名信息。

实习 3.5　学　生　管　理

"学生管理"部分的功能,代码如下:

```csharp
/**----------------------------学生管理功能----------------------------*/

/*【录入】按钮的事件过程代码*/
private void button_addStu_Click(object sender, EventArgs e)
{
    try
    {
        //录入学生
        string xm = textBox_xm.Text;
        int xb = 1;
        if (!radioButton_male.Checked) xb = 0;
        string cssj = textBox_cssj.Text;
        if (path != "") mySqlStr = "insert into XS values('" + xm + "'," + xb + ",'"
+ cssj + "',0,NULL,@Photo)";                            //设置SQL语句(带照片插入)
        else mySqlStr = "insert into XS values('" + xm + "'," + xb + ",'" + cssj +
```

```csharp
"',0,NULL,NULL)";                                         //设置SQL语句(不带照片插入)
            myCmd = new MySqlCommand(mySqlStr, myConn);
            if (path != "")
            {
                pictureBox_photo.Image.Dispose();
                pictureBox_photo.Image = null;
                FileStream fs = new FileStream(path, FileMode.Open);    //创建文件流对象
                byte[] fileBytes = new byte[fs.Length];                 //创建字节数组
                fs.Read(fileBytes, 0, (int)fs.Length);                  //打开Read方法
                MySqlParameter mpar = new MySqlParameter("@Photo", SqlDbType.Image);
                                                                        //为命令创建参数
                mpar.MySqlDbType = MySqlDbType.VarBinary;
                mpar.Value = fileBytes;                                 //为参数赋值
                myCmd.Parameters.Add(mpar);                             //添加参数
            }
            myCmd.ExecuteNonQuery();
            button_queStu_Click(null, null);                            //录入后回显该生信息
            path = "";
            MessageBox.Show("添加成功!", "提示", MessageBoxButtons.OK,
MessageBoxIcon.Information);
        }
        catch
        {
            MessageBox.Show("添加失败,请检查输入信息!", "提示", MessageBoxButtons.OK,
MessageBoxIcon.Warning);
            return;
        }
    }

    /*【删除】按钮的事件过程代码*/
    private void button_delStu_Click(object sender, EventArgs e)
    {
        try
        {
            //删除学生
            mySqlStr = "delete from XS where XM='" + textBox_xm.Text + "'";
            myCmd = new MySqlCommand(mySqlStr, myConn);
            myCmd.ExecuteNonQuery();
            button_queStu_Click(null, null);
            MessageBox.Show("删除成功!", "提示", MessageBoxButtons.OK,
MessageBoxIcon.Information);
        }
        catch
        {
            MessageBox.Show("删除失败,请检查操作权限!", "提示", MessageBoxButtons.OK,
MessageBoxIcon.Warning);
            return;
        }
    }

    /*【更新】按钮的事件过程代码*/
    private void button_updStu_Click(object sender, EventArgs e)
```

```csharp
{
    try
    {
        //更新学生
        string xm = textBox_xm.Text;
        int xb = 1;
        if (!radioButton_male.Checked) xb = 0;
        string cssj = textBox_cssj.Text;
        if (path != "") mySqlStr = "update XS set XM='" + xm + "',XB=" + xb + ",CSSJ='" + cssj + "',ZP=@Photo where XM='" + xm + "'";      //设置 SQL 语句（带照片更新）
        else mySqlStr = "update XS set XM='" + xm + "',XB=" + xb + ",CSSJ='" + cssj + "' where XM='" + xm + "'";      //设置 SQL 语句（不带照片更新）
        myCmd = new MySqlCommand(mySqlStr, myConn);
        if (path != "")
        {
            pictureBox_photo.Image.Dispose();
            pictureBox_photo.Image = null;
            FileStream fs = new FileStream(path, FileMode.Open);     //创建文件流对象
            byte[] fileBytes = new byte[fs.Length];                  //创建字节数组
            fs.Read(fileBytes, 0, (int)fs.Length);                   //打开 Read 方法
            MySqlParameter mpar = new MySqlParameter("@Photo", SqlDbType.Image);
                                                                     //为命令创建参数
            mpar.MySqlDbType = MySqlDbType.VarBinary;
            mpar.Value = fileBytes;                                  //为参数赋值
            myCmd.Parameters.Add(mpar);                              //添加参数
        }
        myCmd.ExecuteNonQuery();
        button_queStu_Click(null, null);                             //更新后回显该生新的信息
        path = "";
        MessageBox.Show("更新成功！", "提示", MessageBoxButtons.OK, MessageBoxIcon.Information);
    }
    catch
    {
        MessageBox.Show("更新失败，请检查输入信息！", "提示", MessageBoxButtons.OK, MessageBoxIcon.Warning);
        return;
    }
}

/*【查询】按钮的事件过程代码*/
private void button_queStu_Click(object sender, EventArgs e)
{
    try
    {
        //查询学生
        myDs.Clear();
        mySqlStr = "select XM,XB,CSSJ,KCS from XS where XM='" + textBox_xm.Text + "'";
        myMda = new MySqlDataAdapter(mySqlStr, myConn);
        myMda.Fill(myDs, "XS");
        if (myDs.Tables["XS"].Rows.Count == 1)
        {
```

```csharp
                    textBox_xm.Text = myDs.Tables["XS"].Rows[0]["XM"].ToString();
                    radioButton_male.Checked = bool.Parse(myDs.Tables["XS"].Rows[0]["XB"].ToString());
                    radioButton_female.Checked = !radioButton_male.Checked;
                    textBox_cssj.Text = DateTime.Parse(myDs.Tables["XS"].Rows[0]["CSSJ"].ToString()).ToString("yyyy-MM-dd");
                    textBox_kcs.Text = myDs.Tables["XS"].Rows[0]["KCS"].ToString();
                    //显示该生的各科成绩
                    mySqlStr = "call CJ_PROC('" + textBox_xm.Text + "')";
                    myCmd = new MySqlCommand(mySqlStr, myConn);
                    myCmd.ExecuteNonQuery();                   //执行存储过程
                    mySqlStr = "select KCM As 课程名,CJ As 成绩 from XMCJ_VIEW";
                    myMda = new MySqlDataAdapter(mySqlStr, myConn);
                    myMda.Fill(myDs, "XMCJ");
                    dataGridView_xmcj.DataSource = myDs.Tables["XMCJ"].DefaultView;
                    //读取显示照片
                    if (pictureBox_photo.Image != null)
                    {
                        //如果图片框中原先就有照片，要先销毁
                        pictureBox_photo.Image.Dispose();
                        pictureBox_photo.Image = null;
                    }
                    byte[] picData = null;                     //以字节数组的方式存储获取的图片数据
                    mySqlStr = "select ZP from XS where XM='" + textBox_xm.Text + "'";
                    myCmd = new MySqlCommand(mySqlStr, myConn);
                    object data = myCmd.ExecuteScalar();       //根据参数获取数据
                    if (!Convert.IsDBNull(data) && data != null)   //如果照片数据不为空
                    {
                        picData = (byte[])data;
                        MemoryStream ms = new MemoryStream(picData);   //字节流转换为内存流
                        pictureBox_photo.Image = Image.FromStream(ms); //内存流转换为照片
                        ms.Close();                                    //关闭内存流
                    }
                }
                else
                {
                    textBox_xm.Text = "";
                    radioButton_male.Checked = true;
                    radioButton_female.Checked = false;
                    textBox_cssj.Text = "";
                    pictureBox_photo.Image.Dispose();
                    pictureBox_photo.Image = null;
                    textBox_kcs.Text = "";
                    return;
                }
            }
            catch
            {
                return;
            }
        }

        /*【选择文件...】按钮的事件过程代码*/
```

```
private void button_selectphoto_Click(object sender, EventArgs e)
{
    //选择照片上传
    OpenFileDialog openDialog = new OpenFileDialog();
    openDialog.InitialDirectory = @"C:\Users\Public\Pictures\Sample Pictures";
                                    //设置文件对话框显示的初始目录
    openDialog.Filter = "bmp 文件 (*.bmp)|*.bmp|gif 文件 (*.gif)|*.gif|jpeg 文件 (*.jpg)|*.jpg";
                                    //设置当前选定筛选器字符串以决定对话框中"文档类型"选项
    openDialog.FilterIndex = 3;     //设置对话框中当前选定筛选器的索引
    openDialog.RestoreDirectory = true;     //设置对话框在关闭前还原当前目录
    openDialog.Title = "选择照片";    //设置对话框的标题
    if (openDialog.ShowDialog() == DialogResult.OK) path = openDialog.FileName;
                                    //获取文件路径
    pictureBox_photo.Image = Image.FromFile(path);    //加载照片预览
}
```

运行"学生管理"功能,效果如图 P3.12 所示。

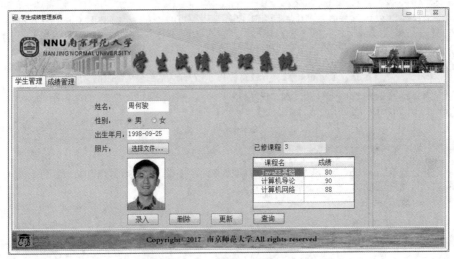

图 P3.12 "学生管理"功能运行效果

实习 3.6 成 绩 管 理

"成绩管理"部分的功能,代码如下:

```
/**-----------------------------成绩管理功能-----------------------------*/
/*【查询】按钮的事件过程代码*/
private void button_queSco_Click(object sender, EventArgs e)
{
    try
    {
        //查询某课程成绩
        myDs.Clear();
```

```csharp
                mySqlStr = "select XM As 姓名,CJ As 成绩 from CJ where KCM='" + comboBox_kcm.Text
+ "'";
                myMda = new MySqlDataAdapter(mySqlStr, myConn);
                myMda.Fill(myDs, "KCCJ");
                dataGridView_kccj.DataSource = myDs.Tables["KCCJ"].DefaultView;
            }
            catch
            {
                MessageBox.Show(" 查 找 数 据 出 错 ！ ", " 提 示 ", MessageBoxButtons.OK,
MessageBoxIcon.Warning);
                return;
            }
        }

        /*【录入】按钮的事件过程代码*/
        private void button_addSco_Click(object sender, EventArgs e)
        {
            try
            {
                //录入成绩
                mySqlStr = "insert into CJ(XM,KCM,CJ) values('" + textBox_name.Text + "','" +
comboBox_kcm.Text + "'," + textBox_cj.Text + ")";
                myCmd = new MySqlCommand(mySqlStr, myConn);
                myCmd.ExecuteNonQuery();
                button_queSco_Click(null, null);        //录入后回显成绩表信息
                MessageBox.Show(" 添 加 成 功 ！ ", " 提 示 ", MessageBoxButtons.OK,
MessageBoxIcon.Information);
            }
            catch
            {
                MessageBox.Show("添加失败，请确保有此学生！", "提示", MessageBoxButtons.OK,
MessageBoxIcon.Warning);
                return;
            }
        }

        /*【删除】按钮的事件过程代码*/
        private void button_delSco_Click(object sender, EventArgs e)
        {
            try
            {
                //删除成绩
                mySqlStr = "delete from CJ where XM='" + textBox_name.Text + "' and KCM='" +
comboBox_kcm.Text + "'";
                myCmd = new MySqlCommand(mySqlStr, myConn);
                myCmd.ExecuteNonQuery();
                button_queSco_Click(null, null);        //删除后回显成绩表信息
                MessageBox.Show(" 删 除 成 功 ！ ", " 提 示 ", MessageBoxButtons.OK,
MessageBoxIcon.Information);
            }
            catch
            {
                MessageBox.Show("删除失败，请检查操作权限！", "提示", MessageBoxButtons.OK,
MessageBoxIcon.Warning);
```

```
            return;
        }
}
```

运行"成绩管理"功能,效果如图 P3.13 所示。

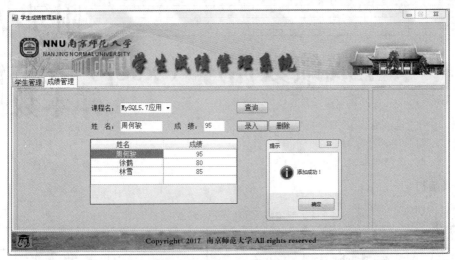

图 P3.13 "成绩管理"功能运行效果

至此,这个基于 Visual C# 2015/MySQL 5.7 的"学生成绩管理系统"开发完成。读者还可以根据需要自行扩展其他功能。

附录 A 学生成绩数据库（xscj）表结构样本数据

1. 表结构

表 A.1　　　　　　　　　　学生情况表（表名 xs）结构

列　名	数 据 类 型	长　度	是否允许为空值	默 认 值	说　明
学号	定长字符型（char）	6	×	无	主键
姓名	定长字符型（char）	8	×	无	
专业名	定长字符型（char）	10	√	无	
性别	整数型（tinyint）	1	×	无	男 1，女 0
出生日期	日期时间类型（date）	系统默认	×	无	
总学分	整数型（tinyint）	1	√	无	
照片	大二进制（blob）	16（系统默认）	√	无	
备注	文本型（text）	16（系统默认）	√	无	

表 A.2　　　　　　　　　　课程表（表名 kc）结构

列　名	数 据 类 型	长　度	是否允许为空值	默 认 值	说　明
课程号	定长字符型（char）	3	×	无	主键
课程名	定长字符型（char）	16	×	无	
开课学期	整数型（tinyint）	1	×	1	只能为 1~8
学时	整数型（tinyint）	1	×	无	
学分	整数型（tinyint）	1	√	无	

表 A.3　　　　　　　　　　成绩表（表名 xs_kc）结构

列　名	数 据 类 型	长　度	是否允许为空值	默 认 值	说　明
学号	定长字符型（char）	6	×	无	主键
课程号	定长字符型（char）	3	×	无	主键
成绩	整数型（tinyint）	1	√	无	
学分	整数型（tinyint）	1	√	无	

2. 数据样本

表A.4　　　　　　　　　　　学生情况表（表名xs）数据样本

学　号	姓　　名	专　业　名	性　别	出生日期	总学分	备　　注
081101	王林	计算机	1	1990-02-10	50	
081102	程明	计算机	1	1991-02-01	50	
081103	王燕	计算机	0	1989-10-06	50	
081104	韦严平	计算机	1	1990-08-26	50	
081106	李方方	计算机	1	1990-11-20	50	
081107	李明	计算机	1	1990-05-01	54	提前修完《数据结构》，并获学分
081108	林一帆	计算机	1	1989-08-05	52	已提前修完一门课
081109	张强民	计算机	1	1989-08-11	50	
081110	张蔚	计算机	0	1991-07-22	50	三好学生
081111	赵琳	计算机	0	1990-03-18	50	
081113	严红	计算机	0	1989-08-11	48	有一门课不及格,待补考
081201	王敏	通信工程	1	1989-06-10	42	
081202	王林	通信工程	1	1989-01-29	40	有一门课不及格,待补考
081204	马琳琳	通信工程	0	1989-02-10	42	
081206	李计	通信工程	1	1989-09-20	42	
081210	李红庆	通信工程	1	1989-05-01	44	已提前修完一门课,并获得学分
081216	孙祥欣	通信工程	1	1989-03-09	42	
081218	孙研	通信工程	1	1990-10-09	42	
081220	吴薇华	通信工程	0	1990-03-18	42	
081221	刘燕敏	通信工程	0	1989-11-12	42	
081241	罗林琳	通信工程	0	1990-01-30	50	转专业学习

照片字段数据未列在表中。

表A.5　　　　　　　　　　　课程表（表名kc）数据样本

课　程　号	课　程　名	开课学期	学　　时	学　　分
101	计算机基础	1	80	5
102	程序设计与语言	2	68	4
206	离散数学	4	68	4
208	数据结构	5	68	4
209	操作系统	6	68	4
210	计算机原理	5	85	5
212	数据库原理	7	68	4
301	计算机网络	7	51	3
302	软件工程	7	51	3

表 A.6　　　　　　　　　学生与课程表（表名 xs_kc）数据样本

学　号	课程号	成　绩	学　号	课程号	成　绩	学　号	课程号	成　绩
081101	101	80	081107	101	78	081111	206	76
081101	102	78	081107	102	80	081113	101	63
081101	206	76	081107	206	68	081113	102	79
081103	101	62	081108	101	85	081113	206	60
081103	102	70	081108	102	64	081201	101	80
081103	206	81	081108	206	87	081202	101	65
081104	101	90	081109	101	66	081203	101	87
081104	102	84	081109	102	83	081204	101	91
081104	206	65	081109	206	70	081210	101	76
081102	102	78	081110	101	95	081216	101	81
081102	206	78	081110	102	90	081218	101	70
081106	101	65	081110	206	89	081220	101	82
081106	102	71	081111	101	91	081221	101	76
081106	206	80	081111	102	70	081241	101	90

成绩表 xs_kc 中"学分"列的值为课程表 kc 中对应的"学分"值，表中未列。

附录 B Navicat 基本操作

（附录 B）

Navicat 是一个强大的 MySQL 数据库管理和开发工具。它基于 Windows 平台，为 MySQL 量身定作，为专业开发者提供了一套强大的足够尖端的工具，使用极好的全中文图形用户界面（GUI），支持用户以一种安全和更为容易的方式快速创建、组织、存取和共享 MySQL 数据库中的数据。

B.1　Navicat 安装

1. 下载 Navicat 的安装

从网上下载 Navicat 的安装文件，可执行文件名：Navicat_for_MySQL_10.1.7_XiaZaiBa.exe。双击出现图 B.1 所示的安装向导界面。单击【安装】按钮即可启动安装进程。接下来的过程操作很简单，按向导的提示操作即可，不再赘述。

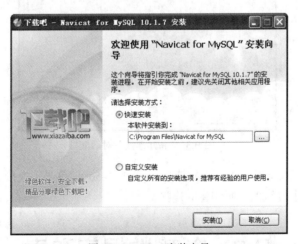

图 B.1　Navicat 安装向导

2. 启动 Navicat

安装完成，启动 Navicat，其主界面如图 B.2 所示，可以看出 Navicat 全图形化的中文界面，各种功能一目了然，非常友好！

单击工具栏上大图标 按钮，弹出图 B.3 所示的"新建连接"对话框，在其中设置连接参数。

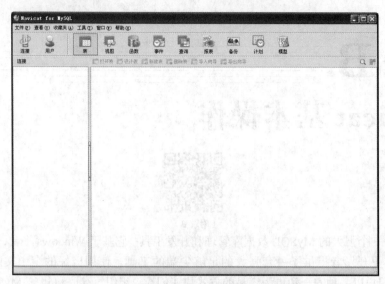

图 B.2　Navicat 主界面

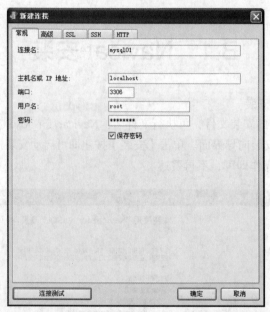

图 B.3　"新建连接"对话框

在"连接名"栏填写 mysql01，输入密码（njnu123456），单击【连接测试】按钮测试连接是否成功。单击【确定】按钮保存所创建的连接。

B.2　创建数据库和表

右击"mysql01"→"打开连接"，可看到 MySQL 中已经存在的数据库（包括前面创建的 test 和 xscj 数据库），如图 B.4 所示。

1. 创建数据库

右击"mysql01"→"新建数据库",弹出图 B.5 所示的"新建数据库"对话框,在其中给数据库命名、选择字符集等设置。

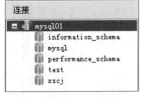

图 B.4 系统中已有的数据库　　　　　　图 B.5 创建数据库(演示)

由于之前 xscj 数据库已经建好了,此处只演示一下操作,不再重复创建。

2. 创建表

例如,在 xscj 数据库中建立附录 A 的课程表(表名 kc)。

右击"xscj"→"打开数据库",展开目录树会看到前面刚刚建立的 xs 表,如图 B.6 所示。下面再来建一个课程表。

在图 B.6 目录树中,右击"表"→"新建表",弹出图 B.7 所示的表设计界面,设计表的各列名及类型(参照附录 A 表 A.2)。

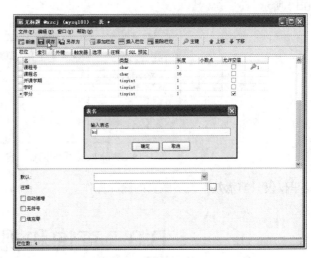

图 B.6 已经建好的 xs 表　　　　　　图 B.7 创建 kc 表

设计完后单击【保存】按钮,弹出"表名"对话框,输入表名 kc,单击【确定】按钮,创建表成功,在 xscj 数据库目录树中会马上看到这个新建的表。

3. 添加数据

右击 xscj 数据库中的表 kc,从快捷菜单中选择"打开表",如图 B.8 所示。

进入 kc 表数据显示、编辑的窗口，此时表中尚无数据，双击任一单元格即可输入该字段的值。请读者按照附录 A 表 A.5 的内容，输入 kc 表的数据样本，录入完成后效果如图 B.9 所示。

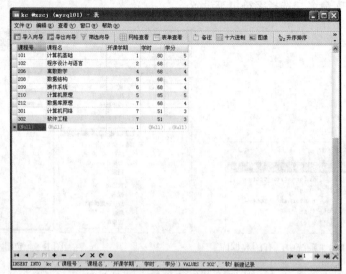

图 B.8　打开 kc 表　　　　　　　　图 B.9　kc 表的数据

完成后关闭窗口时，系统会自动提示用户保存。

4. 修改、删除记录

右击 xscj 数据库中的表 kc，从快捷菜单中选择"打开表"，单击 kc 表中的任一单元格，鼠标光标获得输入焦点，即可修改该单元格所存储字段的值。

若要删除表中某条记录，只要在该记录前右击鼠标，从快捷菜单中选择"删除 记录"即可，如图 B.10 所示。

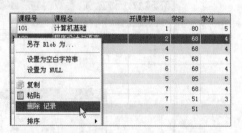

图 B.10　删除 kc 表中的记录（演示用）

这里仅仅只演示效果，不做真的删除操作。

B.3　查询和视图

1. 查询操作

启动 Navicat，在主界面左侧"连接"栏双击连接"mysql01" → "xscj"，单击工具栏 图标按钮，再单击 按钮，弹出图 B.11 所示的窗口，在其中创建或编辑查询。

附录 B　Navicat 基本操作

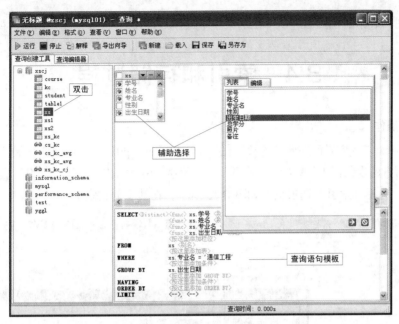

图 B.11　Navicat 查询操作

在"查询创建工具"选项页中，下方提供了查询语句的通用模板。在左侧树状结构中，双击要查询的表，系统弹出小窗口供用户选择字段；单击模板语句中的浅灰色部分，也会出现小窗框供用户辅助选择。

创建后，单击 运行 按钮，执行查询。

2．视图操作

启动 Navicat，在主界面左侧"连接"栏双击连接"mysql01"→"xscj"，单击工具栏 视图 图标按钮，右边区域出现数据库中已有的视图列表，如图 B.12 所示，再单击 新建视图 按钮，弹出定义视图的窗口，用户可切换到"视图创建工具"选项页，像创建查询一样在工具的辅助下定义视图。

图 B.12　Navicat 视图操作

275

右击视图列表中的视图名,从弹出的菜单中选择"打开""设计"或"删除"视图。

B.4 索引和存储过程

1. 索引操作

启动 Navicat,在主界面左侧"连接"栏双击连接"mysql01"→"xscj"→展开"表",可看到数据库中所有的表。以 kc 表为例,若要在其上创建索引,右击"kc"→"设计表",出现编辑 kc 表的界面,选择"索引"选项页,如图 B.13 所示,在其中创建索引。

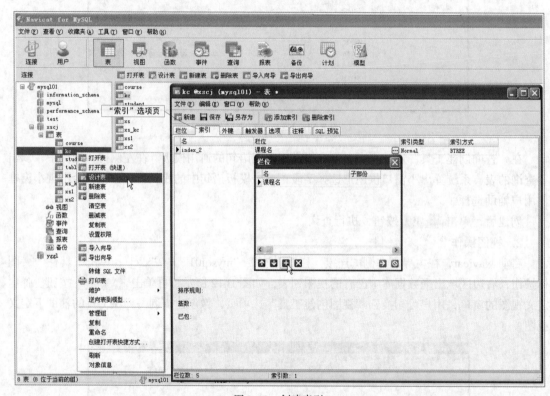

图 B.13 创建索引

2. 存储过程

启动 Navicat,在主界面左侧"连接"栏双击连接"mysql01"→"xscj",单击工具栏 图标按钮,可看到数据库中已有的存储过程和函数,如图 B.14 所示。再单击 按钮,进入"函数向导",选择例程类型为"过程",单击【下一步】按钮,输入例程参数,单击【完成】按钮,弹出过程定义窗口,在其中输入创建存储过程的 SQL 语句,编辑完成后,单击 按钮,在弹出的对话框中输入过程名,单击【确定】按钮。

右击界面列表中的存储过程名,从弹出的菜单中选择"设计"或"删除"存储过程。

图 B.14　Navicat 存储过程操作

B.5　备份与还原

启动 Navicat，在主界面左侧"连接"栏双击连接"mysql01"→"xscj"，单击工具栏 ![] 图标按钮，再单击 ![新建备份] 按钮，弹出图 B.15 所示的"新建备份"对话框。

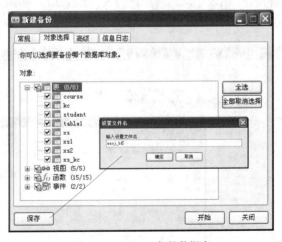

图 B.15　Navicat 备份数据库

用户可切换到"对象选择"选项页，选择要备份的对象，单击【开始】按钮，开始备份。

完成后，主界面上出现一个 ![2013-11-18 14:19:50] 项（视操作时间点不同，项名也会不一样），如图 B.16 所示，此即为生成的备份。用户可以单击【保存】按钮，为备份创建设置文件，这里取名"xscj_bf"。

单击【备份】→ [还原备份] 按钮，弹出图 B.16 所示的"还原备份"对话框，单击【开始】按钮将备份还原。

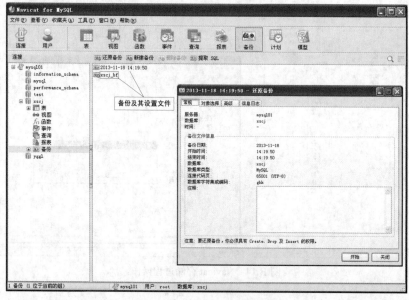

图 B.16　Navicat 还原数据库

B.6　用户与权限操作

单击工具栏 [用户] 图标按钮，出现系统当前用户列表，如图 B.17 所示。再单击 [新建用户] 按钮，弹出"用户"对话框，在其中填写新用户信息，然后切换到"权限"选项页进行授权操作。

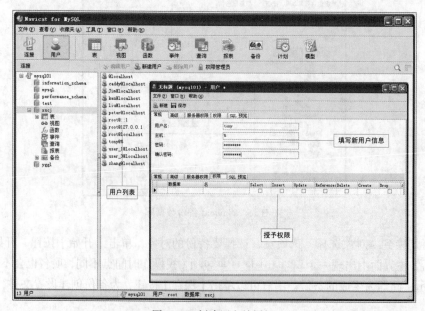

图 B.17　创建用户并授权

附录 C
phpMyAdmin 基本操作

（附录C）

phpMyAdmin 是一个用 PHP 编写的软件工具，可以通过 Web 方式控制和操作 MySQL 数据库。通过 phpMyAdmin 可以完全对数据库进行操作，例如建立、复制和删除数据等，对 MySQL 数据库的管理变得相当简单。

C.1 安装 phpMyAdmin 环境

phpMyAdmin 是基于 PHP 的 Web 客户端软件，在使用之前必须首先搭好 PHP 的运行环境，包括安装 Apache 服务器和 PHP 插件。

（1）安装 Apache 服务器

Apache 是开源软件，用户可以在其官方网站上免费下载。

适用于 Windows 的 Apache 分为安装版和免安装版，安装版又分为 openssl 和 no ssl 两个版本，为初学者方便，本书选用的是 openssl 安装版。

下载得到安装包，双击启动安装向导，在服务器信息页填入如下信息：

Network Domain: localhost

Server Name: localhost

Adminstrator's Email Address: easybooks@163.com

安装过程的其余步骤都取它的默认设置，按向导提示操作即可。

Apache 安装成功后在屏幕右下角会出现一个 图标，图标内的三角形为绿色时表示服务正在运行，红色表示服务停止。双击该图标会弹出 Apache 管理界面。单击【Start】、【Stop】和【Restart】按钮分别表示开始、停止和重启 Apache 服务。

Apache 安装完后可以测试一下看能否运行。在 IE 地址栏中输入 http://localhost 或 http://127.0.0.1 后按 "Enter" 键。如果测试成功会出现 "It works!" 页面。

（2）安装 PHP 插件

Apache 安装完成后，只支持 HTML 和 JavaScript 等语言，要想其支持 PHP，还需要为其安装 PHP 插件。目前的 PHP 也提供了软件安装版，本书将采用这个版本。

PHP 的官方下载地址为 http://www.php.net/downloads.php。用户可以在该页面上选择 PHP 安装文件下载，本书在 Windows 下安装 PHP，所以选择下载相应的 PHP 安装文件。

双击下载的文件，进入安装向导，按向导的提示操作，直至进入服务器选择对话框。由于本书运行 PHP 所使用的服务器是 Apache HTTP Server，所以这里选择"Apache x.x.x Module"选项。

单击【Next】按钮进入服务器配置目录对话框，此处要把 Apache 安装路径的 conf 文件夹的路径填写到对话框的文本框中，单击【Browse...】按钮，找到 conf 文件夹，单击【OK】按钮确定修改，回到配置目录对话框。

单击【Next】按钮进入安装选项对话框，建议初学者安装所有的组件，单击树状结构中 ×▾ 右边的下拉箭头，在展开的菜单中选择"Entire feature will be installed on local hard drive"。

接着继续按向导的提示操作，直至安装完成。

（3）打开 Apache 服务管理器

PHP 安装完后打开 Apache 服务管理器，单击【Stop】按钮，等待 Apache 关闭后，单击【Start】按钮启动 Apache 服务，当再次打开 Apache 服务管理器时，界面最下方的状态栏会显示"Apache..."，说明 PHP 已经安装成功了。

（4）PHP 的配置

为了使 Apache 能够支持 PHP，PHP 在安装时自动修改了 Apache 的配置文件 httpd.conf，文件路径为 C:\Program Files\Apache Software Foundation\Apache2.2\conf。使用记事本打开该文件，会看到该文件的最下方自动增加了下列几行代码：

```
#BEGIN PHP INSTALLER EDITS - REMOVE ONLY ON UNINSTALL
PHPIniDir "C:\Program Files\PHP\"
LoadModule php5_module "C:\Program Files\PHP\php5apache2_2.dll"
#END PHP INSTALLER EDITS - REMOVE ONLY ON UNINSTALL
```

接下来将要修改的是 PHP 的配置文件，它记录了 PHP 的配置信息，通过修改其中的代码，影响了 PHP 有关功能的运行。使使用记事本打开 PHP 配置文件，所在目录为 C:\Program Files\PHP，文件名为 php.ini，在其中找到如下一段内容：

```
short_open_tag = Off

; Allow ASP-style <% %> tags.
; http://php.net/asp-tags
asp_tags = Off
```

将其中的 Off 都改为 On，以使 PHP 支持<??>和<%%>的标记方式。确认修改后，保存配置文件，重启 Apache 服务，以上设置即可生效。

相关配置都完成后，可以测试一下 PHP 程序能否运行。

首先，在 Apache 根目录 htdocs 文件夹（路径为 C:\Program Files\Apache Software Foundation\Apache2.2\htdocs）里新建一个文本文件，在其中写入如下代码：

```
<?php
    phpinfo();
?>
```

保存后将文件名修改为 phpinfo.php，打开 IE 浏览器，输入 http://localhost/phpinfo.php 后按"Enter"键，如果出现包含 PHP Version 文字和 PHP 图标的界面，就表示 PHP 配置成功。

C.2 创建数据库

1. 登录系统

启动 Apache 服务器，打开 IE 输入：

http://localhost/phpMyAdmin-4.0.3-all-languages/index.php 后按"Enter"键，出现图 C.1 所示的 phpMyAdmin 欢迎页面。

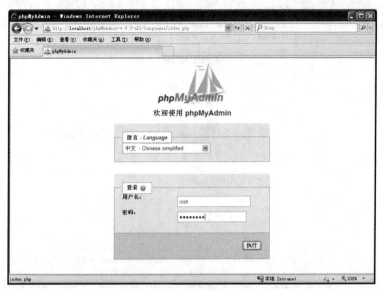

图 C.1　phpMyAdmin 欢迎页面

输入用户名（默认为 root）、密码 njnu123456，单击【执行】按钮即可进入 phpMyAdmin 主页，如图 C.2 所示。

图 C.2　phpMyAdmin 主页

从左边树形列表中可看到已建好的 test、xscj 等数据库。

2. 创建数据库

单击"数据库"选项页，进入数据库管理页，如图 C.3 所示，在"新建数据库"栏填写数据库名，从后面的下拉列表中选择所用字符集后，单击【创建】按钮即可创建一个新的数据库。

图 C.3　phpMyAdmin 数据库创建（演示）

由于之前 xscj 数据库已经建好了，此处只演示一下操作，不再重复创建。

3. 创建表

在 xscj 数据库中建立附录 A 的成绩表（表名 xs_kc）。

在数据库管理页左边树形列表中，单击 xscj 项前面的 ➕，如图 C.4 所示，可看到 xscj 数据库中已有的两个表 kc 和 xs。

单击 ┠新建 链接项，进入创建新表页面，图 C.5 所示为设计表的各列名字及类型（参照附录 A 表 A.3），单击【保存】按钮创建成功。

图 C.4　查看 xscj 数据库中的表

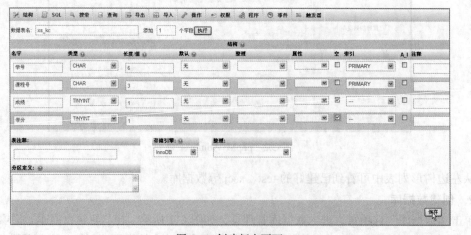

图 C.5　创建新表页面

4．添加数据

从左边树形列表中展开 xscj 数据库项，单击 xs_kc 表，再从右边页面上部单击"插入"选项，如图 C.6 所示。

图 C.6　向 xs_kc 表中插入数据

在此页面上输入各个字段值，单击【执行】按钮，向 xs_kc 表中插入一条记录。

请读者按照附录 A 表 A.6 的内容，向 xs_kc 表中录入数据，录入完成后单击"浏览"选项查看，如图 C.7 所示。

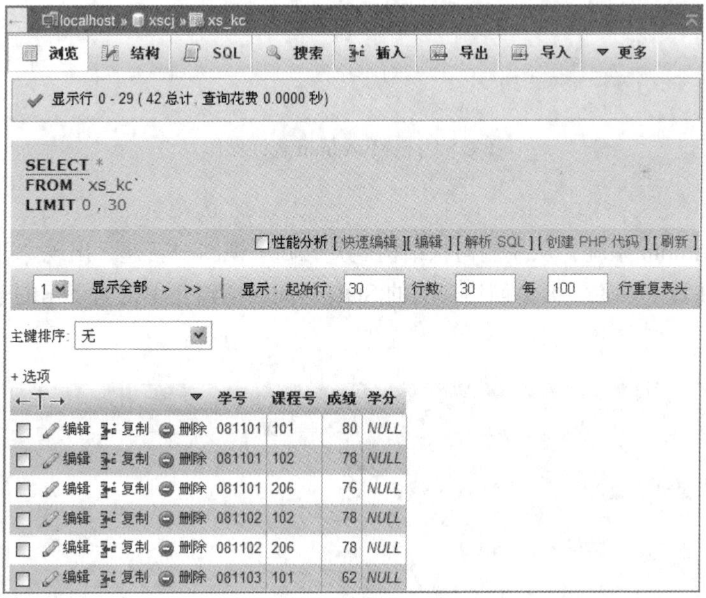

图 C.7　xs_kc 表的数据

系统默认分页显示表中记录，每页 30 行。当然，用户也可以根据需要自己更改一页上显示的记录数。

双击记录某字段所在的单元格，获得光标后可对记录进行修改，单击记录行前的 ⊖删除 链接项，可删除此行记录（这里不做删除）。

C.3 操作数据库

1. 查询操作

打开 IE，输入 http://localhost/phpMyAdmin-4.0.3-all-languages/index.php，登录 phpMyAdmin 系统，从左侧树状结构展开 xscj→数据表，进入"查询"选项页，如图 C.8 所示，选择要查询的表、字段及查询条件，系统自动生成 SQL 查询语句，用户对其编辑完善后提交即可。

图 C.8　phpMyAdmin 查询操作

2. 视图操作

登录 phpMyAdmin 系统，从左侧树状结构展开 xscj→视图→新建，出现"新建视图"窗口，如图 C.9 所示，在其中设置、编辑创建视图的 SQL 语句，编辑完单击右下角的【执行】按钮创建视图。

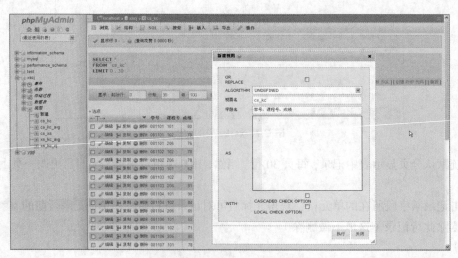

图 C.9　phpMyAdmin 视图操作

3. 索引操作

登录 phpMyAdmin 系统，从左侧树状结构展开 xscj→数据表→要创建索引的表（如 kc）→索引→新建，出现"添加索引"窗口，如图 C.10 所示，在其中填写索引名，设置索引类型和字段，完成后单击右下角的【执行】按钮。

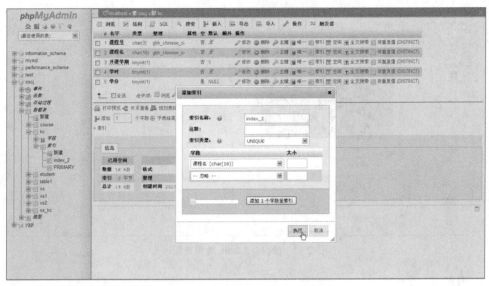

图 C.10　phpMyAdmin 创建索引

4. 存储过程

登录 phpMyAdmin 系统，从左侧树状结构展开 xscj→存储过程→新建，出现"添加程序"窗口，如图 C.11 所示，在其中编写存储过程后，单击右下角的【执行】按钮。

图 C.11　phpMyAdmin 存储过程操作

5. 备份

登录 phpMyAdmin 系统，选择要备份的数据库（如 xscj），进入"导出"选项页，选择"自定义-显示所有可用的选项",如图 C.12 所示,选择要备份的数据表并进行其他一系列设置,完成后单击页面最底部的【执行】按钮。

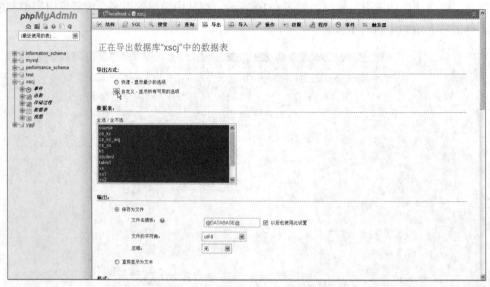

图 C.12　phpMyAdmin 备份数据库

6. 恢复

进入"导入"选项页,单击 [浏览...] 按钮选择要导入的文件,如图 C.13 所示,单击页面底部的【执行】按钮,即可恢复数据库。

图 C.13　phpMyAdmin 恢复数据库

7. 用户与权限操作

进入"权限"选项页,单击下方【添加用户】,页面跳转到"添加用户"页,如图 C.14 所示,在其上填写新用户信息。

继续下拉"添加用户"页,出现选择权限的框,如图 C.15 所示,在其中给新用户选择授权,单击右下角的【执行】按钮,创建具有相应权限的用户。

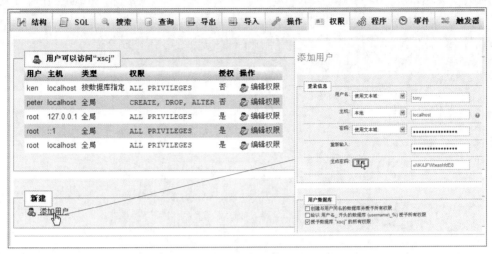

图 C.14 添加新用户

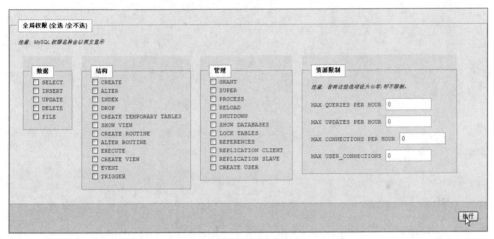

图 C.15 给用户选择授权